物联网开发与应用丛书

物联网
工程规划技术

廖建尚 王艳春 彭昌权 / 编著

U0256393

电子工业出版社
Publishing House of Electronics Industry
北京·BEIJING

内 容 简 介

本书基于智慧家居系统工程和智慧城市系统工程介绍物联网工程规划技术,主要内容包括物联网工程的规划设计、功能模块设计以及项目测试与总结。本书通过具体的实例将理论知识和实践开发结合起来,每个实例均给出了详细的开发代码,读者可以在开发代码的基础上快速地进行二次开发。

本书既可作为高等学校相关专业的教材或教学参考书,也可供相关领域的工程技术人员参考。对于物联网工程开发和嵌入式系统工程开发的爱好者来说,本书也是一本贴近实际应用的技术读物。

本书提供了物联网工程规划的相关资料、实例开发代码和 PPT 课件,读者可登录华信教育资源网(www.hxedu.com.cn)免费注册后下载。

图书在版编目(CIP)数据

物联网工程规划技术 / 廖建尚,王艳春,彭昌权编著. —北京:电子工业出版社,2021.1
(物联网开发与应用丛书)
ISBN 978-7-121-40342-2

Ⅰ. ①物… Ⅱ. ①廖… ②王… ③彭… Ⅲ. ①物联网 Ⅳ. ①TP393.4②TP18

中国版本图书馆 CIP 数据核字(2020)第 266914 号

责任编辑:田宏峰
印 刷:保定市中画美凯印刷有限公司
装 订:保定市中画美凯印刷有限公司
出版发行:电子工业出版社
     北京市海淀区万寿路 173 信箱 邮编:100036
开 本:787×1 092 1/16 印张:17.25 字数:440 千字
版 次:2021 年 1 月第 1 版
印 次:2021 年 1 月第 1 次印刷
定 价:79.00 元

凡所购买电子工业出版社图书有缺损问题,请向购买书店调换。若书店售缺,请与本社发行部联系,联系及邮购电话:(010)88254888,88258888。

质量投诉请发邮件至 zlts@phei.com.cn,盗版侵权举报请发邮件至 dbqq@phei.com.cn。

本书咨询联系方式:tianhf@phei.com.cn。

FOREWORD 前言

　　近年来，物联网、移动互联网、大数据和云计算的迅猛发展，逐步改变了社会的生产方式，大大提高了生产效率和社会生产力。工业和信息化部发布的《信息通信行业发展规划物联网分册（2016—2020 年）》总结了"十二五"规划中物联网发展所获得的成就，并分析了"十三五"期间面临的形势，明确了物联网的发展思路和目标，提出了物联网发展的 6 大任务，分别是强化产业生态布局、完善技术创新体系、推动物联网规模应用、构建完善标准体系、完善公共服务体系、提升安全保障能力；提出了 4 大关键技术、6 大重点领域应用示范工程；指出要健全多层次、多类型的物联网人才培养和服务体系，支持高校、科研院所加强跨学科交叉整合，加强物联网学科建设，培养物联网复合型专业人才。该发展规划为物联网发展指出了一条鲜明的道路，同时也表明了我国在推动物联网应用方面的坚定决心，相信物联网的应用规模会越来越大。

　　本书详细介绍物联网工程规划技术，旨在大力推动物联网领域人才的培养。

　　本书基于智慧家居系统工程和智慧城市系统工程介绍物联网工程规划技术，主要内容包括物联网工程的规划设计、功能模块设计以及测试与总结。全书分为三篇：

　　第 1 篇是物联网工程规划技术的前导内容，引导读者初步了解物联网工程。本篇只有 1 章，即第 1 章。第 1 章主要介绍物联网工程的基本概念、基本架构、常用技术、组织方式、设计原则和设计阶段、开发平台、数据通信协议、调试工具，以及云平台应用开发接口，为后续物联网工程的规划设计打下坚实的基础。

　　第 2 篇围绕智慧家居系统工程展开物联网工程规划设计的介绍，共 3 章，分别为：

　　第 2 章为智慧家居系统工程规划设计，共 4 个模块：智慧家居系统工程项目分析、项目开发计划、项目需求分析与设计，以及系统概要设计。

　　第 3 章为智慧家居系统工程功能模块设计，共 4 个模块：门禁系统功能模块设计、电器系统功能模块设计、安防系统功能模块设计，以及环境监测系统功能模块设计。

　　第 4 章为智慧家居系统工程测试与总结，共 4 个模块：系统集成与部署、系统综合测试、系统运行与维护，以及项目总结、汇报和在线发布。

　　第 3 篇围绕智慧城市系统工程展开对物联网工程规划设计的介绍，共 3 章，分别为：

　　第 5 章为智慧城市系统工程规划设计，共 4 个模块：智慧城市系统工程项目分析、项目开发计划、项目需求分析与设计，以及系统概要设计。

　　第 6 章为智慧城市系统工程功能模块设计，共 4 个模块：工地系统功能模块设计、抄表系统功能模块设计、洪涝系统功能模块设计，以及路灯系统功能模块设计。

　　第 7 章为智慧城市系统工程测试与总结，共 4 个模块：系统集成与部署、系统综合测试、系统运行与维护，以及项目总结、汇报和在线发布。

本书通过具体的实例将理论知识和实践开发结合起来，读者可以边学习理论知识边进行实践开发，从而快速掌握物联网工程应用技术。本书既可作为高等学校相关专业的教材或教学参考书，也可供相关领域的工程技术人员参考。对于物联网工程开发和嵌入式系统工程开发的爱好者来说，本书也是一本贴近实际应用的技术读物。

本书由廖建尚负责总体内容的规划和定稿，廖建尚编写了第 3 章、第 4 章、第 5 章和第 6 章的 6.1 节，王艳春编写了第 6 章的 6.2 节、6.3 节、6.4 节和第 7 章，彭昌权编写了第 1 章和第 2 章。

本书在编写过程中，借鉴和参考了国内外专家、学者、技术人员的相关研究成果。我们尽可能按学术规范予以说明，在此谨向有关作者表示深深的敬意和谢意。但难免会有疏漏之处如有疏漏，请及时通过出版社与我们联系。

感谢中智讯（武汉）科技有限公司在本书编写过程中提供的帮助，特别感谢电子工业出版社在本书出版过程中给予的大力支持。

由于物联网工程应用技术涉及的知识面比较广，以及作者的水平和经验有限，疏漏之处在所难免，恳请广大专家和读者批评指正。

作　者

2020 年 11 月

CONTENTS 目录

第1篇　物联网工程规划基础

第2篇　智慧家居系统工程

第3篇　智慧城市系统工程

第1篇

物联网工程规划基础

　　本篇是物联网工程规划技术的前导内容，引导读者初步了解物联网工程。本篇主要介绍物联网工程的基本概念、基本架构、常用技术、组织方式、设计原则和设计阶段、开发平台、数据通信协议、调试工具，以及云平台应用开发接口，为后续物联网工程的规划设计打下坚实的基础。

第 **1** 章

物联网工程规划概述

1.1 物联网简介

1.1.1 物联网的概念与特征

物联网（Internet of Things）是指利用各种信息传感设备，如射频识别（RFID）装置、无线传感器、红外感应器、全球定位系统、激光扫描器等，对现有物体的信息进行感知、采集，通过网络支撑下的可靠传输技术，将各种物体的信息汇入互联网，并基于海量信息资源进行智能决策、安全保障、管理与服务的全球公共信息综合服务平台。物联网示意图如图 1.1 所示。

图 1.1 物联网

物联网的核心和基础仍然是互联网，是在互联网基础上延伸和扩展的网络。物联网的终端延伸和扩展到了任何物体，可以在物体之间进行信息交换和通信。因此，物联网是指运用传感器、射频识别、智能嵌入式等技术，使信息传感设备能够感知任何需要的信息，并按照约定的协议通过各种网络接入方式，把任何物体与互联网连接起来进行信息交换通信，在进行物与物、物与人的泛在连接的基础上，实现对物体的智能化识别、定位、跟踪、控制和管理。物联网应用架构如图 1.2 所示。

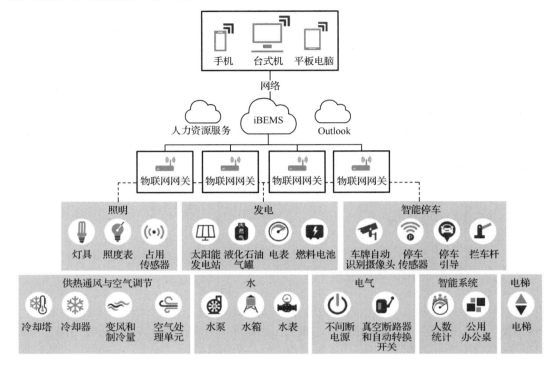

图 1.2　物联网的应用架构

作为新一代信息技术的重要组成部分，物联网具有三方面的特征：第一，物联网具有互联网的特征，接入物联网的物体要由能够实现互连互通的网络来支撑；第二，物联网具有识别与通信的特征，接入物联网的物体要具备自动识别和物物通信（M2M）的功能；第三，物联网具有智能化的特征，基于物联网构造的网络应该具有自动化、自我反馈和智能控制的功能。

1.1.2　我国物联网产业的发展现状

2010 年 10 月，《国民经济和社会发展第十二个五年规划纲要》出台，指出战略性新兴产业是国家未来重点扶持的对象，而主要聚焦在下一代通信网络、物联网、三网融合、新型平板显示、高性能集成电路和高端软件等范畴的新一代信息技术产业将是未来扶持的重点。《物联网"十二五"发展规划》提出了物联网重点发展的 9 个领域，如图 1.3 所示。

图 1.3　物联网重点发展的 9 个领域

工业和信息化部发布的《信息通信行业发展规划物联网分册（2016—2020 年）》明确提出要大力推动物联网规模应用，部分内容如下：

（1）大力发展物联网与制造业融合应用。围绕重点行业制造单元、生产线、车间、工厂建设等关键环节进行数字化、网络化、智能化改造，推动生产制造全过程、全产业链、产品全生命周期的深度感知、动态监控、数据汇聚和智能决策。通过对现场级工业数据的实时感知与高级建模分析，形成智能决策与控制。完善工业云与智能服务平台，提升工业大数据开发利用水平，实现工业体系个性化定制、智能化生产、网络化协同和服务化转型，加快智能制造试点示范，开展信息物理系统、工业互联网在离散与流程制造行业的广泛部署应用，初步形成跨界融合的制造业新生态。

（2）加快物联网与行业领域的深度融合。面向农业、物流、能源、环保、医疗等重要领域，组织实施行业重大应用示范工程，推进物联网集成创新和规模化应用，支持物联网与行业深度融合。实施农业物联网区域试验工程，推进农业物联网应用，提高农业智能化和精准化水平。深化物联网在仓储、运输、配送、港口等物流领域的规模应用，支撑多式联运，构建智能高效的物流体系。加大物联网在污染源监控和生态环境监测等方面的推广应用，提高污染治理和环境保护水平。深化物联网在电力、油气、公共建筑节能等能源生产、传输、存储、消费等环节应用，提升能源管理智能化和精细化水平，提高能源利用效率。推动物联网技术在药品流通和使用、病患看护、电子病历管理等领域中的应用，积极推动远程医疗、临床数据应用示范等医疗应用。

（3）推进物联网在消费领域的应用创新。鼓励物联网技术创新、业务创新和模式创新，积极培育新模式新业态，促进车联网、智慧家居、健康服务等消费领域应用快速增长。加强车联网技术创新和应用示范，发展车联网自动驾驶、安全节能、地理位置服务等应用。推动家庭安防、家电智能控制、家居环境管理等智慧家居应用的规模化发展，打造繁荣的智慧家居生态系统。发展社区健康服务物联网应用，开展基于智能可穿戴设备远程健康管理、老人看护等健康服务，推动健康大数据创新应用和服务发展。

（4）深化物联网在智慧城市领域的应用。推进物联网感知设施规划布局，结合市政设施、通信网络设施以及行业设施建设，同步部署视频采集终端、RFID 标签、多类条码、复合传感器节点等多种物联网感知设施，深化物联网在地下管网监测、消防设施管理、城市用电平衡管理、水资源管理、城市交通管理、电子政务、危化品管理和节能环保等重点领域的应用。建立城市级物联网接入管理与数据汇聚平台，推动感知设备统一接入、集中管理和数据共享利用。建立数据开放机制，制订政府数据共享开放目录，推进数据资源向社会开放，鼓励和引导企业、行业协会等开放和交易数据资源，深化政府数据和社会数据融合利用。支持建立数据共享服务平台，提供面向公众、行业和城市管理的智能信息服务。

1.2　物联网工程简介

物联网工程的规划、设计和实施是一个复杂的系统工程，了解其主要过程、方法与要素，是完成物联网工程的前提和基础。

1.2.1　物联网工程的概念

物联网工程是研究物联网系统的规划、设计、实施与管理的工程科学，要求物联网工程技术人员根据既定的目标，依照国家、行业或企业规范，制订物联网建设的方案，协助工程招投标，开展设计、实施、管理与维护等工程活动。物联网工程除了具有一般工程所具有的特点，还需要掌握以下内容:

（1）了解物联网系统的原理、技术、安全等知识，了解物联网技术的现状和发展趋势。

（2）熟悉物联网工程设计与实施的步骤、流程，熟悉物联网系统设备及其发展趋势，具有设备选型与集成的经验和能力。

（3）掌握信息系统开发的主流技术，具有基于无线通信、Web 服务、海量数据处理、信息发布与信息搜索等的综合开发的经验和能力。

（4）熟悉物联网工程的实施过程，具有协调评审、监理、验收等各环节的经验和能力。

1.2.2　物联网的架构

物联网架构一般分为感知层、网络层、平台层和应用层，如图 1.4 所示。

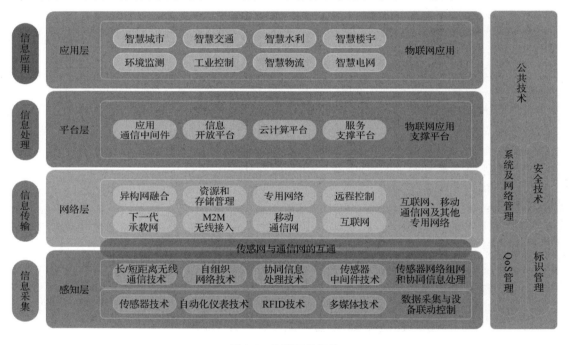

图 1.4　物联网的架构

感知层：负责信息采集和物物之间的信息传输，信息采集的技术包括传感器技术、自动化仪表技术、RFID 技术、多媒体技术等，信息传输技术包括长/短距离无线通信技术、自组织网络技术、协同信息处理技术、传感器中间件技术等。感知层的功能是实现物联网全面感知的核心能力，是物联网中关键技术、标准化、产业化等方面亟待突破的部分，关键在于具备更精确、更全面的感知能力，并解决低功耗、小型化和低成本的问题。

网络层：利用无线网络和有线网络对采集的信息进行编码、认证和传输，广泛覆盖的移动通信网络是实现物联网的基础设施。网络层是物联网中标准化程度最高、产业化能力最强、技术最成熟的部分，关键在于对物联网进行优化和改进，形成协同感知的网络。

平台层：主要对信息进行处理，采用模式识别、数据融合、数据压缩等技术提高信息的精度，降低信息冗余度，实现原始级、特征级、决策级的信息处理。

应用层：提供丰富的基于物联网的应用，是物联网发展的根本目标，将物联网技术与行业信息化需求相结合，实现广泛智能化应用的解决方案，关键在于行业融合、信息资源的开发利用、低成本高质量的解决方案、信息安全的保障，以及有效的开发模式。

1.2.3　物联网工程的常用技术

物联网工程涉及的众多技术，常用的技术包括以下几种。

（1）传感器技术：这也是计算机应用中的关键技术。大家都知道，到目前为止绝大部分计算机处理的都是数字信号，就需要把传感器的模拟信号转换成数字信号后计算机才能处理。

（2）射频识别技术：射频标签是产品电子源代码（EPC）的物理载体，附着于可跟踪的物体上，可全球流通，并对其进行识别和读写。RFID（Radio Frequency Identification）技术作为构建物联网的关键技术近年来受到人们的关注。

（3）无线传感器网络：无线传感器网络是集无线射频技术和嵌入式技术于一体的综合技术。

（4）嵌入式系统：嵌入式系统是计算机技术、半导体技术和电子技术与各个行业的具体应用相结合的产物，这决定了它是技术密集、资金密集、知识高度分散、不断创新的集成系统。同时，嵌入式系统又是针对特定应用需求而设计的专用计算机系统。

（5）物联网云平台：物联网云平台基于云计算、大数据技术，承载物联网项目大数据的存储、检索、管理、实时分析处理等功能，同时为各种不同的物联网应用提供统一的应用服务交付接口。

1.2.4　物联网工程的内容

因具体应用的不同，不同物联网工程的内容也不相同，但通常都包括以下内容：

（1）感知系统。感知系统是物联网工程的最基本组成部分，感知系统可能是自动条码识读系统、RFID 系统、无线传感器网络等。

（2）传输系统。将感知的信息接入 Internet 或数据中心，需要建设接入系统与传输系统。接入系统可能包括无线接入（如 Wi-Fi、ZigBee 和 NB-IoT 等）系统及有线接入系统。

（3）存储系统。通常使用数据库管理系统和高性能并行文件系统。

（4）处理系统。物联网工程会收集大量的原始信息，各类信息的格式、含义、用途各不相同。为了有效处理、管理和利用这些信息，需要有通用的处理系统。处理系统通常采用模式识别、数据融合、数据压缩等技术提高信息的精度，降低信息冗余度，实现原始级、特征级、决策级的信息处理。

（5）应用系统。应用系统是最顶层的内容，是用户看到的物联网功能的集中体现，如智慧家居、智慧电网、智慧农业和智慧交通等。

（6）机房。机房是信息汇聚、存储、处理和分发的核心，任何物联网工程都需要一个机房。

1.2.5 物联网工程的组织

1．组织方式

物联网工程通常有两种组织方式：

（1）政府工程：由政府拨款，这类工程具有示范性质，一般通过招标或直接指定承担单位和负责人，并组织工程管理机构，自上向下进行组织实施。

（2）普通工程：一般采用项目经理制，通过投标等方式获取工程的承建权，组织施工队伍按照合同组织项目实施。

2．组织机构

物联网工程的组织机构如下：

（1）领导小组：负责协调各部门的工作、解决重大问题、进行重大决策、指导总体的工作、审批各类方案、组织项目验收。

（2）项目小组：进行系统需求分析，制订项目总体方案、工程实施方案，确定所使用的标准、规范，设计全局性的技术方案，对项目的实施进行宏观管理和控制，进行质量管理。

（3）技术开发小组：根据制订的总体方案，完成具体的设计、开发、安装与测试工作，制作各种技术文档，并进行技术培训。

3．工程监理

工程监理的作用是指在物联网工程的建设过程中，为论证建设方案、确定系统集成商、控制工程质量等提供服务，其核心作用是控制工程质量，包括工程材料的质量、设备的质量、施工的质量等。

工程监理通常是具有相关资质的第三方，可通过招标确定。工程监理的主要工作包括：

（1）审查建设方案是否合理、所选设备质量是否合格。

（2）审查基础建设是否完成、通信线路敷设是否合理。

（3）审查信息硬件平台是否合理、是否具有可扩展性，软件平台是否统一、合理。

（4）审查应用软件的功能和使用方式是否满足需求。

（5）审查培训计划是否完整、培训效果是否达到预期目标。

（6）协助用户进行测试和验收。

1.3 物联网工程的设计原则与设计阶段

工程设计是指在一定工程需求和目标的指导下，根据对拟建工程的要求，采用科学的方法统筹规划、制订建设方案，采用设计图纸与设计说明书的方式来完整地表现设计者的思想、设计原理、外形和内部结构、设备安装等。

随着物联网技术不断走向应用，对各种物联网技术进行综合集成与应用应当在一个整体的框架下进行，这个框架就是物联网工程。物联网工程属于信息系统，但比传统的信息系统包含了更多内容。

1.3.1　物联网工程的设计原则

物联网工程的设计是在系统工程的指导下，根据用户需求优选各种技术和产品，将各个分离的子系统集合成一个完整可靠、经济和有效的整体，并使之能彼此协调工作，发挥整体效益，达到整体性能最优。

1．工程项目的设计原则

（1）统一设计原则：需要统筹规划和设计系统的结构，尤其是在设计应用系统结构、数据模型结构、数据存储结构及系统扩展规划等内容时，均需从全局出发，从长远的角度考虑。

（2）先进性原则：系统结构必须采用成熟、具有国内先进水平，并符合国际发展趋势的技术和软/硬件产品。在设计过程中要充分依照国际上的规范、标准，借鉴国内外目前成熟的主流网络和综合信息系统的体系结构，以保证系统具有较长的生命力和较强的扩展能力。在保证先进性的同时还要保证技术的稳定性和安全性。

（3）高可靠原则：在系统和数据结构的设计中要充分考虑系统的安全性和可靠性。

（4）标准化原则：系统采用的各项技术要遵循国际标准、国家标准、行业标准和规范。

（5）成熟性原则：系统要采用国际主流、成熟的体系结构，以实现跨平台的应用。

（6）适用性原则：在满足应用需求的前提下，尽量降低建设成本。

（7）可扩展性原则：系统的设计要考虑到业务未来发展的需要，尽可能设计得简明，降低各功能模块的耦合度，并充分考虑兼容性。系统应当能够支持对多种格式数据的存储。

2．系统结构的设计原则

（1）多样性原则：系统结构应能满足物联网节点的不同类型，应有多种类型的物联网系统结构。

（2）互联性原则：系统结构应能够平滑地与互联网连接。

（3）安全性原则：系统结构应能够防御大范围内的网络攻击。

1.3.2　物联网工程的设计步骤

物联网工程的设计主要分为三个阶段，每个阶段又可分为不同步骤，如图 1.5 所示。

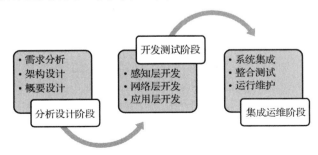

图 1.5　物联网工程设计步骤

1．分析设计阶段

分析设计阶段主要包括工程项目可行性研究及需求分析；系统软/硬件总体架构设计，确定项目技术框架及云平台类型；系统的概要设计，如通信协议、数据结构、软件 UI 的设计。该阶段可分为需求分析、架构设计、概要设计三个步骤。

2．开发测试阶段

开发测试阶段主要包括工程硬件设备选型，感知层设备驱动开发与测试；无线通信架构设计，无线通信程序开发与调试；应用端软件设计与测试。该阶段可分为感知层开发、网络层开发、应用层开发三个步骤。

3．集成运维阶段

集成运维阶段主要包括项目系统集成，软/硬件整合测试与调优；项目交付，运行与维护。该阶段可分为系统集成、整合测试、运行维护三个阶段。

1.4 物联网工程应用开发平台简介

1.4.1 物联网工程中的常用硬件

物联网工程中的常用硬件如图 1.6 所示。

  传感器   智云节点   智能网关   智云服务器   应用终端

图 1.6　物联网工程中的常用硬件

（1）传感器：主要用于采集物理世界中的事件和数据，包括各类物理量、标识、音频、视频等。

（2）智云节点（设备节点）：具备数据采集、传输、组网能力，能够构建无线传感器网络。

（3）智能网关：实现 ZigBee 网络与局域网的连接，支持 ZigBee、Wi-Fi、RF433M、IPv6 等多种通信协议，支持路由转发，可实现 M2M 数据交互。

（4）智云服务器：负责对物联网海量数据进行处理，通过云计算、大数据技术实现对数据的存储、分析、计算、挖掘和推送功能，并采用统一的应用层接口为上层应用提供服务。

（5）应用终端：运行物联网应用的终端，如 Android 手机、平板电脑等设备。

1.4.2 物联网工程应用开发平台的功能

本书使用的物联网工程应用开发平台如图 1.7 所示。

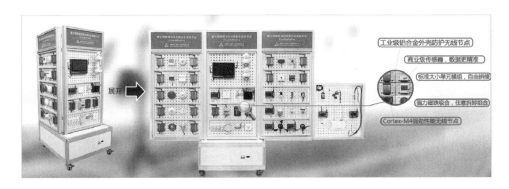

图 1.7　物联网工程应用开发平台

物联网工程应用开发平台包含了完整的物联网架构，支持 Android 应用和 Web 应用的开发。开发平台针对物联网工程提供了以下软/硬件支撑：

（1）硬件：包含智能网关、智云节点，支持无线传感器网络、ZigBee 网络、Wi-Fi 网络、3G 无线通信、Android 移动开发、嵌入式开发、Web 开发、JavaScript 开发等。

（2）模块：采用高精度传感器或执行器，基于行业的具体应用进行功能模块的设计，提供了完整的硬件驱动层、应用层（Android 端和 Web 端）、协议调试。

（3）项目：可形成各种应用场景。

（4）综合案例：提供具体行业的应用案例，以及完整的案例开发手册及相关源码。

1.4.3　物联网工程应用开发平台的设备节点

物联网工程应用开发平台构建了完整的物联网项目硬件模型，其设备节点如图 1.8 所示。

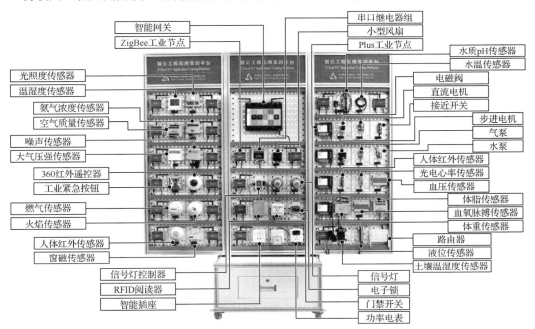

图 1.8　物联网工程应用开发平台的设备节点

1.5 物联网的数据通信协议

一个完整的物联网系统，数据贯穿了感知层、网络层、平台层和应用层的各个部分，数据在这四层之间层层传递。要使数据在每一层能够被正确识别就需要在构建物联网系统时建立一套完整的数据通信协议。

数据通信协议是指通信双方完成通信或服务所必须遵循的规则和约定。通过通信信道和设备连接起来的处于多个不同地理位置的数据通信系统，按照数据通信协议能够协同工作，实现信息交换和资源共享。

1.5.1 ZXBee 数据通信协议

1. 通信协议数据格式

ZXBee 数据通信协议的格式为"{参数=值,参数=值⋯}"，每条数据以"{"作为起始字符，"{}"内参数多个条目以","分隔。例如，{CD0=1,D0=?}。

2. 通信协议参数说明

（1）ZXBee 数据通信协议参数说明如下：

① 参数名称如下：

- 变量：A0～A7、D0、D1、V0～V3。
- 指令：CD0、OD0、CD1、OD1。
- 特殊参数：ECHO、TYPE、PN、PANID、CHANNEL。

② 可以对变量的值进行查询，如"{A0=?}"。

③ 变量 A0～A7 在云数据中心中可以保存为历史数据。

④ 指令是按位进行操作的。

（2）具体参数解释如下：

① A0～A7：用于传递传感器采集的数据，只能通过"?"来查询当前变量的值，并将其上传到物联网云数据中心存储。

- 变量：A0～A7、D0、D1、V0～V3。
- 指令：CD0、OD0、CD1、OD1。
- 特殊参数：ECHO、TYPE、PN、PANID、CHANNEL。

② D0：D0 中的 bit0～bit7 分别对应 A0～A7 的状态（是否主动上报状态），只能通过"?"来查询当前变量的值，0 表示禁止主动上报，1 表示允许主动上报。

③ CD0/OD0：对 D0 的位进行操作，CD0 表示位清 0 操作，OD0 表示位置 1 操作。

④ D1：D1 表示控制编码，只能通过"?"来查询当前变量的值，用户可根据传感器属性来自定义功能。

⑤ CD1/OD1：对 D1 的位进行操作，CD1 表示对位进行清 0 操作，OD1 表示对位进行置 1 操作。

⑥ V0～V3：用于表示传感器的参数，用户可根据传感器属性自行定义参数，权限为可

读写。

⑦ 特殊参数：ECHO、TYPE、PN、PANID、CHANNEL。

- ECHO：用于检测节点是否在线的指令，若在线则将发送的值进行回显。例如，发送"{ECHO=test}"，若节点在线则回复"{ECHO=test}"。
- TYPE：表示节点类型，该信息包含了节点类别、节点类型、节点名称，只能通过"?"来查询当前值。TYPE 的值由 5 个字节表示（ASCII 码），例如，1 1 001，第 1 字节表示节点类别（1 表示 ZigBee、2 表示 RF433、3 表示 Wi-Fi、4 表示 BLE、5 表示 IPv6、9 表示其他）；第 2 字节表示节点类型（0 表示协调器、1 表示路由节点、2 表示终端节点）；第 3～5 字节表示节点名称（编码由开发者自定义）。
- PN（仅针对 ZigBee、IEEE 802.15.4 IPv6 节点）：表示上行节点地址和所有邻居节点地址，只能通过"?"来查询当前值。PN 的值为上行节点地址和所有邻居节点地址的组合，其中每 4 个字节表示一个节点地址后 4 位，第 1 个 4 字节为上行节点后 4 位，第 2～n 个 4 字节为其所有邻居节点地址后 4 位。
- PANID：表示节点组网的 ID，权限为可读写，此处 PANID 的值为十进制数，而底层代码定义的 PANID 的值为十六进制数，需要自行转换。例如，8200（十进制数）= 0x2008（十六进制数），通过指令"{PANID=8200}"可将节点的 PANID 的值修改为 0x2008。PANID 的取值范围为 1～16383。
- CHANNEL：表示节点组网的通信通道，权限为可读写，此处 CHANNEL 的取值范围为 11～26（十进制数）。例如，通过指令"{CHANNEL=11}"可将节点的 CHANNEL 的值修改为 11。

1.5.2　ZXBee 数据通信协议的参数定义

物联网工程应用开发平台的部分设备节点的 ZXBee 数据通信协议参数如表 1.1 所示。

表 1.1　部分设备节点的 ZXBee 数据通信协议参数

编号	设备节点名称	参　数	含　义	读写权限	说　明
1	温湿度传感器	A0	温度	R	温度值为浮点型数据，精度为 0.1，范围为-40.0～105.0，单位为℃
		A1	湿度	R	湿度值为浮点型数据，精度为 0.1，范围为 0～100，单位为%
		D0(OD0/CD0)	主动上报使能	R/W	D0 的 bit0 和 bit1 对应 A0 和 A1 主动上报使能，0 表示不允许主动上报，1 表示允许主动上报
		V0	主动上报时间间隔	R/W	V0 表示主动上报时间间隔
2	光照度传感器	A0	光照度	R	浮点型数据，精度为 0.1，单位为 Lux
		D0(OD0/CD0)	主动上报使能	R/W	D0 的 bit0 对应 A0 主动上报使能，0 表示不允许主动上报，1 表示允许主动上报
		V0	主动上报时间间隔	R/W	V0 表示主动上报时间间隔
3	空气质量传感器	A0	CO_2 浓度	R	浮点型数据，精度为 0.1，单位为 ppm
		A1	VOC 等级	R	整型数据，取值为 0～4

续表

编号	设备节点名称	参 数	含 义	读写权限	说 明
3	空气质量传感器	A2	湿度	R	浮点型数据，精度为0.1，单位为%
		A3	温度	R	浮点型数据，精度为0.1，单位为℃
		A4	PM2.5浓度	R	整型数据，单位为 g/m³
		D1(OD1/CD1)	PM2.5变送器开关	R/W	D1的bit0表示PM2.5变送器开关，0表示关，1表示开
		D0(OD0/CD0)	主动上报使能	R/W	D0的bit0~bit4对应A0~A4是否能主动上报，0表示不允许主动上报，1表示允许主动上报
		V0	主动上报时间间隔	R/W	V0表示主动上报时间间隔，单位为s
4	氨气传感器	A0	氨气	R	浮点型数据，精度为0.1，单位为ppm
		D0(OD0/CD0)	主动上报使能	R/W	D0的bit0对应A0主动上报使能，0表示不允许主动上报，1表示允许主动上报
		V0	主动上报时间间隔	R/W	V0表示主动上报时间间隔
5	大气压强传感器	A0	大气压强	R	浮点型数据，精度为0.1，单位为kPa
		D0(OD0/CD0)	主动上报使能	R/W	D0的bit0对应A0是否能主动上报，0表示不允许主动上报，1表示允许主动上报
		V0	主动上报时间间隔	R/W	V0表示主动上报时间间隔
6	噪声传感器	A0	噪声	R	浮点型数据，精度为0.1，单位为dB
		D0(OD0/CD0)	主动上报使能	R/W	D0的bit0对应A0主动上报使能，0表示不允许主动上报，1表示允许主动上报
		V0	主动上报时间间隔	R/W	V0表示主动上报时间间隔
7	紧急按钮	A0	按钮状态	R	按钮按下为1，没按下为0
		D0(OD0/CD0)	主动上报使能	R/W	D0的bit0对应A0主动上报使能，0表示不允许主动上报，1表示允许主动上报
		V0	主动上报时间间隔	R/W	V0表示主动上报时间间隔，单位为s
8	360红外遥控器	D1(OD1/CD1)	模式	R/W	1表示学习模式，2表示遥控模式
		V0	键值	R/W	学习的键值，取值为0~15
9	火焰传感器	D1(OD1/CD1)	传感器使能	R/W	D1的bit0表示火焰传感器开关，0表示关，1表示开
		A0	火焰状态	R	1表示检测到火焰，0表示未检测到火焰
		D0(OD0/CD0)	主动上报使能	R/W	D0的bit0对应A0主动上报使能，0表示不允许主动上报，1表示允许主动上报
		V0	主动上报时间间隔	R/W	V0表示主动上报时间间隔，单位为s
10	烟雾传感器	D1(OD1/CD1)	传感器使能	R/W	D1的bit0表示烟雾传感器开关，0表示关，1表示开
		A0	烟雾状态	R	1表示检测到烟雾，0表示未检测到烟雾
		D0(OD0/CD0)	主动上报使能	R/W	D0的bit0对应A0主动上报使能，0表示不允许主动上报，1表示允许主动上报
		V0	主动上报时间间隔	R/W	V0表示主动上报时间间隔，单位为s
11	人体红外传感器	A0	人体状态	R	1表示检测到附近有人动，0表示未检测到有人体活动
		D0(OD0/CD0)	主动上报使能	R/W	D0的bit0对应A0主动上报使能，0表示不允许主动上报，1表示允许主动上报
		V0	主动上报时间间隔	R/W	V0表示主动上报时间间隔，单位为s

续表

编号	设备节点名称	参数	含义	读写权限	说明
12	窗磁/门磁传感器	A0	窗磁/门磁状态	R	1 表示窗磁/门磁被打开，0 表示窗磁/门磁未被打开
		D0(OD0/CD0)	主动上报使能	R/W	D0 的 bit0 对应 A0 主动上报使能，0 表示不允许主动上报，1 表示允许主动上报
		V0	主动上报时间间隔	R/W	V0 表示主动上报时间间隔，单位为 s
13	继电器	D1(OD1/CD1)	继电器控制	R/W	D1 的 bit0～bit3 分别表示 4 路继电器的开关，0 表示继电器不吸合，1 表示继电器吸合
14	风扇	D1(OD1/CD1)	风扇控制	R/W	D1 的 bit0 表示风扇开关，0 表示风扇关闭，1 表示风扇打开
15	信号灯控制器	D1(OD1/CD1)	信号灯控制	R/W	D1 的 bit0～bit2 和 bit3～bit5 分别表示 OUT1、OUT2 的红黄绿三种颜色的开关，0 表示关闭，1 表示打开
16	门禁系统	D1(OD1/CD1)	电磁锁开关控制	R/W	D1 的 bit0 表示电磁锁的开关，0 表示关锁，1 表示开锁
		A0	门禁卡 ID	R	字符串，表示门禁卡 ID
		D0(OD0/CD0)	主动上报使能	R/W	D0 的 bit0 对应 A0 主动上报使能，0 表示不允许主动上报，1 表示允许主动上报
		V0	主动上报时间间隔	R/W	V0 表示主动上报时间间隔，单位为 s
17	1 号智能插座	D1(OD1/CD1)	插座开关控制	R/W	D1 的 bit0 表示插座的开关，0 表示关闭插座，1 表示打开插座
18	2 号智能插座	D1(OD1/CD1)	插座开关控制	R/W	
19	计量电表	A0	当前用电量	R	浮点型数据，精度为 0.1，单位为 kW·h
		A1	电压值	R	浮点型数据，精度为 0.1，单位为 V
		A2	电流值	R	浮点型数据，精度为 0.1，单位为 A
		A3	功率值	R	浮点型数据，精度为 0.1，单位为 W
		D0(OD0/CD0)	主动上报使能	R/W	D0 的 bit0～bit3 对应 A0～A3 主动上报能，0 表示不允许主动上报，1 表示允许主动上报
		V0	主动上报时间间隔	R/W	V0 表示主动上报时间间隔，单位为 s
20	水质 pH 传感器	A0	水质 pH	R	浮点型数据，精度为 0.1
		D0(OD0/CD0)	主动上报使能	R/W	D0 的 bit03 对应 A0 主动上报能，0 表示不允许主动上报，1 表示允许主动上报
		V0	主动上报时间间隔	R/W	V0 表示主动上报时间间隔，单位为 s
21	水温传感器	A0	水温	R	浮点型数据，精度为 0.1，单位为 ℃
		D0(OD0/CD0)	主动上报使能	R/W	D0 的 bit0 对应 A0 主动上报能，0 表示不允许主动上报，1 表示允许主动上报
		V0	主动上报时间间隔	R/W	V0 表示主动上报时间间隔，单位为 s
22	电磁阀直流电机接近开关	A0	接近开关检测状态	R	1 表示检测到金属，0 表示未检测到金属
		D1(OD1/CD1)	电磁阀和直流电机控制	R/W	D1 的 bit0 和 bit1 分别表示电磁阀和直流电机的开关状态，1 表示开，0 表示关
		D0(OD0/CD0)	主动上报使能	R/W	D0 的 bit0 对应 A0 主动上报使能，0 表示不允许主动上报，1 表示允许主动上报
		V0	主动上报时间间隔	R/W	V0 表示主动上报时间间隔，单位为 s

编号	设备节点名称	参数	含义	读写权限	说明
23	气泵、水泵、步进电机	D1(OD1/CD1)	气泵、水泵和步进电机控制	R/W	D1 的 bit0 和 bit1 分别表示气泵和水泵开关状态，1 表示开，0 表示关；D1 的 bit3 和 bit2 表示步进电机的转动状态，11 表示反转，01 表示正转，10 和 00 表示停止
24	体温、心率、血压（医疗套件）	A0	心率	R	整型数据，单位为 bpm
		A1	体温	R	浮点型数据，单位为℃
		A2	血压舒张压	R	整型数据，单位为 mmHg
		A3	血压收缩压	R	整型数据，单位为 mmHg
		D0(OD0/CD0)	主动上报使能	R/W	D0 的 bit0~bit3 对应 A0~A3 主动上报使能，0 表示不允许主动上报，1 表示允许主动上报
		V0	主动上报时间间隔	R/W	V0 表示主动上报时间间隔，单位为 s
25	体重、血氧浓度、体脂率	A0	体重	R	浮点型数据，单位为 kg
		A1	血氧含量	R	浮点型数据，单位为%
		A2	体脂率	R	浮点型数据，单位为%
		D0(OD0/CD0)	主动上报使能	R/W	D0 的 bit0~bit2 对应 A0~A2 主动上报使能，0 表示不允许主动上报，1 表示允许主动上报
		V0	主动上报时间间隔	R/W	V0 表示主动上报时间间隔，单位为 s
26	土壤水分温湿度、液位传感器	A0	土壤水分	R	浮点型数据，精度为 0.1，单位为%
		A1	土壤温度	R	浮点型数据，精度为 0.1，单位为℃
		A2	液位深度	R	浮点型数据，精度为 0.1，单位为 cm
		D0(OD0/CD0)	主动上报使能	R/W	D0 的 bit0~bit3 对应 A0~A3 主动上报能，0 表示不允许主动上报，1 表示允许主动上报
		V0	主动上报时间间隔	R/W	V0 表示主动上报时间间隔，单位为 s
27	五要素气象站	A0	温度	R	浮点型数据，精度为 0.1，单位为℃
		A1	湿度	R	浮点型数据，精度为 0.1，单位为%
		A2	降雨量	R	浮点型数据，精度为 0.1，单位为 mm/h
		A3	风向	R	整型数据，单位为°
		A4	风速	R	浮点型数据，精度为 0.1，单位为 M/S
		D0(OD0/CD0)	主动上报使能	R/W	D0 的 bit0~bit4 对应 A0~A4 主动上报能，0 表示不允许主动上报，1 表示允许主动上报
		V0	主动上报时间间隔	R/W	V0 表示主动上报时间间隔，单位为 s

1.6　物联网工程调试工具

1.6.1　xLabTools 调试工具

为了方便读者进行物联网工程的学习和开发调试，本书根据物联网的特性开发了一款专门用于数据收发及调试的辅助开发和调试工具 xLabTools,该工具可以通过 ZigBee 无线节点的调试串口获取当前配置的网络信息。当协调器连接到 xLabTools 时,可以查看网络信息,以及该协调器所组建的网络中的无线节点反馈的信息,并能够通过调试窗口向网络内各无线节点发送数据;当终端节点或路由节点连接到 xLabTools 时,可以实现对终端节点数据的检测,并能够通过该工具向协调器发送指令。xLabTools 的工作界面如图 1.9 所示。

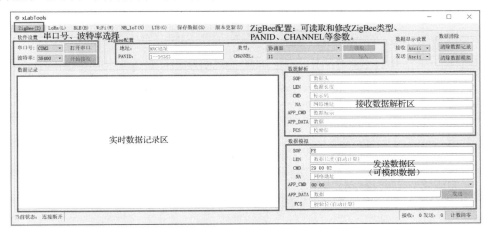

图 1.9 xLabTools 的工作界面

在物联网工程中,配置 ZigBee 无线节点的步骤如下:

(1) 通过 xLabTools 读取和修改 ZigBee 无线节点的参数和类型。

(2) 通过 xLabTools 读取 ZigBee 无线节点收到的数据包,并解析数据包。

(3) 通过 xLabTools 向 ZigBee 无线节点发送自定义的数据包到应用层。

(4) 通过连接协调器,xLabTools 可以分析协调器接收到的数据,并可下行发送数据进行调试。

1.6.2 ZCloudTools 协议工具

ZCloudTools 是一款无线传感器网络综合分析测试工具,具有网络拓扑图生成、数据包分析、传感器信息采集和控制、传感器历史数据查询等功能。ZCloudTools 的工作界面如图 1.10 所示。

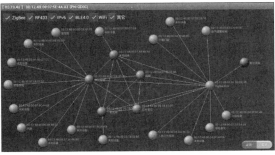

图 1.10 ZCloudTools 的工作界面

除了 Android 端的调试工具，本书还开发了 PC 端的调试工具。PC 端的调试工具为 ZCloudWebTools，该工具可直接在 PC 的浏览器中运行，功能与 ZCloudTools 工具类似。ZCloudWebTools 的工作界面如图 1.11 所示。

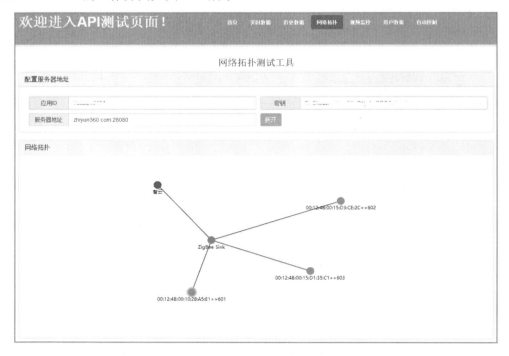

图 1.11　ZCloudWebTools 的工作界面

在物联网工程中，ZigBee 组网设置示例如下：

（1）使用 ZCloudTools 完成 ZigBee 网络拓扑图的检测，如图 1.12 所示。通过修改 ZStack 协议栈工程和源码可完成星状网、树状网、MESH 网的组网。

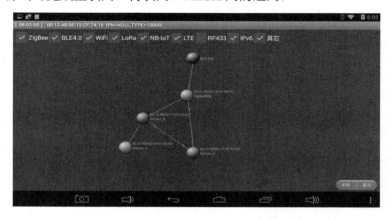

图 1.12　ZCloudTools 检测 ZigBee 网络拓扑图

（2）通过 ZCloudTools 完成设备节点应用层数据包的检测，如图 1.13 所示。

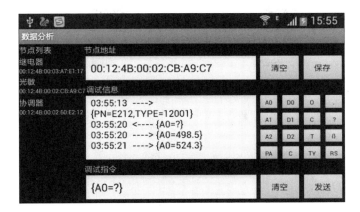

图 1.13　通过 ZCloudTools 完成设备节点应用层数据包的检测

第 2 篇

智慧家居系统工程

　　本篇围绕智慧家居系统工程展开物联网工程规划设计的介绍，共 3 章，分别为：

　　第 2 章为智慧家居系统工程规划设计，共 4 个模块：智慧家居系统工程项目分析、项目开发计划、项目需求分析与设计，以及系统概要设计。

　　第 3 章为智慧家居系统工程功能模块设计，共 4 个模块：门禁系统功能模块设计、电器系统功能模块设计、安防系统功能模块设计，以及环境监测系统功能模块设计。

　　第 4 章为智慧家居系统工程测试与总结，共 4 个模块：系统集成与部署、系统综合测试、系统运行与维护，以及项目总结、汇报和在线发布。

第 2 章
智慧家居系统工程规划设计

本章介绍智慧家居系统工程规划设计，主要内容包括智慧家居系统工程项目分析、项目开发计划、项目需求分析与设计，以及系统概要设计。

2.1 智慧家居系统工程项目分析

2.1.1 智慧家居概述

智慧家居以住宅为平台，集系统、结构、服务、管理、控制于一体，利用网络通信技术、电力自动化技术、计算机技术、无线电技术，将与家居生活有关的各种设备有机地结合起来，通过网络管理家中设备，创造一个优质、高效、舒适、安全、便利、节能、健康、环保的居住生活环境空间。智慧家居的主要功能有安全监控、家电控制、家居商务和办公、家庭医疗保健和监护、通信服务等。

智慧家居通过物联网技术将家中的各种设备连接到一起，提供家电控制、照明控制、电话远程控制、室内/外遥控、防盗报警、环境监测、暖通控制、红外转发，以及可编程定时控制等多种功能和手段。与普通家居相比，智慧家居不仅具有传统的居住功能，兼备建筑、网络通信、信息家电、设备自动化，可提供全方位的信息交互功能。

1. 国外智慧家居的发展

自 20 世纪 70 年代开始，国外许多国家开始针对家庭网络进行研究。美国、加拿大、欧洲、澳大利亚和东南亚等经济比较发达的国家和地区先后提出了各种智慧家居方案，智慧家居在美国等经济发达的国家都有广泛的应用。1984 年，美国 City Place Building 是全世界首栋智能型建筑，它是美国联合科技公司将建筑设备信息化的结果，开创了全世界智慧家居建设的历史。2013 年微软、思科等公司组成 All Seen 联盟，目的是制定家庭联网设备标准，发布了 All Joyn 开源框架和免费服务接口。2014 年苹果公司发布了 Home Kit 智慧家居平台，符合该平台标准的智能设备都能与 iPhone 手机连接，可通过 iPhone 手机内置的 Siri 语音助手控制各种设备；三星公司推出了 Smart Home 智慧家居平台，可以智能控制空调、洗衣机等设备，并远程查看家中设备的使用状况。2015 年三星公司推出了 OLED 材质的智能眼镜，该智能眼镜不仅能够显示天气预报、交通路况、新闻等信息，还具备虚拟试衣间的功能。2016 年 Google 公司推出了智能音响，在传统音响基础上引入了人工智能技术，除了可以播放音乐，还可以通过语音与音响的交互来控制电视、灯光等设备。2018 年三星公司推出了基于人工智能技术和物联网技术的 Smart Things 智慧家居平台，通过该平台可连接该公司旗下的电视、洗衣机等设备，并可添加大量的第三方智能设备；同年 Nest 公司推出的第二代烟雾传感器可以检测空气中的烟雾。

2. 国内智慧家居的发展

近几年，我国智慧家居行业进入了快速发展时期，为抢占市场先机，夺得智慧家居行业领跑者地位，一些企业制定了技术标准并且与其他公司展开深度合作，开始了智慧家居行业的布局。2014 年，海尔公司在物联网的大背景下推出了 U-home 智慧家居平台，采用了无线和有线并存的方式，实现了对电器的智能控制；同年美的公司发布了 M-Smart 智慧家居，制定了统一的智慧家居平台标准，实现了家居设备之间互联互通；安吉星公司的汽车智能终端通过接入美的公司标准实现了车联网和智慧家居相互融合；科大讯飞公司利用人工智能相关技术研发的"灵犀语音助手"通过接入美的公司标准实现语音控制家用电器。2015 年魅族、海尔、阿里巴巴公司组成联盟，展开深度合作，携手走进智慧家居行业，在海尔公司的产品上搭载了魅族公司的 Life Kit 系统，通过该系统客户端软件能够控制海尔公司的产品；同年华为公司提出了新的智慧家居战略，建立以路由器为核心的智慧家居解决方案，通过 UX 设计规范接入的欧普照明设备能够使用华为 App 控制灯光冷暖。2016 年小米公司发布"米家"智慧家居全新品牌，通过构建房间地图，可为机器人路径规划提供保障，该公司推出的"小白摄像头"可精确识别人体移动，实现了智慧家居系统的智能安防。2017 年，联想、海尔、阿里巴巴公司先后发布了智能音响，通过语音识别和人工智能等相关技术实现了客户与音响的智能对话，海尔公司发布的智能音响能够控制旗下的洗衣机、空调、冰箱等家用电器。

在知网搜索"智慧家居"关键词，可生成如图 2.1 所示的智慧家居应用饼图（饼图中按顺时针方向分别是智慧家居、……、远程控制，具体见图中右侧所列的技术），可以看出"物联网技术""物联网""ZigBee""传感器"等物联网相关技术在智慧家居中的重要性。

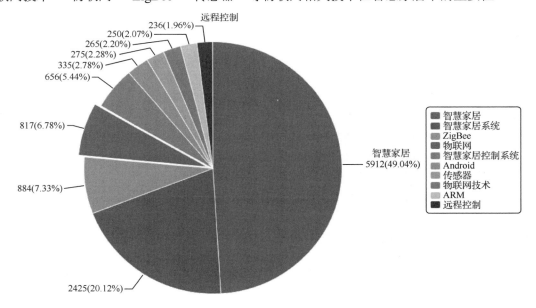

图 2.1　智慧家居应用饼状图

智慧家居研究趋势如图 2.2 所示，从该图中可以看出，从 2002 年开始，从事智慧家居研究的学者和专家逐年增多，智慧家居已经目前的一个研究热点。

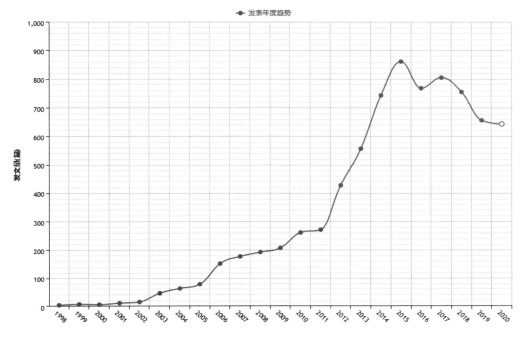

图 2.2　智慧家居研究趋势

2.1.2　智慧家居关键技术

1．无线通信技术

1）ZigBee 网络

如果某只蜜蜂发现食物，则会采用类似 Zig-Zag 形状的舞蹈将具体位置告诉其他蜜蜂，这是一种简单的消息传输方式。蜜蜂是通过这种方式与同伴进行"无线"通信的，构成了通信网络，ZigBee 由此而来。可以将 ZigBee 看成 IEEE 802.15.4 协议的代名词，它是根据这个协议实现的一种短距离、低功耗的无线通信技术。

ZigBee 是无线传感器网络的核心技术之一，使用该技术的设备节点的能耗特别低，无须人工干预，成本低廉，设备复杂度低且网络容量大。ZigBee 网络的特点如下：

（1）低功耗：是 ZigBee 网络最具代表性的特点，低速率和低发射功率，以及休眠功能使其设备节点的功耗得到了进一步降低。

（2）低成本：ZigBee 协议对设备节点的要求不高，另外该协议是免费公开的，使用的是免申请执照频段，降低了 ZigBee 网络的使用成本。

（3）短时延：ZigBee 网络的响应速度非常快，当事件被触发时，只需要 15 ms 的反应时间，而设备节点加入 ZigBee 网络所需要的时间也仅有 30 ms，在对时延有较高要求的场景中，ZigBee 网络具有明显的优势。

（4）高容量：ZigBee 网络具有三种拓扑结构，由一个中心节点对整个网络进行管理与维护。一个中心节点（主节点）最多可管理 254 个子节点，再加上灵活的组网方式，一个 ZigBee 网络最多可包含 6.5 万个子节点。

（5）高可靠性：ZigBee 网络采用载波侦听多路接入/冲突避免（CSMA/CD）机制来保证通信的高可靠性，同时通过预留专用时隙的方式来避免数据传输过程中的竞争与冲突。

ZigBee 网络是针对低数据量、低成本、低功耗、高可靠性的无线数据包通信的需求而产生的，在很多领域，如国防安全、工业应用、交通物流、节能、生产现代化和智慧家居等领域有着广泛的应用。

2）低功耗蓝牙（BLE）

BLE 是一种短距离无线通信技术，最初是由爱立信公司于 1994 年提出的，用于实现设备节点之间的无线传输，以及降低移动设备的功耗和成本。蓝牙工作在免申请执照的 ISM（Industrial Scientific Medical）2.4 GHz 频段，频率范围为 2400～2483.5 MHz，采用高斯频移键控调制方式。为了避免与其他无线通信协议的干扰（如 ZigBee），射频收发机采用跳频技术，在很大程度上降低了噪声的干扰和射频信号的衰减。蓝牙将 2.4 GHz 频段划分为 79 个通信信道，信道带宽为 1 MHz，数据以数据包的形式在其中的一条信道上进行传输，第一条信道起始于 2402 MHz，最后一条信道起始于 2480 MHz。通过自适应跳频技术进行信道的切换，信道切换频率为 1600 次/秒。

与传统蓝牙协议相比，BLE 技术协议在继承传统蓝牙射频技术的基础之上，对传统蓝牙协议栈进行了进一步简化，将蓝牙数据传输速率和功耗作为主要技术指标。在芯片设计方面，采用两种实现方式，即单模方式和双模方式。采用双模方式的蓝牙芯片将 BLE 协议栈集成到传统蓝牙控制器中，实现了两种方式的共用。而采用单模方式的蓝牙芯片采用独立的蓝牙协议栈，它是对传统蓝牙协议栈的简化，从而降低了功耗，提高了数据传输速率。

BLE 技术采用可变连接时间间隔，这个时间间隔可以根据具体应用设置为几毫秒到几秒不等。另外，由于 BLE 技术采用非常快速的连接方式，因此平时可以处于非连接状态（可以节省能源），此时链路两端相互间只是知晓对方，只有在必要时才开启链路，然后在尽可能短的时间内关闭链路。

3）Wi-Fi 网络

Wi-Fi 是无线以太网 IEEE 802.11b 标准的别名，它是一种本地局域无线网络技术，可使设备节点连接到网络。许多终端设备，如笔记本电脑、视频游戏机、智能手机、数码相机、平板电脑等都配有 Wi-Fi 模块，通过 Wi-Fi 模块可以使这些终端设备连接到特定网络，如 Internet。Wi-Fi 技术可使用户获得方便快捷的无线上网体验，同时使用户摆脱了传统的有线上网的束缚。与许多无线传输技术（如 ZigBee、BLE）一样，Wi-Fi 也被视为一种短距离无线通信技术，它支持移动设备在近 100 m 范围内接入 Internet。随着无线通信技术不断发展，IEEE 802.11b 标准日臻成熟与完善，它们被统称为 Wi-Fi。

Wi-Fi 主要依据 IEEE 802.11b 标准并在 2.4 GHz 开放的免申请执照 ISM（Industrial Scientific and Medical）频段工作。Wi-Fi 网络采用补码键控（CCK）调制方式，其频率范围为 2.4～2.4835 GHz，共 83.5 MHz，被划分为 14 个子信道，每个子信道宽度为 22 MHz，相邻信道的中心频点间隔 5 MHz。

2．嵌入式系统

国际电气和电子工程师协会（IEEE）对嵌入式系统的定义是：嵌入式系统是控制、监视或者辅助设备、机器和工厂运行的装置。该定义是从应用的角度出发的，强调嵌入式系统是一种完成特定功能的装置，该装置能够在没有人工干预的情况下独立地进行实时监测和控制。这种定义体现了嵌入式系统与通用计算机系统的不同的应用目的。

我国对嵌入式系统定义为：嵌入式系统是以应用为中心，以计算机技术为基础，并且软/硬件可裁剪，适用于应用系统对功能、可靠性、成本、体积、功耗有严格要求的专用计算机系统。

1）嵌入式系统的特点

嵌入式系统是先进的计算机技术、半导体技术和电子技术与各个行业具体应用相结合的产物，这决定了它是技术密集、资金密集、知识高度分散、不断创新的集成系统。同时，嵌入式系统又是针对特定的应用需求而设计的专用计算机系统，这也决定了它必然有自己的特点。

不同嵌入式系统的具有一定差异，一般来说，嵌入式系统有以下特点：

（1）软/硬件资源有限。

（2）集成度高、可靠性高、功耗低。

（3）有较长的生命周期，嵌入式系统通常与所嵌入的宿主设备具有相同的使用寿命。

（4）软件程序存储（固化）在存储芯片上，开发者通常无法改变。

（5）嵌入式系统本身无自主开发能力，进行二次开发需要进行交叉编译。

（6）嵌入式系统是计算机技术、半导体技术、电子技术和各个行业的应用相结合的产物。

（7）一般来说，嵌入式系统并非总是独立的设备，而是作为某个更大型计算机系统的辅助系统。

（8）嵌入式系统通常都与真实物理环境相连，并且是激励系统。激励系统处在某一状态，并且等待着输入或激发信号，从而完成计算并输出更新的状态。

另外，随着嵌入式处理器性能的不断提高以及软件的高速发展，越来越多的嵌入式系统的应用出现了新的特点：

（1）性能功能越来越接近通用计算机系统。随着嵌入式处理器性能的不断提高，一些嵌入式系统的功能也变得多而全。例如，智能手机、平板电脑和笔记本电脑在形式上越来越接近。尤其是人工智能的介入，让智能手机如虎添翼。

（2）网络功能已成为标配。随着网络的发展，尤其是物联网、移动互联网和边缘计算等的出现，目前的嵌入式系统的网络功能成了一种必备的功能。

2）嵌入式系统的组成

嵌入式系统一般由硬件系统和软件系统两大部分组成。其中，硬件系统包括嵌入式处理器、外设和必要的外围电路；软件系统包括嵌入式操作系统和应用软件。嵌入式系统的组成如图 2.3 所示。

（1）硬件系统。硬件系统主要包括嵌入式处理器和外设。

① 嵌入式处理器。嵌入式处理器是嵌入式系统硬件系统的核心，早期嵌入式系统的嵌入式处理器由（甚至包含几个芯片的）微处理器来担任，而如今的嵌入式处理器一般采用 IC（集成电路）芯片形式，可以是 ASIC（专用集成电路）或者 SoC 中的一个核。核是 VLSI（超大

规模集成电路）上功能电路的一部分。嵌入式处理器有如下几种：

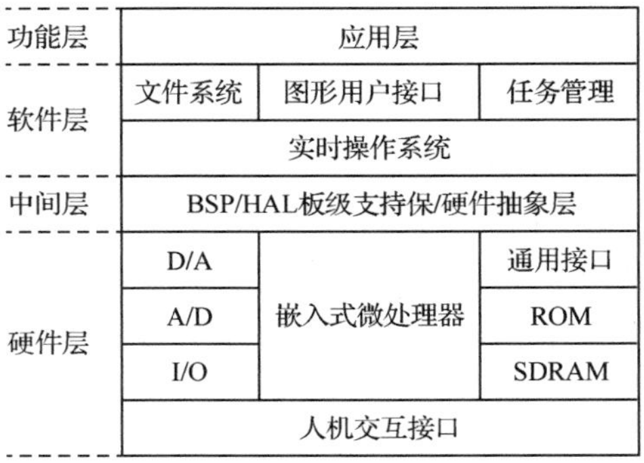

功能层	应用层		
软件层	文件系统	图形用户接口	任务管理
	实时操作系统		
中间层	BSP/HAL板级支持保/硬件抽象层		
硬件层	D/A	嵌入式微处理器	通用接口
	A/D		ROM
	I/O		SDRAM
	人机交互接口		

图 2.3　嵌入式系统的组成

（a）微处理器：世界上第一个微处理器芯片就是为嵌入式系统服务的。可以说，微处理器的出现，使嵌入式系统的设计发生了巨大的变化。微处理器是可以是单芯片的微处理器，还可以有其他附加的单元（如高速缓存、浮点处理算术单元等）以加快指令处理速度。

（b）微控制器：微控制器是集成有外设的微处理器，是具有微处理器、存储器和其他一些硬件单元的集成芯片。因其单芯片就组成了一个完整意义上的计算机系统，常被称为单片微型计算机，即单片机。最早的单片机是 8031 微控制器，它和后来出现的 8051 单片机是传统单片机的主流。在高端的微控制器中，ARM 芯片占有很大的比重。微控制器可以作为独立的嵌入式设备，也可以作为嵌入式系统的一部分，是现代嵌入式系统的主流，尤其适用于具有片上程序存储器和设备的实时控制。

（c）数字信号微处理器（DSP）：也称为 DSP 微处理器，可以看成高速执行加减乘除算术运算的微芯片，因具有乘法累加器单元，特别适合进行数字信号处理运算（如数字滤波等）。DSP 在硬件中进行算术运算，因而信号处理速度比通用微处理器更快，主要用于嵌入式音频、视频编解码以及各种通信中。

（d）片上系统：近来，嵌入式系统正在被设计到单个硅片上，称为片上系统，在学术上被定义为将微处理器、IP（知识产权）核、存储器集成在同一个芯片上，一般用于定制系统或者特殊用途系统。

② 外设。外设包括存储器、I/O 接口等辅助设备。尽管微控制器（MCU）已经包含了大量外设，但对于需要更多 I/O 端口和更大存储能力的大型系统来说，还需要连接额外的 I/O 端口和存储器，用于扩展其他功能和提高性能你。

（2）软件系统。嵌入式系统可以分成有操作系统和无操作系统两大类，在复杂的嵌入式系统中，多任务成为基本需求，因此操作系统也称为嵌入式系统的必要组成部分，主要用于协调多任务。

嵌入式软件系统由应用程序、API、操作系统等软件组成，解决一些在大型计算机软件中不存在的问题：因经常同时完成若干任务，必须能及时响应外部事件，能在无人干预的条件下处理所有异常和突发情况。

3. 云平台应用技术

通用物联网平台需要具备下面几个基本功能：

（1）设备通信：联网是最基本的功能，需要定义好通信协议，可以和设备节点正常通信；提供不同网络的设备节点接入方式。

（2）设备节点管理：每个设备节点都需要一个唯一的标识，用于控制设备节点的接入权限，管理设备节点的在线、离线状态，设备节点的在线升级，设备节点注册删除禁用等功能。

（3）数据存储：大量的连接数量和海量的数据，必须有可靠的数据存储。

（4）安全管理：需要对设备节点的安全连接做出充分保障，一旦信息泄露会造成极其严重的后果。对不同接入设备节点要有不同的权限级别。

（5）人工智能：对物联网中的海量数据进行智能分析和处理。

云平台中很重要的一项技术是云计算，目前我国很多企业已布局云计算市场，如有阿里、华为、腾讯等都已经推出了受市场欢迎的云计算服务。在中国已经有很多企业开启了云平台模式，如腾讯云、阿里云、华为云帆等。目前，国外的云平台主要有 Google 的 App Engine 云平台、Amazon 的 EC2 云平台以及 Microsoft 的 Azure 云平台。Google 的 App Engine 云平台是一个传统网上应用平台，可以在 App Engine 云平台上来开发属于自己的应用系统。Amazon 的 EC2 云平台的整体结构上近似于硬件平台，主要是提供给用户硬件虚拟机。Microsoft 的 Azure 云平台介于上面两种云平台之间。

4．Android 应用技术

Android 是一种基于 Linux 的开放源代码的操作系统，主要使用于移动设备，如智能手机和平板电脑，由 Google 公司和开放手机联盟领导及开发。

Android 系统架构如图 2.4 所示

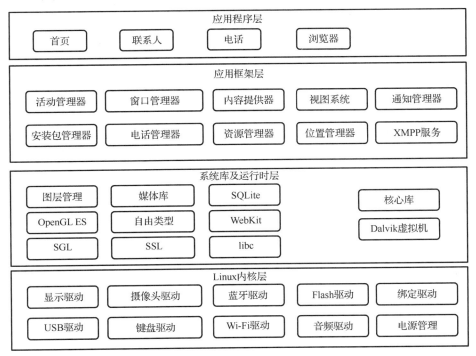

图 2.4　Android 系统架构

Android 系统架构和其操作系统架构一样，都采用了分层架构。Android 系统架构共分四层，分别是应用程序层、应用框架层、系统库及运行时层和 Linux 内核层。

（1）应用程序层：该层提供核心应用程序包，如首页、联系人、电话和浏览器等，开发者可以设计和编写相应的应用程序。

（2）应用框架层：该层是 Android 应用开发的基础，包括活动管理器、窗口管理器、内容提供器、视图系统、通知管理器、安装包管理器、电话管理器、资源管理器、位置管理器和 XMPP 服务。

（3）系统库及运行时层。系统库中的库文件主要包括图层管理、媒体库、SQLite、OpenGL ES、自由类型、WebKit、SGL、SSL 和 libc；运行时包括核心库和 Dalvik 虚拟机。核心库不仅兼容大多数 Java 所需要的功能函数，还包括 Android 的核心库，如 android.os、android.net、android.media 等；Dalvik 虚拟机是一种基于寄存器的 Java 虚拟机，主要完成对生命周期、堆栈、线程、安全和异常的管理，以及垃圾回收等功能。

（4）Linux 内核层。Linux 内核层提供各种硬件驱动，如显示驱动、摄像头驱动、蓝牙驱动、键盘驱动、Wi-Fi 驱动、音频驱动、Flash 驱动、绑定驱动、USB 驱动、电源管理等。

5．HTML5 技术

HTML5 是 HTML 最新的修订版本，由万维网联盟（W3C）于 2014 年 10 月完成标准的制定。HTML5 是构建以及呈现互联网内容的一种语言方式，被看成互联网的核心技术之一。HTML 产生于 1990 年，HTML4 于 1997 年成为互联网标准，并广泛应用于互联网应用的开发。HTML5 是 W3C 与 WHATWG（Web Hypertext Application Technology Working Group）合作的结果。WHATWG 致力于 Web 表单和应用程序，而 W3C 专注于 XHTML2.0。在 2006 年，双方决定合作来创建一个新版本的 HTML。

HTML5 技术采用了 HTML4.01 的相关标准并进行了革新，更加符合现代网络发展要求，正式发布于 2008 年。HTML5 在互联网中得到了非常广泛的应用，提供了更多增强网络应用的标准机制。与传统的技术相比，HTML5 的语法特征更加明显，不仅结合了 SVG 的内容（这些内容在网页中使用可以更加便捷地处理多媒体内容），还结合了其他元素，对原有的功能进行调整和修改。HTML5 具有以下优势：

（1）跨平台性好，可以运行在采用 Windows、MAC、Linux 等操作系统的计算机和移动设备上。

（2）对硬件的要求低。

（3）使用 HTML5 生成的动画、视频效果比较绚丽。HTML5 增加了许多新特性，这些新特性支持本地离线存储，减少了对 Flash 等外部插件的依赖，取代了大部分脚本的标记，添加了一些特殊的元素（如 article、footer、header、nav 等）、表单控件（如 email、url、search 等）、视频媒体元素（如 video、audio 等），以及 canvas 绘画元素等相关内容。

（4）HTML5 添加了丰富的标签，其中的 AppCache 以及本地存储功能大大缩短了 App 的启动时间，HTML5 直接连接了内部数据和外部数据，有效解决了设备之间的兼容性问题。此外，HTML5 具有动画、多媒体模块、三维特性等，可以替代部分 Flash 和 Silverlight 的功能，并且具有更好的处理效率。

2.2　项目开发计划

项目计划开发是指通过使用项目其他专项计划过程所生成的结果，运用整合和综合平衡的方法，制订出用于指导项目实施和管理的整合性、综合性、全局性、协调统一的整合计划文件。

2.2.1　项目计划

1．项目里程碑计划

里程碑是项目中的标记，表示开发的变更或阶段，是沿着项目时间线出现的重要的、有标志的进度点。里程碑将项目时间线划分为几个阶段，设定里程碑有助于项目经理追踪大的事件和进行决策。项目里程碑计划如表 2.1 所示。

表 2.1　项目里程碑计划

阶　段	估计开发周期	交　付　件
TR1（需求评审）	3 个工作日	市场调研报告（立项阶段输出） 市场需求清单（立项阶段输出） 初始业务计划（立项阶段输出） 系统需求规格书
TR2（总体方案评审）	3 个工作日	项目可行性分析报告 项目开发计划 总体设计方案书 测试与验证计划
TR3（模块级概要设计）	4 个工作日	模块级概要设计/总体设计 模块框架设计 模块界面设计 模块交互式设计 各模块级测试方案
TR4（各模块开发与测试）	5 个工作日	独立功能模块开发 单元测试报告
TR5（系统集成与测试）	3 个工作日	项目整合系统集成 项目运行测试 系统测试报告
TR6（项目交付与总结汇报）	2 个工作日	项目交付报告 运维计划 项目总结报告 项目汇报 PPT

2．项目沟通计划

项目沟通计划一般包括两部分内容：

（1）确定团队的主要人员构成以及负责人，通常会罗列各个团队的主要人员、团队负责人，以及他们的联系方式（如邮箱、电话）等。

（2）确定沟通计划、沟通频率、参与沟通的人员、谁来组织沟通、通过何种方式沟通等。项目组会议可以采用列表形式，如表 2.2 所示。

表 2.2　项目组会议

No	会　议	频　度	参 加 人	跟 踪 机 制
1	阶段结束会议	1 次	全体	会议记录
2	项目总结会议	1 次	全体	会议记录

项目报告机制也可以采用列表形式，如表 2.3 所示。

表 2.3　项目报告机制

No.	报　告	准 备 人	频　度	向 谁 汇 报
1	项目状态报告	开发组长	每天	项目经理
2	项目阶段结束报告	开发组长	5 次	项目经理
3	项目总结报告	项目经理	1 次	客户

2.2.2　人力资源和技能需求计划

人力资源和技能需求如表 2.4 所示。

表 2.4　人力资源和技能需求

No.	人 力 资 源	TR1	TR 2	TR 3	TR 4	TR 5	TR 6
		（人数、技能要求）					
1	项目经理	1	1	1			
2	XX 业务代表	1					
3	开发组			1	2		
4	集成组					1	
5	测试组				1	1	1

2.3　项目需求分析与设计

2.3.1　项目概述

（1）项目背景。建立一个高效率、低成本的智慧家居系统可以让人们拥有智能舒适的居住环境，可以对家居进行远程控制。

（2）项目介绍。人们可以通过智能家居系统完成日常生活中的事务，并且享受高新技术带来的生活便利。

（3）目标范围。智能家居系统是家庭的智能化，主要用于家庭住宅，可实现智能舒适的居住环境。

（4）用户特性。智慧家居系统主要通过计算机或手机来控制整个系统的运行，硬件需要由专业的人士进行安装和调试，确定各个传感器的安装地点，用户只需要掌握软件的操作即可方便、简单地使用该系统。

2.3.2　功能需求

智慧家居的功能需求如下：

（1）温湿度实时采集和控制。温湿度采集和控制用于实时采集室内的温湿度，并以图形方式展示给用户。用户既可以根据需要自行控制室内温湿度，也可以把温湿度控制在一个范围之内；还可以根据系统提供的选择项，如舒适睡眠模式、凉爽模式、温暖模式等，直接选择合适的模式。

（2）安防系统。安防系统通过 RFID 实现非法进门报警、远程开关门功能，配合视频监控系统可以让用户通过网络实时查看家里的情况，充分发挥监控的实时性和主动性。

为了能实时分析、跟踪、判别监控对象，并在发生异常事件时提示、上报，安防系统的智能化就显得尤为重要。

（3）家电系统。通过智能电器插座、定时控制器、语音电话远程控制器等智能产品及组合，无须对传统的家用电器进行改造，就能实现对家用电器的控制，如定时控制、无线遥控、集中控制、电话远程控制、场景控制、计算机控制等。

2.3.3　性能需求

智慧家居的性能需求如下：

（1）每 3 s 采集一次温度信息，精度为 0.1，系统对温度的控制应精确到 2～3℃。

（2）照明控制能得到实时响应，并可转换各种照明模式，反应时间应控制在 0.05～0.1 s。

（3）门窗控制和家电控制能得到实时响应，传感器对光照度应该非常灵敏。

（4）安防系统的要求更加严格，要求视频监控系统每秒拍摄 5 张图片，数据应自动保存在主机的数据库中，用户可定期进行清理。当出现紧急事故时，要求报警信息能够迅速发送到用户终端，并且自动报警。

（5）系统的硬件和软件应该互相独立，软件和硬件的连接通过 ZigBee 网络实现，若软件瘫痪，应当能够通过人工控制住宅的硬件设施。

（6）智慧家居系统面向的客户是个人，所以智慧家居系统的软件平台，特别是人机交流必须是可定制的，二次开发人员可以为客户定制个性化、风格各异的控制平台。

（7）由于每个家庭的需求不一样，因此要求智慧家居系统可以根据家庭的需求来进行模块化的组合，并实现软件和硬件的无缝配合。

（8）智慧家居系统必须能够在任何一个地方实现完全相同的控制功能，如在客厅和卧室可以实现完全相同的控制功能。

（9）智慧家居系统应支持多人控制，家庭成员往往不止一个人，所以需要实现多用户登录功能。

2.3.4　安全需求

智慧家居的安全需求如下：

（1）智慧家居系统和主机是通过特定的协议进行通信的，数据通信协议不对外公开，主机和智慧家居系统的连接需要密码。

（2）用户的个人信息应得到严格的保护。

2.4　系统概要设计

2.4.1　系统概述

人们对智慧家居的需求主要包含以下几点：

（1）室内环境感知需求：可以感知室内的环境信息，如室内的温湿度、空气质量、光照度等信息。

（2）室内环境舒适度调节需求：舒适度调节是重要的需求之一，通过控制相应的环境调节设备来调节室内的环境状态，可以使人们所处的环境变得舒适。例如，夏天温度较高，当打开空调并将空调制冷一段时间后，室内的温度可以慢慢降低到舒适的水平。

（3）家居设备自动控制需求：设备的自动控制需求是潜在的需求之一，这种需求是意向性的，人们希望一些设备提前的完成一些动作。例如，人们晚上回家之前希望家里的客厅灯是开着的。

（4）安全需求：安全需求涉及的内容较多，如消防安全、燃气安全、安防安全等。消防安全要对室内环境的明火进行实时预警，以防发生火灾；燃气安全是指室内的燃气用气安全，需要对燃气的泄漏进行实时监控；安防安全则包括对门窗的监控和室内人体红外信号的监控。

（5）门禁安全需求：目前门禁的安全设计比较脆弱，如钥匙容易被仿制、锁芯容易被破坏，通常会造成较大的财产损失，因此需要更加先进的门禁系统。

（6）能耗管理需求：能耗管理对于家庭来说是非常必要的，用户可以实时掌握能耗信息。

（7）实时监控需求：用户通过实时监控不仅可以实时了解家中小孩和老人的生活情况，还可以配合安防设备和门禁系统来提高安全水平。

（8）特殊场景需求：特殊场景需求是一种动态的需求。例如，人们在聚会时需要一种热闹的环境氛围，在会客时需要一种安静放松的环境氛围，这种家居功能的多元化是一种潜在的动态需求。

2.4.2　总体架构设计

智慧家居系统是基于物联网四层架构设计的，其总体架构如图 2.5 所示，下面根据物联网四层架构模型进行说明。

感知层：主要包括采集类、控制类、安防类传感器，这些传感器由经典型无线节点中CC2530 控制。

网络层：感知层中的经典型无线节点同网关之间的无线通信是通过 ZigBee 网络实现的，网关同智云服务器、上层应用设备之间通过 TCP/IP 网络进行数据传输。

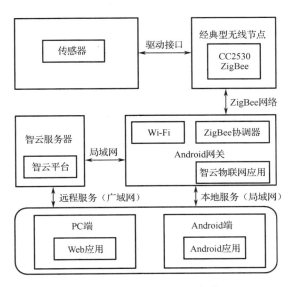

图 2.5　智慧家居的总体架构

平台层：平台层提供物联网设备之间基于互联网的存储、访问和控制。

应用层：应用层主要是物联网系统的人机交互接口，通过 PC 端、Android 端提供界面友好、操作交互性强的应用。

图 2.6 所示为物联网工程框架结构，通过该图可知，智能网关、Android 客户端程序、Web 客户端程序通过云平台数据中心可以实现对传感器的远程控制，包括实时数据推送、传感器控制和历史数据查询。

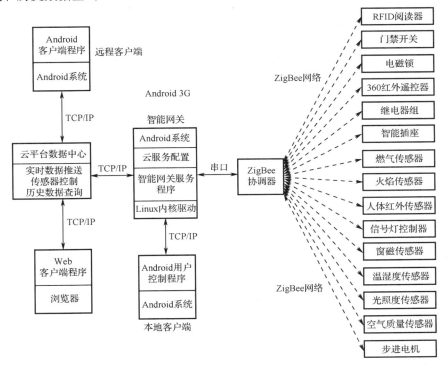

图 2.6　物联网工程框架结构

2.4.3 功能模块划分

根据服务类型，可将智慧家居系统分为以下几个功能模块：

（1）环境监测系统：可为用户提供准确的环境信息数据和数据展示服务，满足用户对室内环境的感知需求。该功能模块对应于室内环境感知服务。

（2）安防系统：提供常规的安全检测及预警服务，服务内容涵盖消防安全、燃气安全、安防安全等。该功能模块对应于家居防护安全服务。

（3）电器系统：提供设备的控制服务，设备包括开关类设备（如客厅灯、加湿器等），以及遥控类设备（如电视机、窗帘、环境灯等）。该功能模块对应于室内环境舒适度调节服务和家具设备自动控制服务。

（4）门禁系统：采用刷卡式的身份识别方式，能够为智慧家居系统提供合法 ID 存储、非法 ID 记录和远程电话通知等安全服务。该功能模块对应于家居门禁安全服务。

智慧家居系统的功能模块如图 2.7 所示。

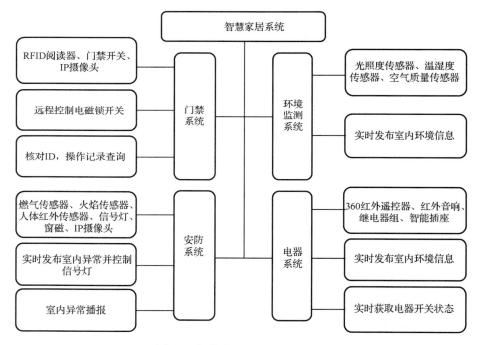

图 2.7　智慧家居系统的功能模块

2.4.4 硬件选型

硬件平台是支撑应用系统运行的核心基础设施，例如，室内环境数据的获取、家居设备的远程控制等都需要硬件平台提供稳定的支持。如果硬件平台不够稳定，将会造成数据采集有误、远程设备控制滞后、数据上传缓慢、报警设备灵敏度下降、智能调节功能紊乱等问题，这些问题将会造成智慧家居系统服务质量变差、家居安全防护性能降低。因此智慧家居系统的硬件选型是非常重要的，既要保证设备的长期稳定，又要保证价格合理、降低成本，同时还要能够在未来一段时间内支持系统的拓展。

由于智慧家居系统的复杂性和特殊性，对于其硬件平台的设计需要遵循统一规划、高可用性、高扩展性、高安全性、高可维护性和合适性价比等原则。根据智慧家居系统功能模块的分类，可确定硬件设备的种类如下：

（1）环境监测系统：采用温湿度传感器、光照度传感器、空气质量传感器。

（2）安防系统：采用燃气传感器、火焰传感器、人体红外传感器、信号灯控制器、信号灯、窗磁传感器、IP 摄像头。

（3）电器系统：采用 360 红外遥控器、红外音响、继电器、智能插座、步进电机。

（4）门禁系统：采用 RFID 阅读器、门禁开关、电磁锁、IP 摄像头。

1．无线节点的选型

智慧家居系统中的无线节点采用经典型无线节点 ZXBeeLiteB，该无线节点中的处理器采用 CC2530 微处理器。CC2530 是 TI 公司生产的一种系统级 SoC 芯片，适用于 2.4 GHz 的 IEEE 802.15.4、ZigBee 和 RF4CE 应用。CC2530 包括性能极好的 RF 收发器、工业标准增强型 8051 MCU、可编程的闪存、8 KB 的 RAM，以及许多其他功能强大的部件，具有不同的运行模式，使得它特别适合超低功耗要求的系统，结合 TI 公司的 ZigBee 协议栈（ZStack），提供了一个完善的 ZigBee 网络解决方案。

CC2530 广泛应用在家庭/建筑物自动化、照明系统、工业控制和监视、农业养殖、城市管理远程控制、消费型电子、家庭控制、计量和智能能源、楼宇自动化、医疗等领域，具有以下特性。

（1）功能强大的无线前端。具有 2.4 GHz 的 IEEE 802.15.4 标准射频收发器，出色的接收器灵敏度和抗干扰能力，可编程输出功率为+4.5 dBm，总体无线连接功率为 102 dBm，符合世界范围的无线电频率法规，如欧洲电信标准协会（ETSI）的 EN300 328 和 EN 300 440（欧洲），以及 FCC 的 CFR47 第 15 部分（美国）和 ARIB STD-T-66（日本）。

（2）功耗低。接收模式为 24 mA，发送模式（1 dBm）为 29 mA；功耗模式 1（4 μs 唤醒）为 0.2 mA，功率模式 2（睡眠计时器运行）为 1 μA，功耗模式 3（外部中断）为 0.4 μA；电源电压范围为 2～3.6 V。

（3）具有丰富的外设。CC2530 的外设包括功能强大的 5 通道 DMA，IEEE 802.15.4 标准的 MAC 定时器，通用定时器（1 个 16 位、2 个 8 位），红外发生电路，32 kHz 的睡眠计时器和定时捕获，CSMA/CA 硬件支持，精确的数字接收信号强度指示/LQI 支持，电池监视器和温度传感器，8 通道 12 位 ADC（可配置分辨率），AES 加密安全协处理器，2 个强大的通用同步串口，21 个通用 I/O 引脚，看门狗定时器。

经典型无线节点是由 xLab 未来开发平台提供的，xLab 未来开发平台采用 CC2530 作为主芯片，具有丰富的板载信号指示灯（如电源、电池、网络、数据），两路功能按键，集成了锂电池接口和电源管理芯片（支持电池的充电管理和电量测量），提供 USB 串口（如 TI 仿真器接口和 ARM 仿真器接口），集成了两路 RJ45 工业接口（提供主芯片 P0_0～P0_7 输出，包含 I/O、DC 3.3 V、DC 5 V、UART、RS-485、两路继电器等功能），提供两路 3.3 V、5 V、12 V 电源输出。xLab 未来开发平台如图 2.8 所示

图 2.8　xLab 未来开发平台

2．智能网关的选型

智能网关（也称为 Android 网关）采用三星 ARM Cortex-A9 S5P4418 四核处理器，搭载 10.1 寸电容液晶屏，集成 Wi-Fi、蓝牙模块、500W MIPI 高清摄像头模块，可选北斗 GPS 模块、4G 模块，如图 2.9 所示。

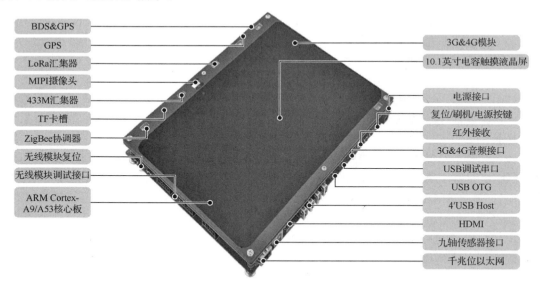

图 2.9　智能网关

在物联网工程中，设备节点数据的发送与接收是通过智能网关中的协调器进行的，通过智能网关上运行的服务程序将 ZigBee 网络和互联网连接起来，将设备节点的数据推送给智云服务器。

2.4.5　无线网络设计

ZigBee 作为一种短距离、低功耗、低数据传输速率的无线通信技术，在无线传感器网络中得到了广泛的应用，可以构成星状、树状和网状等拓扑结构。

（1）星状拓扑。星状拓扑是最简单的拓扑结构，如图 2.10 所示。星状拓扑结构包括一个协调器和多个终端节点，每个终端节点只能和协调器通信，终端节点之间的通信必须通过协调器进行转发。

星状拓扑结构的缺点是节点之间的数据传输只有唯一的路由，协调器有可能成为整个网络的瓶颈。实现星状拓扑不需要使用 ZigBee 网络层协议，因为 IEEE 802.15.4 的协议层已经实现了星状拓扑结构，但是需要开发者在应用层做更多的工作，包括处理数据的转发。

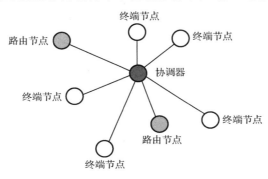

图 2.10　星状拓扑结构

（2）树状拓扑。树状拓扑结构如图 2.11 所示，协调器可以连接路由节点和终端节点，路由节点可以继续连接路由节点和终端节点。在多个层级的树状拓扑中，数据传输具有唯一的路由，只可以在父节点与子节点之间进行直接通信，非父子关系的节点需要间接通信。

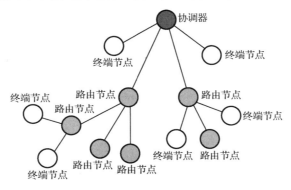

图 2.11　树状拓扑结构

树状拓扑中的通信规则为：每个节点都只能和其父节点或子节点通信；如果需要从一个节点向另一个节点传输数据，数据将沿着树的路径向上传输到最近的祖先节点，然后向下传输到目标节点。树状拓扑结构的缺点是数据传输只有唯一的路由，另外数据传输的路由是由协议栈层处理的，整个过程对于应用层而言是完全透明的。

（3）网状拓扑。网状拓扑结构如图 2.12 所示，网状拓扑结构具有灵活路由选择方式，当某条路由出现问题时，数据可自动沿其他路由传输。任意两个节点都可相互传输数据，数据既可以直接传输，也可以通过多级路由转发（间接传输）。网络层提供路由探测功能，可以找到数据传输的最优路由，不需要应用层的参与。网络层会按照 ZigBee 协议自动选择最优路由来传输数据，使得网络更稳定，通信更有效率。

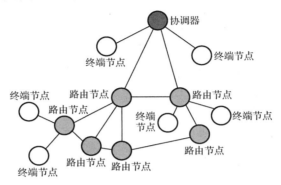

图 2.12　网状拓扑结构

采用网状拓扑结构的网络具有强大的功能，该拓扑结构还可以组成极为复杂的网络，具备自组织、自愈功能；星状网和树状网适合多点、短距离的应用。

根据智慧家居系统的通信特点，ZigBee 网络采用网状拓扑结构。智慧家居系统的网络结构如图 2.13 所示。

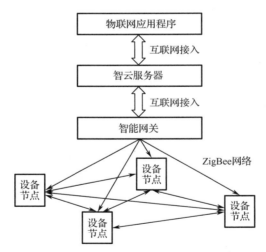

图 2.13　智慧家居系统的网络结构

第 **3** 章

智慧家居系统工程功能模块设计

本章介绍智慧家居系统工程功能模块设计，主要内容包括门禁系统功能模块设计、电器系统功能模块设计、安防系统功能模块设计、环境监测系统功能模块设计。

3.1　门禁系统功能模块设计

3.1.1　系统设计与分析

1．硬件功能需求分析

门禁系统的功能设计如图 3.1 所示。

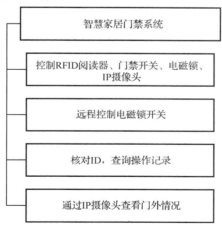

智慧家居门禁系统

控制RFID阅读器、门禁开关、电磁锁、IP摄像头

远程控制电磁锁开关

核对ID，查询操作记录

通过IP摄像头查看门外情况

图 3.1　门禁系统的功能设计

2．通信流程分析

从数据传输的过程来看，门禁系统的通信涉及传感器节点、网关和客户端（包括 Android 端与 Web 端）。门禁系统的通信流程如图 3.2 所示，具体描述如下：

（1）搭载了传感器的无线节点可加入由协调器组建的 ZigBee 网络，并通过 ZigBee 网络进行通信。

（2）将无线节点中传感器采集的数据通过 ZigBee 网络发送到网关的协调器，协调器通过串口将数据发送给网关智云服务，然后通过实时数据推送服务将数据推送给客户端。

（3）客户端（Android 端和 Web 端）的应用通过云平台数据接口与云平台数据中心连接，实现对 IP 摄像头和门禁的实时控制。

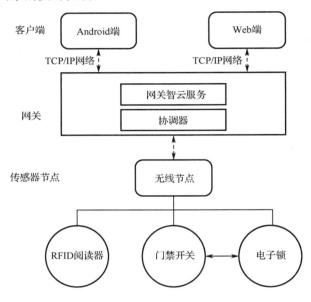

图 3.2　门禁系统的通信流程

3.1.2　设备节点的选型分析

门禁系统主要使用的设备节点是电磁锁、RFID 阅读器和门禁开关。

1．电磁锁

门禁系统中使用的电磁锁如图 3.3 所示，是通过 I/O 接口与微处理器通信的。电磁锁的硬件连接如图 3.4 所示，电磁锁通过 RJ45 端口连接到 ZXBeeLiteB 无线节点的 B 端子，然后连接到微处理器的 P0_6 引脚。在实际使用过程中，电磁锁由 ZXBeeLiteB 无线节点 B 端子的 K1 接口控制，默认控制状态为关闭，当向 K1 接口输入高电平时，将打开电磁锁。

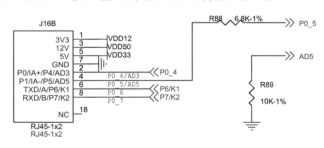

图 3.3　电磁锁　　　　　　　　　图 3.4　电磁锁的硬件连接

2. RFID 阅读器

门禁系统中使用的 RFID 阅读器如图 3.5 所示。RFID 阅读器通过 RS-485 串口连接至 ZXBeeLiteB 无线节点端子 A。

图 3.5　RFID 阅读器

RFID 阅读器采用 RS-485 串口通信协议，通信参数配置为：波特率为 19200 bps、8 位数据位、偶校验位、无硬件数据流控制、1 位停止位。

ZXBeeLiteB 无线节点通过 RS-485 串口向 RFID 阅读器发送读取数据命令，RFID 阅读器会返回读到的门禁卡（射频卡）ID。读取数据命令的报文格式如表 3.1 所示。

表 3.1　读取数据命令的报文格式

发 送 内 容	字 节 数	发 送 数 据	备　　注
起始码	2	0941H	固定
设备地址	2	XXXXH	设备号
指令码	2	XXXXH	控制设备的相应操作
结束码	1	0DH	固定

RFID 阅读器返回数据的报文格式如表 3.2 所示。

表 3.2　返回数据的报文格式

接 收 内 容	字 节 数	发 送 数 据	备　　注
起始码	2	0A41H	固定
设备地址	2	XXXXH	设备号
指令码	2	XXXXH	控制设备的相应操作
门禁卡的 ID	8	XXXXXXXXH	ID 为 8 位十六进制数
校验	2	XXXXH	8 位门禁卡 ID 的异或校验

3．门禁开关

门禁系统使用的门禁开关如图 3.6 所示，门禁开关控制电磁锁的负极，按下门禁开关时接通负极。

图 3.6　门禁开关

3.1.3　设备节点驱动程序的设计

1．门禁系统的硬件连线

门禁系统的硬件连线如图 3.7 所示。

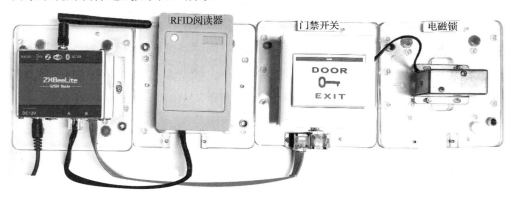

图 3.7　门禁系统的硬件连线

2．RFID 阅读器驱动程序的设计

RFID 阅读器的驱动函数如表 3.3 所示。

表 3.3　RFID 阅读器的驱动函数

函 数 名 称	函 数 说 明
void node_uart_init(void)	功能：初始化 RS-485 串口
void uart_485_write(uint8 *buf, uint16 len)	功能：通过 RS-485 串口输入数据。参数：*buf 表示存储要输入数据的缓冲区；len 表示要输入数据的长度
static void uart_callback_func(uint8 port, uint8 event)	功能：RS-485 串口回调函数。参数：port 表示端口号；event 表示事件编号

函 数 名 称	函 数 说 明
void node_uart_callback(uint8 port, uint8 event)	功能：设备节点 RS-485 串口回调函数。参数：port 表示端口号；event 表示事件编号
static uint8 xor_check(uint8* buf, uint8 len)	功能：通用异或校验。参数：*buf 表示存储要输入数据的缓冲区；len 表示要输入数据的长度。返回：xor 表示校验和
char* ASCI_16(int c)	功能：将 ASCII 码转换成十六进制数。参数：c 表示要转化的 ASCII 码。返回：存储 c 对应十六进制数的数组

RFID 阅读器的驱动函数代码如下：

```
/**************************************************************************
* 函数名称：node_uart_init()
* 函数功能：初始化 RS-485 串口通信
**************************************************************************/
void node_uart_init(void)
{
    halUARTCfg_t _UartConfig;                              //初始化结构体

    //UART 配置
    _UartConfig.configured          = TRUE;                //启用串口
    _UartConfig.baudRate            = HAL_UART_BR_19200;   //配置波特率为 19200
    _UartConfig.flowControl         = FALSE;               //关闭硬件数据流控制
    _UartConfig.rx.maxBufSize       = 128;                 //接收最大字节数为 128
    _UartConfig.tx.maxBufSize       = 128;                 //发送最大字节数为 128
    _UartConfig.flowControlThreshold = (128 / 2);
    _UartConfig.idleTimeout         = 6;
    _UartConfig.intEnable           = TRUE;                //启动串口
    _UartConfig.callBackFunc        = uart_callback_func;  //配置串口数据回调函数

    //启动串口
    HalUARTOpen (HAL_UART_PORT_0, &_UartConfig);
    U0UCR = 0x38| U0UCR;                                   //偶校验
}
/**************************************************************************
* 函数名称：uart_485_write()
* 函数功能：RS-485 串口写数据
* 函数参数：*buf 表示输入数据缓冲区；len 表示输入数据长度
**************************************************************************/
void uart_485_write(uint8 *buf, uint16 len)
{
    HalUARTWrite(HAL_UART_PORT_0, buf, len);
}
/**************************************************************************
* 函数名称：uart_callback_func()
* 函数功能：RS-485 通信回调函数
* 函数参数：port 表示端口号；event 表示事件编号
```

```
*********************************************************************************/
static void uart_callback_func(uint8 port, uint8 event)
{
    if (event & HAL_UART_TX_EMPTY)
    {
        uint16 szDelay[] = {2000,1000,500,100,10,10000};
        MicroWait(szDelay[HAL_UART_BR_19200]);        //波特率越小时延越大，时延太大将影响数据
的接收
        P2_0 = 0;
    }
    node_uart_callback(port, event);
}
/*********************************************************************************
* 函数名称：node_uart_callback()
* 函数功能：设备节点 RS-485 串口回调函数
* 函数参数：port 表示端口号；event 表示事件编号
*********************************************************************************/
void node_uart_callback( uint8 port, uint8 event )
{
#define RBUFSIZE 32
    (void)event;                                      //事件暂未定义
    uint8   ch;
    static uint8 rbuf[RBUFSIZE] ={0x0A,0x41,0x31,0x46,0x30,0x00}; //定义数据存储数组
    static uint8   rlen = 5;
    static uint8 state = 0;
    char *chk_sum;
    while (Hal_UART_RxBufLen(port)){                  //获取串口接收到的参数
        HalUARTRead (port, &ch, 1);                   //提取数据
        switch(state)
        {
            case 0:
                if(ch == 0x0A)
                state = 1;
                else state = 0;
            break;
            case 1:
                if(ch == 0x41)
                state = 2;
                else state = 0;
            break;
            case 2:
                if(ch == 0x31)
                state = 3;
                else state = 0;
            break;
            case 3:
                if(ch == 0x46)
```

```
                state = 4;
                else state = 0;
        break;
        case 4:
                if(ch == 0x30)
                state = 5;
                else state = 0;
        break;
        case 5:
                rbuf[rlen++]    = ch;
                if(rlen == 16)
                state = 6;
        break;
        case 6:
                int x = xor_check(rbuf, 13);
                chk_sum=ASCI_16(x);
                if ((chk_sum[0]==rbuf[13])&&(chk_sum[1]==rbuf[14])) {
                        char szData[32];
                        rbuf[13]='\0';
                        int len;
                        uint8 buf[8] = {0};
                        for(int x=0; x<=8; x+=2)
                        {
                                buf[x] = rbuf[(8-x)+3];
                                buf[(x+1)] = rbuf[(8-x)+4];
                        }
                        for(int y=0; y<8; y++)
                        {
                                rbuf[y+5] = buf[y];
                        }
                        //向串口打印数据
                        sprintf(A0, "%s", &rbuf[5]);
                        //向 szData 以 "{A0=%02X%02X%02X%02X}" 格式写入读取的 ID
                        len = sprintf(szData, "{A0=%s}", &rbuf[5]);
                        HalLedSet( HAL_LED_1, HAL_LED_MODE_OFF );
                        HalLedSet( HAL_LED_1, HAL_LED_MODE_BLINK );        //LED 闪烁一次
                        uint16 cmd = 0;
                        //通过 zb_SendDataRequest 将数据发送至协调器
                        zb_SendDataRequest( 0, cmd, len, (uint8 *)szData, 0, AF_ACK_REQUEST,
                                                        AF_DEFAULT_RADIUS );
                        rlen = 5;
                }
                else state = 0;
        break;
        default: state = 0; break;
    }
}
```

```
}
/********************************************************************
 * 函数名称：xor_check()
 * 函数功能：通用异或校验
 * 函数参数：*buf 表示存储要输入数据的缓冲区；len 表示要输入数据的长度
 * 返 回 值：校验和
 ********************************************************************/
static uint8 xor_check(uint8* buf, uint8 len)
{
    uint8 xor = 0;
    for (int k = 0; k < len; k++){
        xor = xor ^ buf[k];                          //循环异或获取校验值
    }
    return xor;                                      //返回结果
}
/********************************************************************
 * 函数名称：ASCI_16
 * 函数功能：将 ASCII 码转换成十六进制数
 * 函数参数：c 表示要转化的 ASCII 码
 * 返 回 值：存储 c 对应十六进制数的数组
 ********************************************************************/
char* ASCI_16(int c){
    static unsigned char b[2];
    unsigned char a[2]={0};
    a[0] |=(c>>4);
    a[1] |=(c&0x0f);
    if(a[0]<=0x09)
    b[0]=a[0]+0x30;
    else if(a[0]>=0x0A&&a[0]<=0x0F)
    b[0]=a[0]+0x37;
    if(a[1]<=0x09)
    b[1]=a[1]+0x30;
    else if(a[1]>=0x0A&&a[1]<=0x0F)
    b[1]=a[1]+0x37;
    return (char*)b;
}
```

3.1.4　设备节点驱动程序的调试

1．RFID 阅读器驱动程序的调试

1）向 RFID 阅读器发送读卡指令

找到 sensor.c 文件里面的 sensorInit()函数，在该函数中对 RS-485 串口进行配置，如图 3.8 和图 3.9 所示。

```
ZMain.c  sensor.c                                                          sensorInit() ▾ ✕
 94  /********************************************************************************
 95  void sensorInit(void)
 96  {
 97    node_uart_init();                                      // RFID功能初始化
 98    // 门锁初始化
 99    ELECLOCK_SEL &= ~ELECLOCK_BV;
100    ELECLOCK_DIR |= ELECLOCK_BV;
101
102    sensorControl(D1);
103
104    // 启动定时器，触发传感器上报数据事件: MY_REPORT_EVT
105    osal_start_timerEx(sapi_TaskID, MY_REPORT_EVT, (uint16)((osal_rand()%10) * 1000));
106    // 启动定时器，触发传感器监测事件: MY_CHECK_EVT
107    osal_start_timerEx(sapi_TaskID, MY_CHECK_EVT, 100);
108    osal_start_timerEx( sapi_TaskID, MY_READCARD_EVT, (uint16)(f_usMyReadCardDelay *
109
110    |
111  }
112  /********************************************************************************
```

图 3.8　在 sensorInit()函数中配置 RS-485 串口（1）

```
ZMain.c  sensor.c  RFIDdriver.c                                                    f() ▾ ✕
 34  void node_uart_init(void)
 35  {
 36    halUARTCfg_t _UartConfig;                              // 初始化结构体
 37
 38    // UART配置
 39    _UartConfig.configured          = TRUE;               // 启用串口
 40    _UartConfig.baudRate            = HAL_UART_BR_19200;  // 配置波特率为19200
 41    _UartConfig.flowControl         = FALSE;              // 关闭硬件数据流控制
 42    _UartConfig.rx.maxBufSize       = 128;                // 接收最大字节数为128
 43    _UartConfig.tx.maxBufSize       = 128;                // 发送最大字节数为128
 44    _UartConfig.flowControlThreshold = (128 / 2);
 45    _UartConfig.idleTimeout         = 6;
 46    _UartConfig.intEnable           = TRUE;               // 启动串口
 47    _UartConfig.callBackFunc        = uart_callback_func;  // 配置串口数据回调函数
 48
 49    // 启动 UART
 50    HalUARTOpen (HAL_UART_PORT_0, &_UartConfig);
 51    UOUCR = 0x38 | UOUCR;                                 // 偶校验
 52  }
 53
```

图 3.9　在 sensorInit()函数中配置 RS-485 串口（2）

在 MyEventProcess 函数中调用 uart_485_write()函数，通过 RS-485 串口向 RFID 阅读器发送读卡指令，如图 3.10 所示。

```
ZMain.c  sensor.c  RFIDdriver.c                                      MyEventProcess(uint16) ▾ ✕
253  * 注释:
254  *********************************************************************************/
255  void MyEventProcess( uint16 event )
256  {
257    if (event & MY_REPORT_EVT) {
258      sensorUpdate();
259      //启动定时器，触发事件: MY_REPORT_EVT
260      osal_start_timerEx(sapi_TaskID, MY_REPORT_EVT, V0*1000);
261    }
262    if (event & MY_CHECK_EVT) {
263      sensorCheck();
264      // 启动定时器，触发事件: MY_CHECK_EVT
265      osal_start_timerEx(sapi_TaskID, MY_CHECK_EVT, 100);
266    }
267
268    if(event & MY_READCARD_EVT){                      //当协议栈时间轮询到MY_READCARD_EVT
269      if((D0 & 0x01) == 1){                           //若允许上报，则进行读卡操作
270        sprintf(A0, "%s", "0");                       //重置A0的值
271        uart_485_write(f_szReadCardCmd, sizeof(f_szReadCardCmd));  //发送RFID读取指令
272      }
273      //启动定时器，触发事件: MY_READCARD_EVT
274      osal_start_timerEx( sapi_TaskID, MY_READCARD_EVT, (uint16)(f_usMyReadCardDelay * 1000));
```

图 3.10　调用 uart_485_write()函数通过 RS-485 串口向 RFID 阅读器发送读卡指令

读卡指令保存在 f_szReadCardCmd[]数组中，如图 3.11 所示。

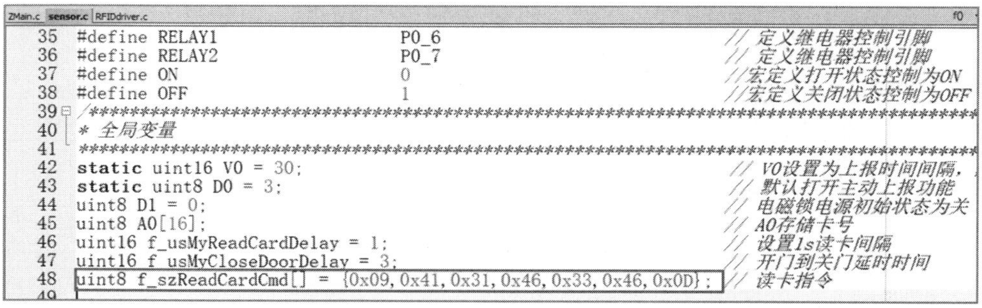

```
ZMain.c | sensor.c | RFIDdriver.c                                                              f0
35  #define RELAY1                    P0_6            // 定义继电器控制引脚
36  #define RELAY2                    P0_7            // 定义继电器控制引脚
37  #define ON                        0               //宏定义打开状态控制为ON
38  #define OFF                       1               //宏定义关闭状态控制为OFF
39  /**********************************************************************
40  * 全局变量
41  **********************************************************************
42  static uint16 V0 = 30;                            // V0设置为上报时间间隔
43  static uint8 D0 = 3;                              // 默认打开主动上报功能
44  uint8 D1 = 0;                                     // 电磁锁电源初始状态为关
45  uint8 A0[16];                                     // A0存储卡号
46  uint16 f_usMyReadCardDelay = 1;                   // 设置1s读卡间隔
47  uint16 f_usMyCloseDoorDelay = 3;                  // 开门到关门延时时间
48  uint8 f_szReadCardCmd[] = {0x09, 0x41, 0x31, 0x46, 0x33, 0x46, 0x0D};  // 读卡指令
49
```

图 3.11　保存在数组 f_szReadCardCmd[]中的读卡指令

2）通过 FRID 阅读器读取门禁卡 ID

发送读卡指令后，在 RFIDdriver.c 文件中通过 node_uart_callback()函数获取门禁卡 ID，通过 HalUARTRead()函数读取数据，如图 3.12 所示，通过 switch 判断读取的数据。

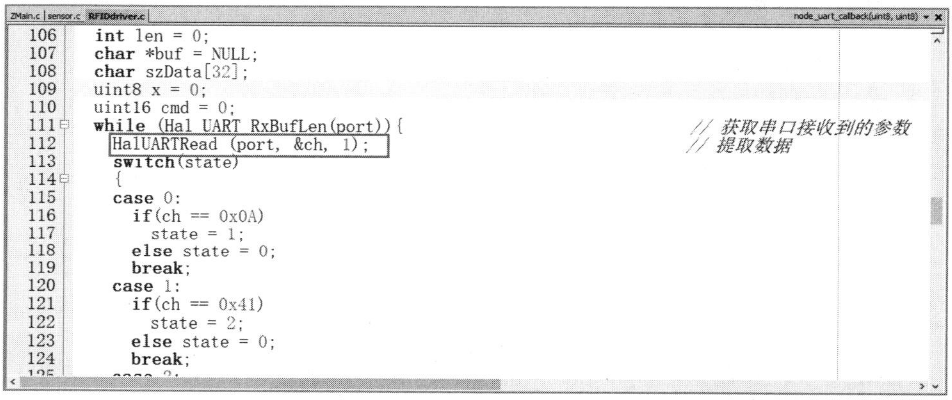

```
ZMain.c | sensor.c | RFIDdriver.c                              node_uart_callback(uint8, uint8) ▼ ✕
106  int len = 0;
107  char *buf = NULL;
108  char szData[32];
109  uint8 x = 0;
110  uint16 cmd = 0;
111  while (Hal_UART_RxBufLen(port)) {          // 获取串口接收到的参数
112    HalUARTRead (port, &ch, 1);              // 提取数据
113    switch(state)
114    {
115    case 0:
116      if(ch == 0x0A)
117        state = 1;
118      else state = 0;
119      break;
120    case 1:
121      if(ch == 0x41)
122        state = 2;
123      else state = 0;
124      break;
125
```

图 3.12　通过 HalUARTRead()函数读取数据

当读到 0x30 时，表示检测到刷卡，这时先将读到的数据保存在 rbuf[]中，如图 3.13 所示，再对数据进行检验，最后将 ASCII 码转换成十六进制的数据，即可得到门禁卡的 ID。

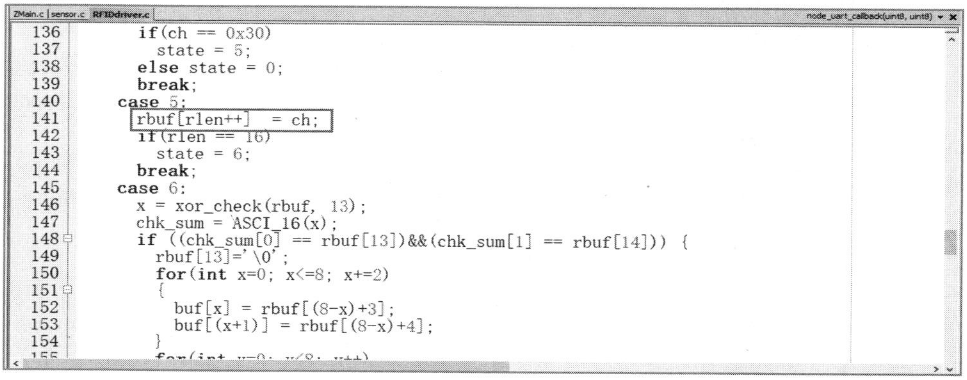

```
ZMain.c | sensor.c | RFIDdriver.c                              node_uart_callback(uint8, uint8) ▼ ✕
136      if(ch == 0x30)
137        state = 5;
138      else state = 0;
139      break;
140    case 5:
141      rbuf[rlen++] = ch;
142      if(rlen == 16)
143        state = 6;
144      break;
145    case 6:
146      x = xor_check(rbuf, 13);
147      chk_sum = ASCII_16(x);
148      if ((chk_sum[0] == rbuf[13])&&(chk_sum[1] == rbuf[14])) {
149        rbuf[13]='\0';
150        for(int x=0; x<=8; x+=2)
151        {
152          buf[x] = rbuf[(8-x)+3];
153          buf[(x+1)] = rbuf[(8-x)+4];
154        }
155        for(int y=0; y<8; y++
```

图 3.13　将读取的数据保存在 rbuf[]中

将得到的门禁卡 ID 保存在 buf[8]中，如图 3.14 所示，门禁卡 ID 共 8 位。

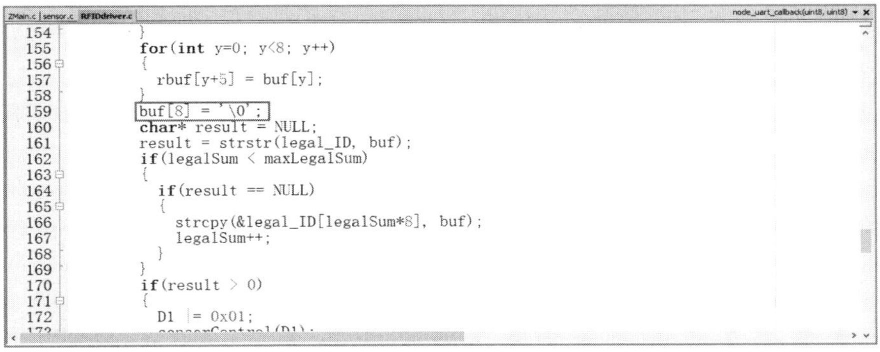

图 3.14　将得到的门禁卡 ID 保存在 buf[8]中

3）门禁卡 ID 读取过程的调试

（1）在 MyEventProcess()函数的 uart_485_write()函数中设置断点，当程序运行到断点处时，将向 RFID 阅读器发送读卡指令，如图 3.15 所示。

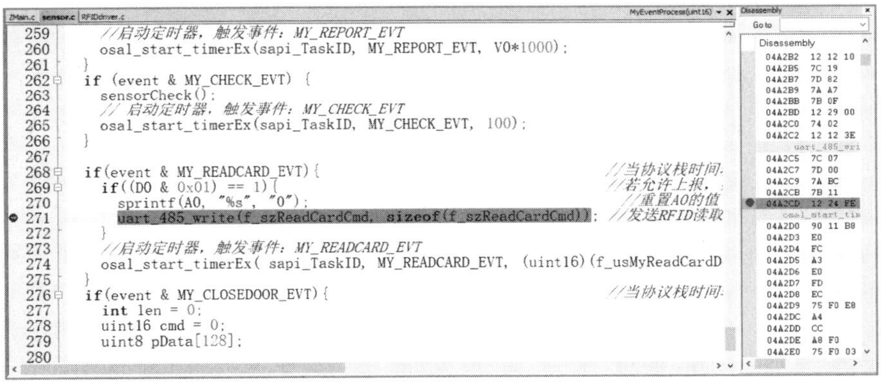

图 3.15　在 uart_485_write()函数中设置断点

（2）在 node_uart_callback()函数的 HalUARTRead()函数中设置断点，如图 3.16 所示。在没有刷卡的情况下，将变量 ch 添加到 Watch 1 窗口中，当程序运行到断点处时，可以观察 ch 的值。继续运行程序，会依次读到 7 个值，依次是 0x0A、0x41、0x31、0x46、0x33、0x43、0x6D。需要关注的是 0x33 和 0x6D，没有刷卡时读到的是 0x33，0x6D 是结束标志。

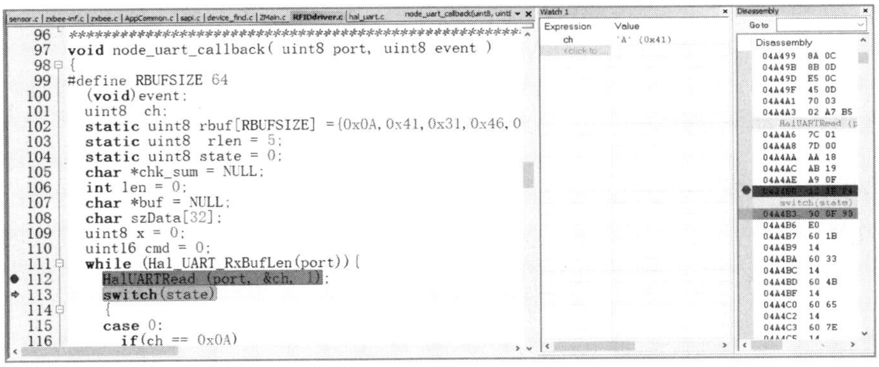

图 3.16　在 HalUARTRead()函数中设置断点

（3）在"state = 5;"处设置断点，如图 3.17 所示，刷卡后，当程序运行到断点处时 ch 值为 0x30，这个值就是刷卡后返回的值。

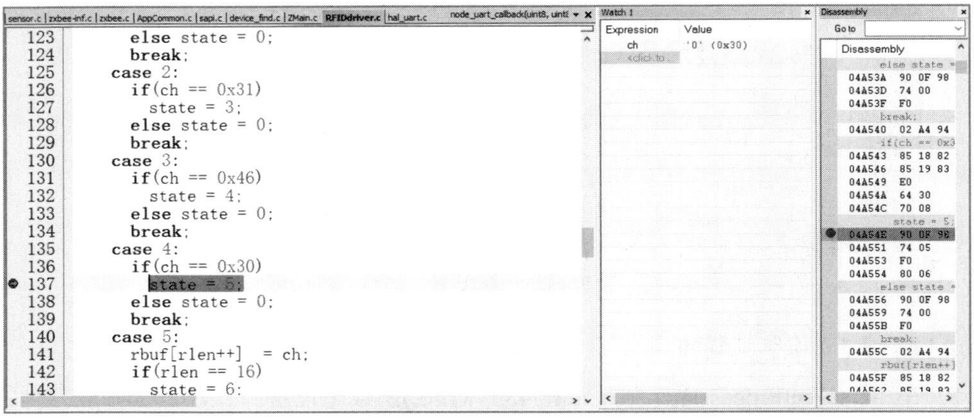

图 3.17　在"state = 5;"处设置断点

（4）读取刷卡的门禁卡 ID。获取的所有数据都保存在 rbuf[]数组中，前 5 位是协议头，接着是 8 位门禁卡 ID，后面是结束符"\0"，最后 2 位是校验码。首先将 ASCII 码转换成十六进制数，然后将从 rbuf[]数组中读取到的 8 位门禁卡 ID 存放在 buf[]数组中。在"buf[8]='\0';"处设置断点，如图 3.18 所示，将 buf[]数组添加到 Watch 1 窗口，当程序运行到断点处时可以看到 buf[]数组中的值。

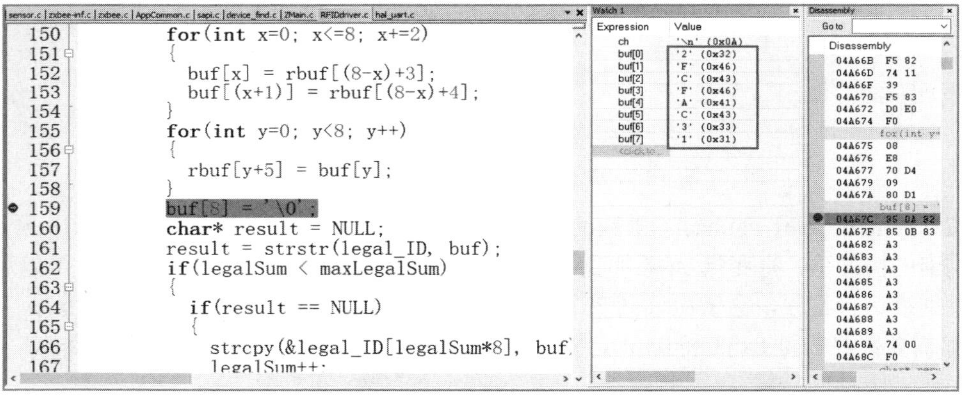

图 3.18　在"buf[8]='\0';"处设置断点

2．电磁锁驱动程序的调试

1）电磁锁的初始化

电磁锁的初始化是在 sensorInit()函数中进行的，主要是对电子锁（即门锁）的控制引脚进行初始化，初始化代码和控制引脚的宏定义分别如图 3.19 和图 3.20 所示。

```
/*********************************************************************************************
* 名称：sensorInit()
* 功能：传感器硬件初始化
* 参数：无
* 返回：无
*********************************************************************************************/
void sensorInit(void)
{
  node_uart_init();                                              // RFID功能初始化
  // 门锁初始化
  ELECLOCK_SEL &= ~ELECLOCK_BV;
  ELECLOCK_DIR |= ELECLOCK_BV;

  sensorControl(D1);

  // 启动定时器，触发传感器上报数据事件：MY_REPORT_EVT
  osal_start_timerEx(sapi_TaskID, MY_REPORT_EVT, (uint16)((osal_rand()%10) * 1000));
  // 启动定时器，触发传感器监测事件：MY_CHECK_EVT
  osal_start_timerEx(sapi_TaskID, MY_CHECK_EVT, 100);
  osal_start_timerEx( sapi_TaskID, MY_READCARD_EVT, (uint16)(f_usMyReadCardDelay * 1000));


}
```

图 3.19　电磁锁初始化的代码

```

/*********************************************************************************************
* 宏定义
*********************************************************************************************/
#define ELECLOCK_SEL            P0SEL
#define ELECLOCK_DIR            P0DIR

#define ELECLOCK_SBIT           P0_6
#define ELECLOCK_BV             BV(6)

#define MY_REPORT_EVT           0x0001
#define MY_CHECK_EVT            0x0002
#define MY_READCARD_EVT         0x0004                  //RFID读取事件
#define MY_CLOSEDOOR_EVT        0X0008                  //电磁锁自关闭事件
#define NODE_NAME               "802"                   // 节点类型
#define NODE_CATEGORY           1
#define NODE_TYPE               NODE_ROUTER             // 路由节点：NODE_ROUTER  终端节点：
/*********************************************************************************************
* 函数原型
*********************************************************************************************/
```

图 3.20　电磁锁控制引脚的宏定义

2）刷卡后打开电磁锁

首先在 RFIDdriver.c 文件中调用 node_uart_callback()函数来读取门禁卡 ID，然后将门禁卡 ID 存储在 legal_ID[]数组中，最后判断 result 值。如果 result 大于 0，就调用 sensorControl()函数来打开电磁锁，如图 3.21 和图 3.22 所示。

```
      }
      buf[8] = '\0';
      char* result = NULL;
      result = strstr(legal_ID, buf);
      if(legalSum < maxLegalSum)
      {
        if(result == NULL)
        {
          strcpy(&legal_ID[legalSum*8], buf);
          legalSum++;
        }
      }
      if(result > 0)
      {
        D1 |= 0x01;
        sensorControl(D1);
      }
```

图 3.21　打开电磁锁（1）

```
164  /*****************************************************************
165   * 名称: sensorControl()
166   * 功能: 传感器控制
167   * 参数: cmd – 控制命令
168   * 返回: 无
169   *
170   *****************************************************************/
171  void sensorControl(uint8 cmd)
172  {
173      if(cmd == 0x00){                                           //若检测的指令(D1)为0
174          ELECLOCK_SBIT = ACTIVE_LOW (0);                        //关闭电磁锁
175      }
176      if(cmd == 0x01){                                           //若检测的指令(D1)为1
177          ELECLOCK_SBIT = ACTIVE_LOW (1);                        //打开电磁锁
178          //启动定时器，触发事件: MY_CLOSEDOOR_EVT
179          osal_start_timerEx( sapi_TaskID, MY_CLOSEDOOR_EVT, (uint16)(f_usMyCloseDoorDelay * 1000));
180      }
181  }
```

图 3.22　打开电磁锁（2）

3）在 3 s 后自动关闭电磁锁

打开电磁锁后，当轮询到 MY_CLOSEDOOR_EVT 事件发生时，将 D1 清 0，如图 3.23 所示，会在 3 s 后关闭电磁锁。通过在 sensorControl()函数中调用 osal_start_timerEx()函数可以设置时间，将该函数的参数 f_usMyCloseDoorDelay 赋值为 3，则可以在 3 s 后关闭电磁锁，如图 3.24 所示。

```
271          uart_485_write(f_szReadCardCmd, sizeof(f_szReadCardCmd));     //发送RFID
272      }
273      //启动定时器，触发事件: MY_READCARD_EVT
274      osal_start_timerEx( sapi_TaskID, MY_READCARD_EVT, (uint16)(f_usMyReadCa
275  }
276  if(event & MY_CLOSEDOOR_EVT){                                         //当协议栈
277      int len = 0;
278      uint16 cmd = 0;
279      uint8 pData[128];
280
281      D1 &= ~(0x01);                                                    //3s后重置D
282      sensorControl (D1);                                               //刷新电磁
283      len = sprintf(pData, "{D1=%u}", D1);                              //将D1的值
284      //通过zb_SendDataRequest()发送pData到协调器
285      zb_SendDataRequest( 0, cmd, len, pData, 0, AF_ACK_REQUEST, AF_DEFAULT_R
286  }
287  }
```

图 3.23　当轮询到 MY_CLOSEDOOR_EVT 事件发生时将 D1 清 0

```
164  /*****************************************************************
165   * 名称: sensorControl()
166   * 功能: 传感器控制
167   * 参数: cmd – 控制命令
168   * 返回: 无
169   *
170   *****************************************************************/
171  void sensorControl(uint8 cmd)
172  {
173      if(cmd == 0x00){                                           //若检测的指令(D1)为0
174          ELECLOCK_SBIT = ACTIVE_LOW (0);                        //关闭电磁锁
175      }
176      if(cmd == 0x01){                                           //若检测的指令(D1)为1
177          ELECLOCK_SBIT = ACTIVE_LOW (1);                        //打开电磁锁
178          //启动定时器，触发事件: MY_CLOSEDOOR_EVT
179          osal_start_timerEx( sapi_TaskID, MY_CLOSEDOOR_EVT, (uint16)(f_usMyCloseDoorDelay * 1000));
180      }
181  }
```

图 3.24　设置 3 s 的时间

4）刷卡控制电磁锁开关的调试

在 sensorControl()函数中设置断点，如图 3.25 所示，将变量 D1 添加到 Watch 1 窗口，当程序运行到断点处时，可以看到 D1 的值为 1，此时将打开电磁锁。

图 3.25　在 sensorControl()函数中设置断点

执行 sensorControl()函数启动定时器，3 s 后将触发 MY_CLOSEDOOR_EVT 事件，如图 3.26 所示。

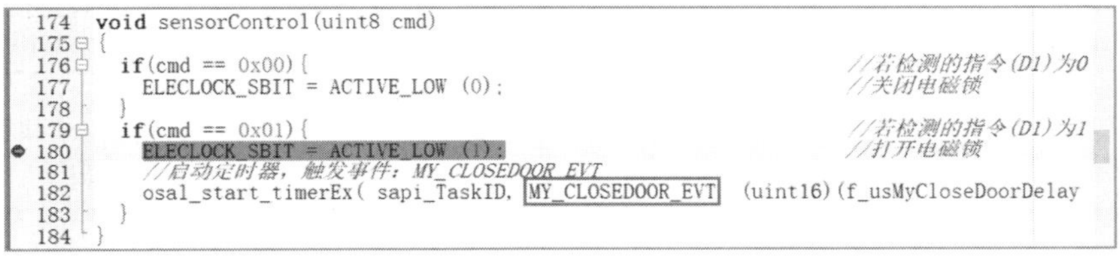

图 3.26　3 s 后将触发 MY_CLOSEDOOR_EVT 事件

在 sensorControl(D1)函数中设置断点，如图 3.27 所示，当程序运行到断点处时，可以看到 D1 的值为 0，此时将关闭电磁锁。

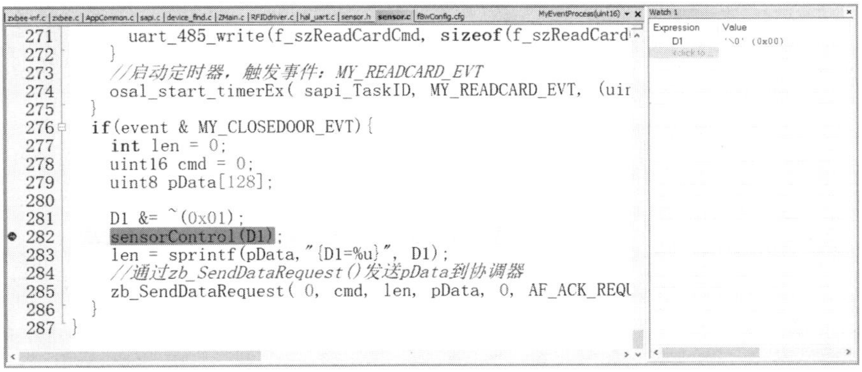

图 3.27　在 sensorControl(D1)函数中设置断点

3.1.5　数据通信协议与无线通信程序

1．数据通信协议

门禁系统主要使用的设备节点是 RFID 阅读器、电磁锁，其 ZXBee 数据通信协议请参考表 1.1。

2．无线通信程序的设计

门禁系统中的无线通信程序是基于传感器的接口函数来开发的，主要实现初始化传感器、定时上报传感器采集的数据、传感器数据的查询、报警事件的处理、无线数据包的封包和解包等功能。门禁系统的传感器接口函数如表 3.4 所示。

表 3.4　门禁系统的传感器接口函数

函 数 名 称	函 数 说 明
sensorInit()	初始化传感器（设备节点）
sensorLinkOn()	传感器入网成功操作函数
sensorUpdate()	定时上报传感器采集的数据
sensorControl()	传感器的控制函数
sensorCheck()	传感器预警检测及处理函数
ZXBeeUserProcess()	解析接收到的传感器控制命令函数
MyEventProcess()	自定义事件处理函数，启动定时器触发事件 MY_REPORT_EVT

下面以 RFID 阅读器的无线通信程序为例进行分析，其他设备节点的无线通信程序代码请参考本书配套资源中的工程代码。RFID 阅读器无线通信程序的设计框架如下：

（1）通过 sensorInit()函数初始化 RS-485 串口。代码如下：

```
void sensorInit(void)
{
    MyUartInit();
    //启动定时器，触发传感器上报数据事件 MY_REPORT_EVT
    osal_start_timerEx(sapi_TaskID, MY_REPORT_EVT, (uint16)((osal_rand()%10) * 1000));
    //启动定时器，触发传感器检测事件 MY_CHECK_EVT
    osal_start_timerEx(sapi_TaskID, MY_CHECK_EVT, 100);
}
```

（2）在 RFID 阅读器入网成功后调用 sensorLinkOn()函数，在该函数中调用 sensorUpdate()函数来更新数据。代码如下：

```
void sensorLinkOn(void)
{
    sensorUpdate();
}
```

（3）在 sensorUpdate()函数中将待发送的数据打包后发送出去，主要是上报 RFID 阅读器读取到的门禁卡 ID 和电磁锁的当前状态。代码如下：

```
void sensorUpdate(void)
{
    char pData[16];
    char *p = pData;
    ZXBeeBegin();                    //智云数据帧格式，开始
    //根据 D0 位的状态判定需要主动上报的数值
```

```
    if ((D0 & 0x01) == 0x01){              //若允许主动上报门禁卡 ID，则在数据包 pData 中添加门禁卡 ID
        updateA0();
        sprintf(p, "%s", &A0[0]);
        ZXBeeAdd("A0", p);
    }
    sprintf(p, "%u", D1);                  //上报控制编码
    ZXBeeAdd("D1", p);
    p = ZXBeeEnd();                        //智云数据帧格式，结尾
    if (p != NULL) {
        ZXBeeInfSend(p, strlen(p));        //将待上报的数据打包后通过 ZXBeeInfSend()发送到协调器
    }
}
```

（4）在 sensorControl()函数中根据接收到的指令来控制电磁锁的开关。代码如下：

```
void sensorControl(uint8 cmd)
{
    if(cmd == 0x00){                       //若检测到 D1 为 0
        ELECLOCK_SBIT = ACTIVE_LOW (0);    //关闭电磁锁
    }
    if(cmd == 0x01){                       //若检测到 D1 为 1
        ELECLOCK_SBIT = ACTIVE_LOW (1);    //打开电磁锁
        //启动定时器，触发事件 MY_CLOSEDOOR_EVT
        osal_start_timerEx( sapi_TaskID, MY_CLOSEDOOR_EVT, (uint16)(f_usMyCloseDoorDelay * 1000));
    }
}
```

（5）在 ZXBeeUserProcess()函数中对设备节点接收到的有效数据进行处理。代码如下：

```
int ZXBeeUserProcess(char *ptag, char *pval)
{
    int val;
    int ret = 0;
    char pData[16];
    char *p = pData;
    //将字符串 pval 解析为整型变量
    val = atoi(pval);
    //控制命令解析
    ......
    if (0 == strcmp("CD1", ptag)){         //对 D1 进行位操作，CD1 表示对位进行清 0 操作
        D1 &= ~val;
        sensorControl(D1);                 //处理执行命令
    }
    if (0 == strcmp("OD1", ptag)){         //对 D1 进行位操作，OD1 表示对位进行置 1 操作
        D1 |= val;
        sensorControl(D1);                 //处理执行命令
    }
    if (0 == strcmp("D1", ptag)){          //查询执行命令编码
```

```
        if (0 == strcmp("?", pval)){
            ret = sprintf(p, "%u", D1);
            ZXBeeAdd("D1", p);
        }
    }
    if (0 == strcmp("A0", ptag)){
        if (0 == strcmp("?", pval)){
            updateA0();
            ret = sprintf(p, "%s", A0);
            ZXBeeAdd("A0", p);
        }
    }
    ......
    return ret;
}
```

（6）定时上报设备节点状态。代码如下：

```
void MyEventProcess( uint16 event )
{
    if (event & MY_REPORT_EVT) {
        sensorUpdate();
        //启动定时器，触发事件 MY_REPORT_EVT
        osal_start_timerEx(sapi_TaskID, MY_REPORT_EVT, V0*1000);
    }
    if (event & MY_CHECK_EVT) {
        sensorCheck();
        //启动定时器，触发事件 MY_CHECK_EVT
        osal_start_timerEx(sapi_TaskID, MY_CHECK_EVT, 100);
    }
    if(event & MY_READCARD_EVT){              //协议栈时间轮询到 MY_READCARD_EVT 事件
        if((D0 & 0x01) == 1){                 //若允许上报，则进行读卡操作
            sprintf(A0, "%s", "0");           //重置 A0 的值
            uart_485_write(f_szReadCardCmd, sizeof(f_szReadCardCmd));    //向 RFID 阅读器发送读
取指令
        }
        //启动定时器，触发事件 MY_READCARD_EVT
        osal_start_timerEx( sapi_TaskID, MY_READCARD_EVT, (uint16)(f_usMyReadCardDelay * 1000));
    }
    if(event & MY_CLOSEDOOR_EVT){             //当协议栈时间轮询到 MY_CLOSEDOOR_EVT 事件
        int len = 0;
        uint16 cmd = 0;
        uint8 pData[128];
        D1 &= ~(0x01);                        //3 s 后重置 D1 的值，关闭电磁锁
        sensorControl(D1);                    //刷新电磁锁的状态
        len = sprintf(pData,"{D1=%u}", D1);   //将 D1 的值以 D1=%u 的字符串赋予 pData
```

```
//通过 zb_SendDataRequest()发送 pData 到协调器
zb_SendDataRequest( 0, cmd, len, pData, 0, AF_ACK_REQUEST, AF_DEFAULT_RADIUS );
    }
}
```

在上述代码中：event 的传递参数为系统参数，此处不用处理；程序中判断执行 sensor_update()函数的条件是 event 和 MY_REPORT_EVT 进行相与运算的结果为真，当条件判断语句结果为真时执行 sensor_update()函数，执行完成后更新用户事件；用户事件更新函数 osal_start_timerEx()为系统函数中的参数 MY_REPORT_EVT，要与用户定义事件的参数一致；配置的时间长度为 1 s。

判断执行 uart_485_write()函数的条件是 event 和 MY_READCARD_EVT 进行相与运算的结果为真，当条件判断语句结果为真时执行 uart_485_write()函数，向 RFID 阅读器发送读取指令。执行完成后更新用户事件，用户事件更新函数 osal_start_timerEx()为系统函数中的参数 MY_REPORT_EVT，要与用户定义事件的参数一致。

判断执行 zb_SendDataRequest()函数的条件就是 event 和 MY_CLOSEDOOR_EVT 进行相与运算的结果为真，当条件判断语句为真时执行 sensorControl()和 zb_SendDataRequest()函数，sensorControl()函数用于刷新电磁锁的状态，zb_SendDataRequest()函数用于将 pData 数据发送到协调器。

3．无线通信程序的调试

1）组网

设置智能网关的智云服务，组网成功后重新烧写程序进行无线通信程序的调试。无线通信程序的调试界面如图 3.28 所示。

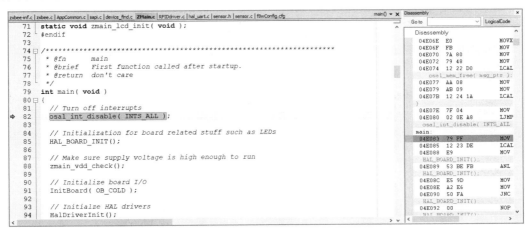

图 3.28　无线通信程序的调试界面

2）初始化设备节点函数的调试

在 sensor.c 文件，找到 sensorInit()函数，在该函数中设置断点，如图 3.29 所示，等待设备节点初始化完成。设备节点初始化函数的调用关系是：SAPI_ProcessEvent()→zb_HandleOsalEvent()→sensorInit()。

```
95   void sensorInit(void)
96 □ {
97     node_uart_init();                                          // RFID功能初始化
98     // 门锁初始化
99     ELECLOCK_SEL &= ~ELECLOCK_BV;
100    ELECLOCK_DIR |= ELECLOCK_BV;
101
102    sensorControl(D1);
103
104    // 启动定时器, 触发传感器上报数据事件: MY_REPORT_EVT
105    osal_start_timerEx(sapi_TaskID, MY_REPORT_EVT, (uint16)((osal_rand()%10) * 1000));
106    // 启动定时器, 触发传感器监测事件: MY_CHECK_EVT
107    osal_start_timerEx(sapi_TaskID, MY_CHECK_EVT, 100);
108    osal_start_timerEx( sapi_TaskID, MY_READCARD_EVT, (uint16)(f_usMyReadCardDelay * 1
109
110
111 └ }
```

```
                                    updateA0:
                                    049E47  02 11 F0           LJMP
                                    void sensorInit(void)
                                    sensorInit:
                                    049E4A  74 F6              MOV
                                    049E4C  12 0B F5           LCAL
                                    node_uart_init();
                                    049E4F  12 24 F8           LCAL
                                    ELECLOCK_SEL &= ~ELECLOCK_B
                                    049E52  53 F3 BF           ANL
                                    ELECLOCK_DIR |= ELECLOCK_BV
                                    049E55  43 F7 40           ORL
                                    sensorControl(D1);
                                    049E58  90 0F A6           MOV
                                    049E5B  E0                 MOVX
                                    049E5C  F9                 MOV
                                    049E5D  12 25 B8           LCAL
```

图 3.29　在 sensorInit()函数中设置断点

3）设备节点入网调用函数的调试

找到 sensorLinkOn()函数，在 sensorUpdate()函数中设置断点，如图 3.30 所示，等待设备节点上线后上报电磁锁的当前状态。设备节点入网调用函数的调用关系是：SAPI_ProcessEvent()→SAPI_StartConfirm()→zb_StartConfirm()→sensorLinkOn()。

```
120   void sensorLinkOn(void)
121 □ {
122     sensorUpdate();
123 └ }
```

```
                                    sensorLinkOn:
                                    049ED8  C0 82              PUSH
                                    049EDA  C0 83              PUSH
                                    sensorUpdate();
                                    049EDC  12 25 AC           LCAL
```

图 3.30　在 sensorUpdate()函数中设置断点

4）上报门禁卡 ID 函数的调试

在"strcpy(&legal_ID[legalSum*],buf);"处设置断点，如图 3.31 所示。第一次刷卡后，当程序运行到断点处时，result 为 0，这时会将门禁卡 ID 保存在 legal_ID[]数组中。门禁卡 ID 以"{A0=门禁卡 ID}"的形式通过 zb_SendDataRequest()发送至协调器，如图 3.32 所示。注意，第一次刷卡不会打开电磁锁。

```
zxbee-inf.c | zxbee.c | AppCommon.c | sapi.c | device_find.c | ZMain.c | RFIDdriver.c | hal_uart.c | sensor.h | sensor.c | f8wConfig.cfg | OSAL.c |        node_uart_callback(uint8, uint8) ▾ ✗
162        if(legalSum < maxLegalSum)
163 □      {
164          if(result == NULL)
165 □        {
166            strcpy(&legal_ID[legalSum*], buf);
167            legalSum++;
168          }
169
170          if(result > 0)
171 □        {
172            D1 |= 0x01;
173            sensorControl(D1);
174          }
175          //向串口打印数据
176          sprintf(A0, "%s", &rbuf[5]);
177          //向szData以{A0=%02X%02X%02X%02X}格式写入读取的ID值
178          len = sprintf(szData, "{A0=%s}", &rbuf[5]);
179          HalLedSet( HAL_LED_1, HAL_LED_MODE_OFF );
180          HalLedSet( HAL_LED_1, HAL_LED_MODE_BLINK );                  // LE.
181          //通过zb_SendDataRequest将数据发送给协调器
182          zb_SendDataRequest( 0, cmd, len, (uint8 *)szData, 0,
```

```
Disassembly
Go to                          ▾    LogicalCode
Disassembly
04A6DD  FA                 MOV
04A6DE  75 F0 08           MOV
04A6E1  E9                 MOV
04A6E2  A4                 MUL
04A6E3  2A                 ADD
04A6E4  F9                 MOV
04A6E5  74 58              MOV
04A6E7  28                 ADD
04A6E8  FA                 MOV
04A6E9  74 0F              MOV
04A6EB  39                 ADDC
04A6EC  FB                 MOV
04A6ED  12 29 12           LCAL
legalSum++;
04A6F0  90 0F 57           MOV
04A6F3  E0                 MOVX
04A6F4  24 01              ADD
04A6F6  E0                 MOVX
if(result > 0)
04A6F7  74 01              MOV
04A6F9  12 14 DD           LCAL
04A6FC  E0                 MOVX
04A6FD  F9                 MOV
04A6FE  A3                 INC
04A6FF  E0                 MOVX
04A700  F9                 MOV
```

图 3.31　在"strcpy(&legal_ID[legalSum*],buf);"处设置断点

第二次刷卡后，result 的值等于保存的 legal_ID[]数组的门禁卡 ID，是大于 0 的，此时程序会通过"sensorControl(D1);"函数来打开电磁锁，如图 3.33 所示。

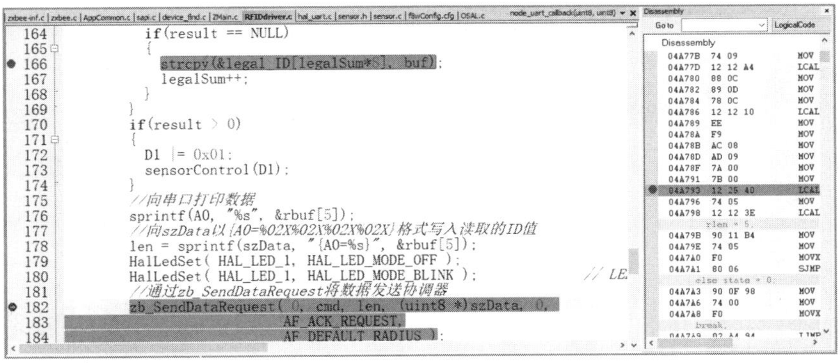

图 3.32 通过 zb_SendDataRequest()函数将门禁卡 ID 发送协调器

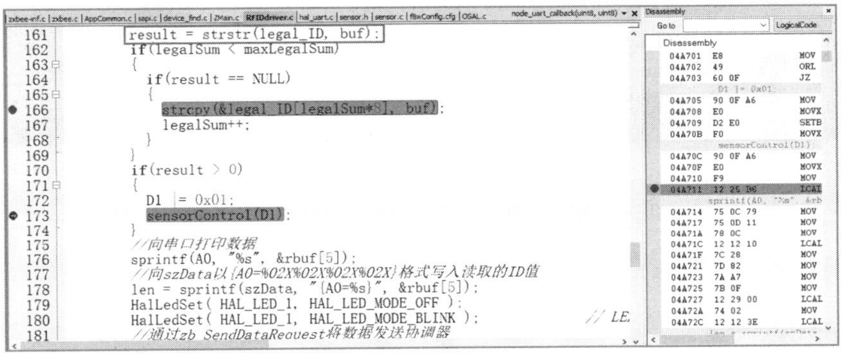

图 3.33 通过"sensorControl(D1);"函数来打开电磁锁

5）电磁锁命令下行函数调试

接收控制电磁锁开关的指令并控制电磁锁开关。在 sensor.c 文件中找到 ZXBeeUser
Process()函数，在 sensorControl(D1)处设置断点，如图 3.34 所示。打开 ZCloudTools 选择"数
据分析"，在"节点列表"中选择"门禁套件"，在"调试指令"文本输入框中输入"{OD1=1}"，
单击"发送"按钮，如图 3.35 所示。当程序运行到断点处时，表示接收到发送的控制命令，
则会调用 sensorControl()函数来打开电磁锁。电磁锁命令下行函数调试过程中函数调用的层
级关系是：SAPI_ProcessEvent()→SAPI_ReceiveDataIndication()→zb_ReceiveDataIndication()→
zb_ReceiveDataIndication()→ZXBeeInfRecv()→ZXBeeDecodePackage()→ZXBeeUserProcess()。

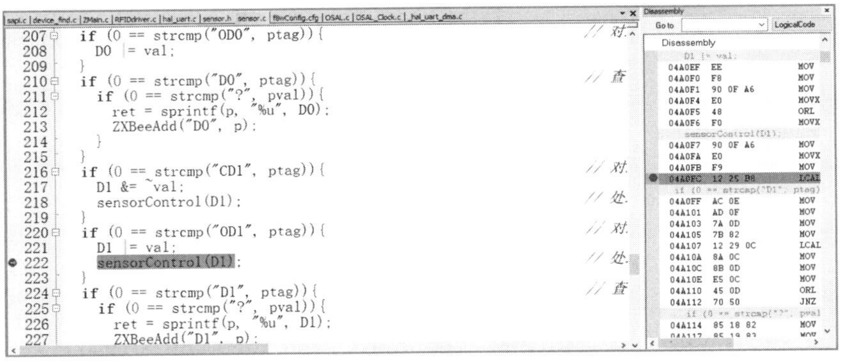

图 3.34 在 sensorControl(D1)处设置断点

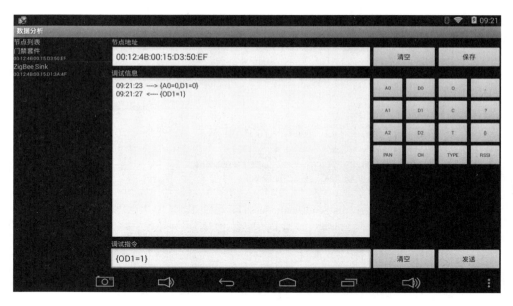

图 3.35　发送 "{OD1=1}" 命令

3.1.6　系统部署与测试

1. 系统硬件部署

准备 1 个 S4418/6818 网关、1 个电磁锁、1 个门禁开关、1 个 RFID 阅读器、1 个 IP 摄像头、1 个 ZXBeeLiteB 无线节点。

1）设备部署

将 RFID 阅读器连接到 ZXBeeLiteB 无线节点的 A 端口，门禁开关连接到 ZXBeeLiteB 无线节点的 B 端口，电磁锁连接到门禁开关。

2）IP 摄像头部署

（1）将 IP 摄像头和路由器连接电源，用网线连接 IP 摄像头和路由器的 LAN 口，如图 3.36 所示。

图 3.36　IP 摄像头设置 2

（2）打开 FindDev.exe 软件（见图 3.37），单击"查找"按钮。

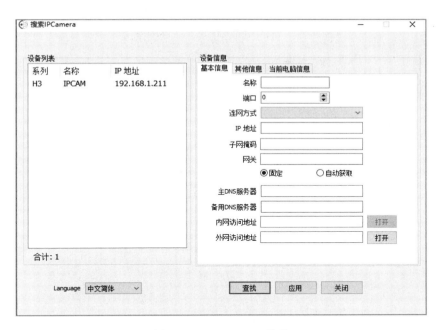

图 3.37　FindDev.exe 软件

（3）单击选中"设备列表"栏中的 IP 摄像头，"设备信息"栏中会显示该 IP 摄像头的基本信息，查看端口与 IP 地址，如图 3.38 所示。

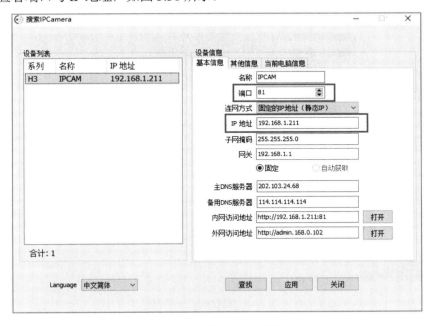

图 3.38　摄像头网络设置

（4）双击"设备列表"栏中的 IP 摄像头，在打开的网页中输入用户名和密码，默认的用户名和密码都是 admin，然后单击"登录"按钮，如图 3.39 所示。

图 3.39 IP 摄像头的登录网页

（5）在如图 3.40 所示的"网络摄像机设置"界面中进行 IP 摄像头的设置。

图 3.40 摄像机设置页面

（6）选择"网络设置→无线设置"，在"无线网络设置"中单击"搜索"按钮，选择要接入的路由器后单击"确定"按钮，如图 3.41 所示，可将 IP 摄像头接入无线路由器。

图 3.41　将 IP 摄像头接入无线路由器

（7）单击"检查"按钮，等待无线设置连接成功，如图 3.42 所示。

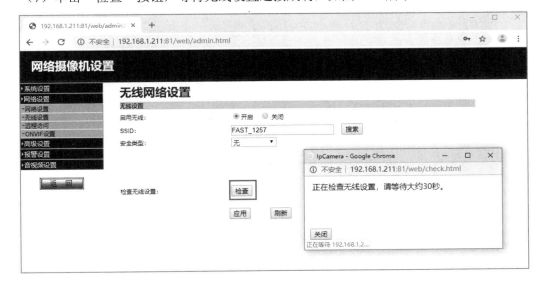

图 3.42　等待无线设置连接成功

（8）无线设置连接成功后单击"应用"按钮，然后将网线拔掉，这时 IP 摄像头可连接到无线网络。

（9）打开智慧家居系统工程目录下的 index.html，在"ip 地址"文本输入框中输入 IP 摄像头的 IP 地址后单击"保存"按钮，单击"开"按钮可打开摄像头，通过"上""下""左""右""水平""垂直"等按钮可以控制 IP 摄像头的移动方向，通过"截屏"按钮可进行截屏操作，如图 3.43 所示。

图 3.43　摄像头控制

2．模块组网测试

门禁系统组网成功后的网络拓扑图如图 3.44 所示。

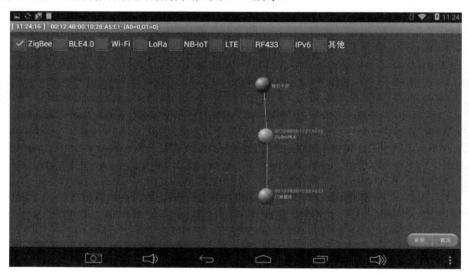

图 3.44　门禁系统组网成功后的网络拓扑图

　　打开 ZCloudTools 后选择"数据分析"，可通过发送指令来控制电磁锁的开关。首先在"节点列表"中选择"门禁套件"，然后在"调试指令"文本输入框中输入"{OD1=1}"，如图 3.45 所示，最后单击"发送"按钮即可发送指令，这时会打开电磁锁，并在 3 s 后自动关闭电磁锁。在"调试指令"文本输入框中输入"{CD1=1}"，单击"按钮"后可以关闭电磁锁，如图 3.46 所示。注意，由于打开电磁锁后会在 3 s 后自动关闭电磁锁，可以再次刷门禁卡打开电磁锁，然后发送"{CD1=1}"。

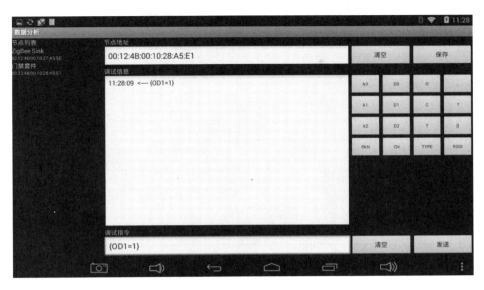

图 3.45　发送"{OD1=1}"

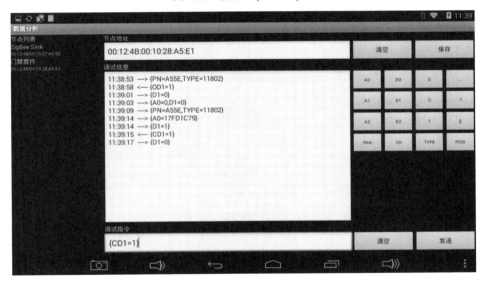

图 3.46　发送"{CD1=1}"

3．模块测试

模块测试又称为单元测试,主要是根据模块的功能说明,检验模块是否有误。模块测试应该在模块开发完成后进行,一般由开发人员进行测试,主要包括功能测试和性能测试。

门禁系统的功能测试用例和性能测试用例分别如表 3.5 和表 3.6 所示。

表 3.5　门禁系统的功能测试用例

功能测试用例 1	
功能测试用例 1 描述	测试不同种类的门禁卡
用例目的	测试 IC 卡、NFC 卡、CPU 卡、T5577 卡、EM4001 卡

前提条件	运行系统程序，为设备节点通电，RFID 阅读器正常	
输入/动作：刷各种门禁卡	期望的输出/响应	实际情况
	可以开锁	可以开锁
	可以开锁	没有开锁
功能测试用例 2		
功能测试用例 2 描述	测试电磁锁的打开功能	
用例目的	电磁锁是否能正常打开	
前提条件	运行系统程序，为设备节点通电，RFID 阅读器正常	
输入/动作：按下门禁开关	期望的输出/响应	实际情况
	可以开锁	可以开锁

表 3.6   门禁系统的性能测试用例

性能测试用例 1		
性能测试用例 1 描述	刷门禁卡打开电磁锁后，电磁锁的自动时间≤3 s	
用例目的	测试自动关闭电磁锁的功能是否正常	
前提条件	刷门禁卡打开电磁锁	
执行操作：刷门禁卡打开电磁锁，测试自动关锁时间	期望的性能（平均值）	实际性能（平均值）
	≤3 s	≤5 s
性能测试用例 2		
性能测试用例 2 描述	连续刷卡后，电磁锁打开的次数	
用例目的	测试连续刷卡电磁锁的打开次数	
前提条件	运行系统程序，为设备节点通电，RFID 阅读器正常	
执行操作：连续刷 3 次门禁卡	期望的性能（平均值）	实际性能（平均值）
	打开电磁锁 3 次	打开电磁锁 3 次

3.2   电器系统功能模块设计

3.2.1   系统设计与分析

1. 硬件功能需求分析

门禁系统的功能设计如图 3.47 所示。

2. 通信流程分析

电器系统的通信流程如图 3.48 所示，和门禁系统的通信流程类似，详见 3.1.1 节。

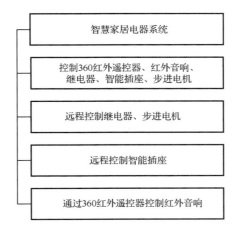

图 3.47　电器系统的功能设计

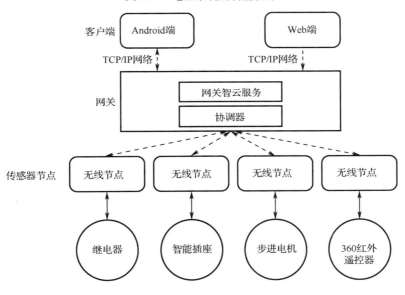

图 3.48　电器系统的通信流程

3.2.2　设备节点的选型分析

电器系统主要使用的设备节点是 360 红外遥控器、继电器、智能插座、红外音响和步进电机。

1．360 红外遥控器

电器系统中使用的 360 红外遥控器如图 3.49 所示，通过 RJ45 端口连接到 ZXBeeLiteB 无线节点的 A 端子。

360 红外遥控器采用 RS-232 串口通信协议，通信参数配置为：波特率为 19200 bps、8 位数据位、无校验位、无硬件数据流控制、1 位停止位。360 红外遥控器有学习模式和遥控模式两种模式，向

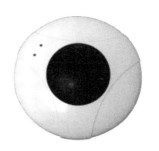

图 3.49　360 红外遥控器

360 红外遥控器发送"设备号+0XF0"可以使其进入学习模式，将相应的红外编码与设备号绑定；向 360 红外遥控器发送"0XF2"可退出学习模式并进入遥控模式，从而控制对应的设备。

360 红外遥控器的主要技术指标如表 3.7 所示。

表 3.7　360 红外遥控器的主要技术指标

参　　数	说　　明
红外载波频率	15～80 kHz
红外遥控角度	<±15°，视环境、距离和 360 红外遥控器的灵敏度而定
红外遥控正对距离	1.5～10 m，视环境、距离和 360 红外遥控器的灵敏度而定。如果 360 红外遥控器的发射头太靠近被控设备，则会因信号太强而无法控制设备，建议至少大于 1 m

360 红外遥控器有 4 个引脚，如表 3.8 所示。

表 3.8　360 红外遥控器的引脚

引　　脚	定　　义
VCC	+5 V 供电
RXD	命令输入
TXD	串口发送
GND	地

360 红外遥控器与 RS-232 串口的连接如图 3.50 所示。

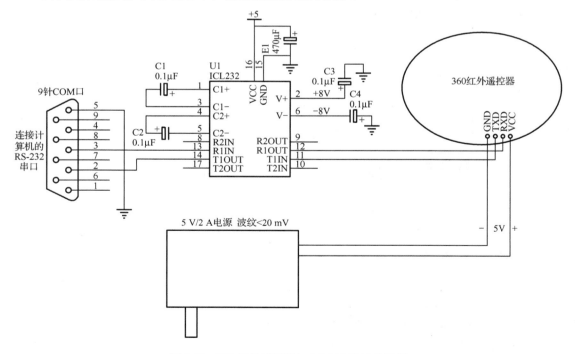

图 3.50　360 红外遥控器与 RS-232 串口的连接

360 红外遥控器的控制命令是单字节指令，采用 RS-232 串口通信协议进行传输，分为标准格式指令和自定义格式指令。在自定义格式指令中，0x40～0xAB 为单键单码自定义区，支持 108 个按键；0xAC～0xCF 为单键双码自定义区，支持 36 个按键；0xF0 用于进入学习模式，0xF2 用于退出学习模式。自定义格式指令只能采用学习模式来学习。

2．继电器

从电路组成的角度来看，继电器包含输入回路和输出回路两个主要部分。输入回路是继电器的控制部分电路，用于输入电、磁、光、热、流量、加速度等信号；输出回路是继电器的被控制部分电路，用于实现外围电路的通断。继电器是指在控制部分电路（输入回路）中输入的某信号，当信号达到某一定值时，能使被控制部分电路（输出回路）的输出发生阶跃变化的控制器件，广泛应用于电力保护、自动控制、遥控和遥测，以及通信等领域中，用于实现控制、保护和调节等功能。

电器系统中使用的继电器是电磁继电器，电磁继电器一般由铁心、线圈、衔铁、触点簧片等组成。只要在线圈两端加上一定的电压，线圈中就会流过一定的电流，从而产生电磁效应，衔铁就会在电磁力吸引的作用下克服弹簧的拉力吸向铁心，从而带动衔铁的动触点与静触点吸合。当线圈断电后，电磁力也会随之消失，衔铁就会在弹簧的作用力下返回原来的位置，使动触点与原来的静触点断开，经过吸合和断开就可以实现电路的导通和切断。

继电器采用 RS-485 串口进行通信，通过 RJ45 端口连接到 ZXBeeLiteB 无线节点的 A 端子，串口继电器组通常包括 4 路继电器，如图 3.51 所示。

3．智能插座

电器系统中的智能插座如图 3.52 所示，在实际使用中，智能插座由继电器控制，默认为关闭状态。

图 3.51　串口继电器组　　　　　　图 3.52　智能插座

4．红外音响

电器系统中的红外音响如图 3.53 所示，红外音响可插卡和 U 盘，可连接手机、计算机、平板电脑和 MP3 等设备，具有收音机功能，可通过 360 红外遥控器控制，操作简单方便。

5．步进电机

电器系统中的步进电机如图 3.54 所示，控制方式为多路电平控制方式，通过 RJ45 端口连接至 ZXBeePlus 无线节点的 A 端子。

图 3.53　红外音响

图 3.54　步进电机

3.2.3　设备节点驱动程序的设计

1.　360 红外遥控器驱动程序的设计

360 红外遥控器的驱动函数如表 3.9 所示。

表 3.9　360 红外遥控器的驱动函数

函 数 名 称	函 数 说 明
static void node_uart_init(void)	功能：初始化串口
static void node_uart_callback (uint8 port ,uint8 event)	功能：设备节点串口回调函数。参数：port 表示端口号；event 表示事件编号
static void ir360_learn(void)	功能：进入学习模式
static void ir360_send()	功能：进入遥控模式

360 红外遥控器驱动函数的代码如下：

```
/*****************************************************************************
* 函数名称：ir360_send()
* 函数功能：进入遥控模式
*****************************************************************************/
static void ir360_send()
{
    HalUARTWrite(HAL_UART_PORT_0, &V0, 1);
}
/*****************************************************************************
* 函数名称：ir360_learn()
* 函数功能：进入学习模式
*****************************************************************************/
static void ir360_learn(void)
{
    uint8 cmd = 0x00;
    if(f_ucIrStatus == 0){                                    //遥控模式状态 0
        f_ucIrStatus = 1;                                     //进入状态 1
        cmd = LEARN_CMD;
        HalUARTWrite(HAL_UART_PORT_0, &cmd, 1);               //发送学习模式指令
```

```
    }
    if(f_ucIrStatus == 2){                                      //遥控模式状态 2
        f_ucIrStatus = 3;                                       //进入状态 3
        cmd = V0;
        HalUARTWrite(HAL_UART_PORT_0, &cmd, 1);                 //发送键值
        osal_start_timerEx( sapi_TaskID, IR_LEARN_EVT, (uint16)(30 * 1000));
    } else if (f_ucIrStatus == 3) {
        f_ucIrStatus = 0;                                       //超时
        cmd = EXIT_CMD;
        HalUARTWrite(HAL_UART_PORT_0, &cmd, 1);
    }
    if(f_ucIrStatus == 4){                                      //遥控模式状态 4
        f_ucIrStatus = 0;                                       //回归到状态 0
        cmd = EXIT_CMD;
        HalUARTWrite(HAL_UART_PORT_0, &cmd, 1);                 //发送遥控模式指令
    }
}
/*******************************************************************************
* 函数名称: node_uart_callback()
* 函数功能: 设备节点串口回调函数
* 函数参数: port 表示端口号; event 表示事件编号
*******************************************************************************/
static void node_uart_callback ( uint8 port ,uint8 event)
{
    (void)event;
    uint8    ch;
    while (Hal_UART_RxBufLen(port))
    {
        HalUARTRead (port, &ch, 1);                             //读取串口接收到的数据
        if(ch == 0xf0 && f_ucIrStatus == 1){                    //接收到数据为 0XF0 同时状态为 1
            f_ucIrStatus = 2;                                   //进入状态 2
            osal_start_timerEx( sapi_TaskID, IR_LEARN_EVT, (uint16)(1 * 1000));
        } else if(ch == 0x00 && f_ucIrStatus == 3){             //接收到数据为 0X00 同时状态为 3
            f_ucIrStatus = 4;                                   //进入状态 4
            osal_start_timerEx( sapi_TaskID, IR_LEARN_EVT, (uint16)(2 * 1000));
        }
        else if(ch == 0xff && f_ucIrStatus == 1){               //接收到数据为 0XFF 同时状态为 1
            f_ucIrStatus = 0;                                   //进入状态 0
            osal_start_timerEx( sapi_TaskID, IR_LEARN_EVT, (uint16)(2 * 1000));
        } else if(ch == 0xff && f_ucIrStatus == 3){             //接收到数据为 0XFF 同时状态为 3
            f_ucIrStatus = 2;                                   //进入状态 2
            osal_start_timerEx( sapi_TaskID, IR_LEARN_EVT, (uint16)(2 * 1000));
        } else if(ch == 0xf2 && f_ucIrStatus == 0){             //接收到数据为 0XF2 同时状态为 0
            //什么都不做
        } else {
            f_ucIrStatus = 0;                                   //否则设置状态为 0
            f_ucCmd = EXIT_CMD;
```

```
                HalUARTWrite(HAL_UART_PORT_0, &f_ucCmd, 1);        //发送控制命令
            }
        }
    }
    /************************************************************************
    * 函数名称: node_uart_init()
    * 函数功能: 初始化串口
    *************************************************************************/
    static void node_uart_init(void)
    {
        halUARTCfg_t _UartConfig;
        //UART 配置
        _UartConfig.configured          = TRUE;                    //开启串口
        _UartConfig.baudRate            = HAL_UART_BR_9600;        //波特率配置为 9600 bps
        _UartConfig.flowControl         = FALSE;                   //关闭数据流控制
        _UartConfig.rx.maxBufSize       = 128;                     //最大接收字节数 128
        _UartConfig.tx.maxBufSize       = 128;                     //最大发送字节数 128
        _UartConfig.flowControlThreshold = (128 / 2);
        _UartConfig.idleTimeout         = 6;                       //空闲配置
        _UartConfig.intEnable           = TRUE;                    //使能串口
        _UartConfig.callBackFunc        = node_uart_callback;

        //启动 UART
        HalUARTOpen (HAL_UART_PORT_0, &_UartConfig);               //初始化串口
    }
```

2. 继电器驱动程序的设计

继电器的驱动函数如表 3.10 所示。

表 3.10 继电器的驱动函数

函 数 名 称	函 数 说 明
void node_uart_init(void)	功能：初始化 RS-485 串口
void node_uart_callback(uint8 port, uint8 event)	功能：设备节点 RS-485 串口回调函数。参数：port 表示数据接收端口；event 表示接收事件
static void uart_485_write(uint8 *pbuf, uint16 len)	功能：通过 RS-485 串口发送命令。参数：*pbuf 表示发送命令指针；len 表示发送命令的长度
static void uart_callback_func(uint8 port, uint8 event)	功能：RS-485 串口回调函数。参数：port 表示数据接收端口；event 表示接收事件
void relay_init(void)	功能：初始化继电器
void relay_control(unsigned char cmd)	功能：控制继电器
void relay_status(void)	功能：继电器状态
unsigned char get_relay_status(void)	功能：获取继电器状态

继电器驱动函数的代码如下：

```
/*********************************************************************************
 * 函数名称：uart_callback_func()
 * 函数功能：RS-485 串口回调函数
 * 函数参数：port 表示数据接收端口；event 表示接收事件
 *********************************************************************************/
void node_uart_callback(uint8 port, uint8 event)
{
    uint8 ch=0;
    static unsigned char flag = 0;
    //通过串口接收数据
    while (Hal_UART_RxBufLen(port))                          //获取数据
    {
        HalUARTRead (port,&ch,1);                            //提取数据并赋予 ch
        if(ch == 0xFA && flag == 0)
        flag = 1;
        else if(ch == 0x02 && flag == 1)
        flag = 2;
        else if(ch == 0x01 && flag == 2)
        flag = 3;
        else if(ch == 0xFF && flag == 3)
        flag = 0;                                            //成功修改继电器的状态
        else if(flag == 3) {
            relayStatus = ch & 0x0F;                         //获取继电器的当前状态
            flag = 0;
        } else {
            flag = 0;
        }
    }
}
/*********************************************************************************
 * 函数名称：node_uart_init()
 * 函数功能：初始化 RS-485 串口
 *********************************************************************************/
void node_uart_init(void)
{
    halUARTCfg_t _UartConfig;
    //UART 配置
    _UartConfig.configured          = TRUE;                  //开启串口
    _UartConfig.baudRate            = HAL_UART_BR_9600;      //波特率配置为 9600 bps
    _UartConfig.flowControl         = FALSE;                 //关闭数据流控制
    _UartConfig.rx.maxBufSize       = 128;                   //最大接收字节数 128
    _UartConfig.tx.maxBufSize       = 128;                   //最大发送字节数 128
    _UartConfig.flowControlThreshold = (128 / 2);
    _UartConfig.idleTimeout         = 6;                     //空闲配置
    _UartConfig.intEnable           = TRUE;                  //使能串口
    _UartConfig.callBackFunc        = node_uart_callback;
    HalUARTOpen (HAL_UART_PORT_0, & _UartConfig);            //初始化串口
```

```
}
/******************************************************************************
* 函数名称：uart_485_write()
* 函数功能：通过 RS-485 串口发送命令
* 函数参数：*pbuf 表示发送命令指针；len 表示发送命令的长度
******************************************************************************/
static void uart_485_write(uint8 *pbuf, uint16 len)
{
    P2_0 = 1;
    HalUARTWrite(HAL_UART_PORT_0, pbuf, len);
}
/******************************************************************************
* 函数名称：uart_callback_func()
* 函数功能：RS-485 串口回调函数
* 函数参数：port 表示数据接收端口；event 表示接收事件
******************************************************************************/
static void uart_callback_func(uint8 port, uint8 event)
{
    if (event & HAL_UART_TX_EMPTY)
    {
        uint16 szDelay[] = {2000,1000,500,100,10,10000};
        MicroWait(szDelay[HAL_UART_BR_9600]); //波特率越小时延越大,时延太大将影响数据的接收
        P2_0 = 0;
    }
    node_uart_callback(port, event);
}
/******************************************************************************
* 函数名称：relay_init
* 函数功能：初始化继电器
******************************************************************************/
void relay_init(void)
{
    node_uart_init();
    relay_control(0x00);
}
/******************************************************************************
* 函数名称：relay_control
* 函数功能：控制继电器
******************************************************************************/
void relay_control(unsigned char cmd)
{
    uint8 relay_on_cmd[6] = {0xFB,0x03,0x01,0xF0,0x01,0xF5};
    relay_on_cmd[4] = cmd;
    relay_on_cmd[5] = (relay_on_cmd[1] + relay_on_cmd[2] + relay_on_cmd[3] + relay_on_cmd[4]) & 0xff;
    uart_485_write(relay_on_cmd, 6);
}
/******************************************************************************
```

```
* 函数名称：relay_status
* 函数功能：继电器状态
**********************************************************************/
void relay_status(void)
{
    uint8 relay_on_cmd[6] = {0xFB,0x03,0x01,0x0F,0x00,0x13};
    relay_on_cmd[5] = (relay_on_cmd[1] + relay_on_cmd[2] + relay_on_cmd[3] + relay_on_cmd[4]) & 0xff;
    uart_485_write(relay_on_cmd, 6);
}
/**********************************************************************
* 函数名称：get_relay_status
* 函数功能：获取继电器的状态
**********************************************************************/
unsigned char get_relay_status(void)
{
    return relayStatus;
}
```

3. 智能插座驱动程序的设计

智能插座内置了基于 CC2530 的 ZigBee 模块，可通过智能网关的协调器接入网络，最大通信距离超过 100 m，通过内置双路继电器通断控制智能插座的开关。智能插座的驱动函数如表 3.11 所示。

表 3.11　智能插座的驱动函数

函 数 名 称	函 数 说 明
void sensorInit(void)	功能：初始化智能插座
void sensorControl(uint8 cmd)	功能：控制智能插座。参数：cmd 表示控制命令

智能插座驱动函数的代码如下：

```
#define RELAY_SEL       P0SEL
#define RELAY_DIR       P0DIR
//4 路继电器
#define RELAY01_SBIT    P0_4
#define RELAY01_BV      BV(4)
/**********************************************************************
* 函数名称：sensorInit()
* 函数功能：初始化智能插座
**********************************************************************/
void sensorInit(void)
{
    //初始化继电器
    RELAY_SEL &= ~(0xf << 4);
    RELAY_DIR |= (0xf << 4);
    RELAY01_SBIT = 0;
    //启动定时器，触发传感器上报数据事件 MY_REPORT_EVT
```

```
    osal_start_timerEx(sapi_TaskID, MY_REPORT_EVT, (uint16)((osal_rand()%10) * 1000));
    //启动定时器，触发传感器检测事件 MY_CHECK_EVT
    osal_start_timerEx(sapi_TaskID, MY_CHECK_EVT, 100);
}
/********************************************************************************
* 函数名称：sensorControl()
* 函数功能：控制智能插座
* 函数参数：cmd 表示控制命令
********************************************************************************/
void sensorControl(uint8 cmd)
{
    //根据 cmd 执行对应的操作
    if(cmd & 0x01){
        RELAY01_SBIT = 1;                          //开启继电器
    } else{
        RELAY01_SBIT = 0;                          //关闭继电器
    }
}
```

4．步进电机驱动程序的设计

步进电机由 ZXBeePlus 无线节点 A 端子的 P4、P5、P6 控制线控制，P4、P5、P6 控制线分别对应 STEP 脉冲信号线、DIR 方向线、EN 使能线。STEP 脉冲信号线用于控制步进电机的转速，DIR 方向线用于控制步进电机的转动方向，EN 使能线用于控制步进电机的启停开关。步进电机的默认控制状态为停止，通过合理控制三条控制线可以使步进电机正常工作。步进电机的驱动函数如表 3.12 所示。

表 3.12　步进电机的驱动函数

函 数 名 称	函 数 说 明
void step_bit_toggle(unsigned int flag)	功能：电机 STEP 脉冲信号线引脚反转。参数：flag 表示标志位
void motor_forward()	功能：步进电机正转
void motor_reverse()	功能：步进电机反转
void motor_stop()	功能：停止步进电机

步进电机驱动函数的代码如下：

```
/********************************************************************************
*函数名称：step_bit_toggle
*函数功能：步进电机 STEP 脉冲信号线引脚反转
********************************************************************************/
void step_bit_toggle(unsigned int flag)
{
    if(flag)
    {
        GPIO_ResetBits(GPIOB,SteppingMotor_STEP);
    }
```

```
        else
        {
            GPIO_SetBits(GPIOB,SteppingMotor_STEP);
        }
}
/*******************************************************************************
*函数名称：motor_forward
*函数功能：步进电机正转
*******************************************************************************/
void motor_forward()
{
    GPIO_ResetBits(GPIOB,SteppingMotor_DIR);              //DIR 方向线为低电平
    GPIO_SetBits(GPIOB,SteppingMotor_EN);                 //EN 使能线为高电平
}
/*******************************************************************************
*函数名称：motor_reverse
*函数功能：步进电机反转
*******************************************************************************/
void motor_reverse()
{
    GPIO_SetBits(GPIOB,SteppingMotor_DIR);                //DIR 方向线为高电平
    GPIO_SetBits(GPIOB,SteppingMotor_EN);                 //EN 使能线为高电平
}


/*******************************************************************************
*函数名称：motor_stop
*功能：电机停止
*******************************************************************************/
void motor_stop()
{
    GPIO_ResetBits(GPIOB,SteppingMotor_EN);               //EN 使能线为低电平
    GPIO_ResetBits(GPIOB,SteppingMotor_DIR);              //DIR 方向线为低电平
}
/*******************************************************************************
*函数名称：motor_control
*功能：控制步进电机
*参数：Cmd 表示控制命令
*******************************************************************************/
void motor_control(unsigned char Cmd)
{
    if(Cmd & 0x04)                                        //检测到步进电机启动命令
    {
        if(Cmd & 0x08)                                    //检测反转指令
        {
            motor_reverse();                              //步进电机反转
            pulseNum = V1 * 5 / 9 + 4;                    //获取步进电机输入脉冲
        } else {
```

```
            motor_forward();                              //步进电机正转
            pulseNum = V1 * 5 / 9 + 4;                    //获取步进电机输入脉冲
        }
        motorRun = 1;
        TIM_Cmd(TIM2, ENABLE);
    }else{
        motor_stop();                                     //停止步进电机
        motorRun = 0;
        pulseNum = 0;                                     //脉冲数清 0
    }
}
/**********************************************************************************
* 函数名称：SteppingMotorIOInit
* 函数功能：初始化步进电机
**********************************************************************************/
void SteppingMotorIOInit()
{
    GPIO_InitTypeDef    GPIO_InitStructure;                        //初始化结构体
    RCC_AHB1PeriphClockCmd(RCC_AHB1Periph_GPIOB, ENABLE);         //使能时钟
    GPIO_InitStructure.GPIO_Pin = GPIO_Pin_8 |GPIO_Pin_9 |GPIO_Pin_10;  //配置端口
    GPIO_InitStructure.GPIO_Mode = GPIO_Mode_OUT;                 //配置为输出模式
    GPIO_InitStructure.GPIO_OType = GPIO_OType_OD;                //配置为推挽模式
    GPIO_InitStructure.GPIO_Speed = GPIO_Speed_50MHz;            //时钟为 50 MHz
    GPIO_InitStructure.GPIO_PuPd = GPIO_PuPd_NOPULL;            //电平配置为上拉
    GPIO_Init(GPIOB, &GPIO_InitStructure);                       //使能端口
}
```

3.2.4　设备节点驱动程序的调试

1．360 红外遥控器驱动程序的调试

1）修改程序代码用于驱动程序的调试

简单修改 sensor.c 文件中的代码：因为在学习模式下，360 红外遥控器的键值是从上层应用发送过来的，因此修改为 D1=1，以便直接进入学习模式（默认是遥控模式），如图 3.55 所示；将 updateV0()函数中的部分代码（见图 3.55 下方的矩形框）复制到 MyEventProcess()函数中，同时将 MY_REPORT_EVT 事件处理函数的循环时间修改为 10 s，如图 3.56 所示。

2）360 红外遥控器学习模式的代码分析

重新编译程序，将编译生成的文件下载到设备节点中。当程序轮询到 MY_REPORT_EVT 事件触发时，因为 D1 的初始设置为 1，因此触发 IR_LEARN_EVT 事件，执行 ir360_learn()函数，如图 3.57 所示。

在 ir360_learn()函数中，如果 f_ucIrStatus=1，则发送进入学习模式的指令；如果 f_ucIrStatus=2，则进入状态 3（即 f_ucIrStatus=3）并发送需要学习的键值，即定义 V0 的值；如果 f_ucIrStatus=3，则发送进入遥控模式的指令；如果 f_ucIrStatus=4，则返回 0，并发送进

入遥控模式的指令，如图 3.58 所示。相关的宏定义如图 3.59 所示。

```
40   /*****************************************************************
41   * 全局变量
42   ******************************************************************/
43   static uint8 D0 = 0;                               // 默认打开主动上报功能
44   static uint8 D1 = 1;                               // 0-遥控/1-学习
45   static uint8 V0 = 30;                              // V0表示红外遥控键值
46   static uint8 f_ucIrStatus = 0;                     // 控制状态
47   static uint8 f_ucCmd = 0x00;
48   /*****************************************************************
49   * 函数声明
50   ******************************************************************/
51   static void node_uart_init(void);
52   static void ir360_send(void);
53   static void ir360_learn(void);
54   static void node_uart_callback(uint8 port, uint8 event);
55
56   /*****************************************************************
57   * 名称: updateV0()
58   * 功能: 更新V0的值
59   * 参数: *val -- 待更新的变量
60   ******************************************************************/
61   void updateV0(char *val)
62   {
63       V0 = atoi(val) + 63;                           // 计算键值
64       if(D1 == 1 && f_ucIrStatus==0){                // 如果为学习模式
65           osal_start_timerEx(sapi_TaskID, IR_LEARN_EVT, (uint16)(1 * 1000));
66       }else{
67           if (f_ucIrStatus == 0) {
68               ir360_send();                          // 否则发送键值
69           }
70       }
71   }
```

图 3.55　修改 sensor.c 文件中的代码（1）

```
248   void MyEventProcess( uint16 event )
249   {
250
251       if (event & MY_REPORT_EVT) {
252           sensorUpdate();
253           if(D1 == 1 && f_ucIrStatus==0){                    // 如果为学.
254               osal_start_timerEx(sapi_TaskID, IR_LEARN_EVT, (uint16)(1 * 1000));
255           }else{
256               if (f_ucIrStatus == 0) {
257                   ir360_send();                              // 否则发送键.
258               }
259           }
260           //启动定时器, 触发事件: MY_REPORT_EVT
261           osal_start_timerEx(sapi_TaskID, MY_REPORT_EVT, 10*1000);
262       }
263       if(event & IR_LEARN_EVT){                              // 检测event是
264           ir360_learn();                                     // 执行操作
265       }
266   }
```

图 3.56　修改 sensor.c 文件中的代码（2）

```
248   void MyEventProcess( uint16 event )
249   {
250
251       if (event & MY_REPORT_EVT) {
252           sensorUpdate();
253           if(D1 == 1 && f_ucIrStatus==0){                    // 如果为学.
254               osal_start_timerEx(sapi_TaskID, IR_LEARN_EVT, (uint16)(1 * 1000));
255           }else{
256               if (f_ucIrStatus == 0) {
257                   ir360_send();                              // 否则发送键.
258               }
259           }
260           //启动定时器, 触发事件: MY_REPORT_EVT
261           osal_start_timerEx(sapi_TaskID, MY_REPORT_EVT, 10*1000);
262       }
263       if(event & IR_LEARN_EVT){                              // 检测event是
264           ir360_learn();                                     // 执行操作
265       }
266   }
```

图 3.57　360 红外遥控器学习模式的代码分析（1）

```
285  static void ir360_learn(void)
286  {
287    uint8 cmd = 0x00;
288    if(f_ucIrStatus == 0){                              // 红外遥控模
289      f_ucIrStatus = 1;                                 // 状态升级到
290      cmd = LEARN_CMD;
291      HalUARTWrite(HAL_UART_PORT_0, &cmd, 1);           // 发送学习指
292    }
293    if(f_ucIrStatus == 2){                              // 红外遥控模
294      f_ucIrStatus = 3;                                 // 模式升级到
295      cmd = VO;
296      HalUARTWrite(HAL_UART_PORT_0, &cmd, 1);           // 发送键值
297      osal_start_timerEx( sapi_TaskID, IR_LEARN_EVT, (uint16)(30 * 1000));
298    } else if (f_ucIrStatus == 3) {
299      f_ucIrStatus = 0;                                 // 超时
300      cmd = EXIT_CMD;
301      HalUARTWrite(HAL_UART_PORT_0, &cmd, 1);
302    }
303    if(f_ucIrStatus == 4){                              // 红外遥控模
304      f_ucIrStatus = 0;                                 // 模式回归到
305      cmd = EXIT_CMD;
306      HalUARTWrite(HAL_UART_PORT_0, &cmd, 1);           // 发送控制模
307    }
```

图 3.58　360 红外遥控器学习模式的代码分析（2）

```
25   #include "sensor.h"
26   #include "zxbee.h"
27   #include "zxbee-inf.h"
28   /**********************************************
29   * 宏定义
30   **********************************************
31   #define RELAY1                P0_6              // 定义继电器
32   #define RELAY2                P0_7              // 定义继电器
33   #define ON                    0                 // 宏定义打开
34   #define OFF                   1                 // 宏定义关闭
35
36   #define LEARN_CMD             0xF0              // 学习模式
37   #define EXIT_CMD              0xF2              // 遥控模式
38   #define LEARN_SUCCESS_RET     0x00              // 学习成功
39   #define LEARN_ERROR_RET       0xFF              // 学习失败
40   /**********************************************
41   * 全局变量
42   **********************************************
43   static uint8 D0 = 0;                            // 默认打开主
44   static uint8 D1 = 1;                            // 0-遥控/1-学
45   static uint8 VO = 30;                           // VO表示红外
46   static uint8 f_ucIrStatus = 0;                  // 控制状态
47   static uint8 f_ucCmd = 0x00;
```

图 3.59　360 红外遥控器学习模式的代码分析（3）

在 node_uart_callback()函数中读取接收到的数据，ch 为接收到的数据，ch=0x00 表示学习成功，如图 3.60 所示。

```
318  /**********************************************
319  static void node_uart_callback ( uint8 port ,uint8 event)
320  {
321    (void)event;
322    uint8  ch;
323    while (Hal_UART_RxBufLen(port))
324    {
325      HalUARTRead (port, &ch, 1);                       // 读取串口接
326      if(ch == 0xf0 && f_ucIrStatus == 1){             // 接收到数据
327        f_ucIrStatus = 2;                              // 进入判断状
328        osal_start_timerEx( sapi_TaskID, IR_LEARN_EVT, (uint16)(1 * 1000));
329      }
330      else if(ch == 0x00 && f_ucIrStatus == 3){        // 接收到数据
331        f_ucIrStatus = 4;                              // 进入状态判
332        osal_start_timerEx( sapi_TaskID, IR_LEARN_EVT, (uint16)(2 * 1000));
333      }
334      else if(ch == 0xff && f_ucIrStatus == 1){        // 接收到数据
335        f_ucIrStatus = 0;                              // 进入状态判
336        osal_start_timerEx( sapi_TaskID, IR_LEARN_EVT, (uint16)(2 * 1000));
```

图 3.60　360 红外遥控器学习模式的代码分析（4）

3）360 红外遥控器遥控模式的代码分析

在 updateV0()函数中，如果 D1=0（f_ucIrStatus=0），则进入遥控模式，并发送键值，如图 3.61 所示。

```
64  void updateV0(char *val)
65 {
66    V0 = atoi(val) + 63;                                    // 计算键值
67    if(D1 == 1 && f_ucIrStatus==0){                          // 如果为学习模式
68      osal_start_timerEx(sapi_TaskID, IR_LEARN_EVT, (uint16)(1 * 1000));
69    }else{
70      if (f_ucIrStatus == 0) {
71        ir360_send();                                        // 否则发送键值
72      }
73    }
74 }
```

图 3.61　360 红外遥控器遥控模式的代码分析（1）

在 ir360_send()函数中，通过 HalUARTWrite()函数将键值 V0 通过串口发送给 360 红外遥控器，这时 360 红外遥控器就可以控制设备了，如图 3.62 所示。

```
259  /************************************************************
260   * 名称: ir360_send()
261   * 功能: 红外遥控工作模式
262   * 参数: key -- 事件编号
263   * 返回: 无
264   ************************************************************/
265  static void ir360_send()
266 {
267    HalUARTWrite(HAL_UART_PORT_0, &V0, 1);                  // 向360°红外遥控发送键值
268 }
```

图 3.62　360 红外遥控器遥控模式的代码分析（2）

4）360 红外遥控器学习模式的调试

在电器系统程序进入调试模式后，在 node_uart_callback()函数中设置断点，如图 3.63 所示，当程序运行到断点处时，360 红外遥控器 hi 进入学习模式。

```
319  static void node_uart_callback ( uint8 port ,uint8 event)          04A28C  AA 18
320 {                                                                  04A28E  AB 19
321    (void)event;                                                    04A290  EE
322    uint8 ch;                                                       04A291  F9
323    while (Hal_UART_RxBufLen(port))                                 04A292  12 1F A4
324   {                                                                         if(ch == 0x10)
325      HalUARTRead (port, &ch, 1);            // 读取串              04A295  85 18 82
326      if(ch == 0xf0 && f_ucIrStatus == 1){   // 接收到             04A298  85 19 83
327        f_ucIrStatus = 2;                    // 进入判             04A29B  E0
328        osal_start_timerEx( sapi_TaskID, IR_LEARN_EVT, (uint16)(1 * 1000));  04A29C  64 F0
329      }                                                             04A29E  70 21
330      else if(ch == 0x00 && f_ucIrStatus == 3){ // 接收到          04A2A0  90 0F 63
331        f_ucIrStatus = 4;                       // 进入状          04A2A3  E0
332        osal_start_timerEx( sapi_TaskID, IR_LEARN_EVT, (uint16)(2 * 1000));  04A2A4  64 01
333      }                                                             04A2A6  70 19
334      else if(ch == 0xff && f_ucIrStatus == 1){ // 接收到                 f_ucIrStatus
335        f_ucIrStatus = 0;                       // 进入状          04A2A8  90 0F 63
336        osal_start_timerEx( sapi_TaskID, IR_LEARN_EVT, (uint16)(2 * 1000));  04A2AB  74 02
337      }                                                             04A2AD  F0
338      else if(ch == 0xff && f_ucIrStatus == 3){ // 接收到              osal_start_t
339        f_ucIrStatus = 2;                       // 进入判          04A2AE  7C E8
340        osal_start_timerEx( sapi_TaskID, IR_LEARN_EVT, (uint16)(2 * 1000));  04A2B0  7D 03
                                                                       04A2B2  7A 02
                                                                       04A2B4  7B 00
                                                                       04A2B6  90 0F 5F
                                                                       04A2B9  E0
                                                                       04A2BA  F9
                                                                       04A2BB  12 24 7E
                                                                       04A2BE  E9
                                                                       04A2BF  80 B5
```

图 3.63　360 红外遥控器学习模式的调试（1）

当 f_ucIrStatus=2 时，在 ir360_learn()函数中设置断点，如图 3.64 所示，当程序运行到断点处时，会发送学习的键值。

运行电器系统程序，当 360 红外遥控器上的蓝色灯闪烁两次后，将 360 红外遥控器对准被控设备后按下按键（通常是显示屏开关按键），当程序运行到断点处时，表示学习成功，如图 3.65 所示。

```
285   static void ir360_learn(void)
286 □ {
287     uint8 cmd = 0x00;
288 □   if(f_ucIrStatus == 0){                                    // 红外遥
289       f_ucIrStatus = 1;                                       // 状态升
290       cmd = LEARN_CMD;
291       HalUARTWrite(HAL_UART_PORT_0, &cmd, 1);                 // 发送学
292     }
293 □   if(f_ucIrStatus == 2){                                    // 红外遥
294       f_ucIrStatus = 3;                                       // 模式升
295       cmd = V0;
296       HalUARTWrite(HAL_UART_PORT_0, &cmd, 1);                 // 发送键
297       osal_start_timerEx( sapi_TaskID, IR_LEARN_EVT, (uint16)(30 * 1000));
298     } else if(f_ucIrStatus == 3) {
299       f_ucIrStatus = 0;                                       // 超时
300       cmd = EXIT_CMD;
301       HalUARTWrite(HAL_UART_PORT_0, &cmd, 1);
302     }
```

图 3.64　360 红外遥控器学习模式的调试（2）

```
319   static void node_uart_callback ( uint8 port ,uint8 event)
320 □ {
321     (void)event;
322     uint8  ch;
323     while (Hal_UART_RxBufLen(port))
324 □   {
325       HalUARTRead (port, &ch, 1);                             // 读取串
326       if(ch == 0xf0 && f_ucIrStatus == 1){                    // 接收到
327         f_ucIrStatus = 2;                                     // 进入判
328         osal_start_timerEx( sapi_TaskID, IR_LEARN_EVT, (uint16)(1 * 1000));
329       }
330       else if(ch == 0x00 && f_ucIrStatus == 3){              // 接收到
331         f_ucIrStatus = 4;                                     // 进入状
332         osal_start_timerEx( sapi_TaskID, IR_LEARN_EVT, (uint16)(2 * 1000));
333       }
334       else if(ch == 0xff && f_ucIrStatus == 1){              // 接收到
335         f_ucIrStatus = 0;                                     // 进入状
336         osal_start_timerEx( sapi_TaskID, IR_LEARN_EVT, (uint16)(2 * 1000));
337       }
338       else if(ch == 0xff && f_ucIrStatus == 3){              // 接收到
339         f_ucIrStatus = 2;                                     // 进入判
```

图 3.65　360 红外遥控器学习模式的调试（3）

5）360 红外遥控器遥控模式的调试

在 sensor.c 文件中将 D1 的值修改为 0，如图 3.66 所示，重新编译代码，将编译生成的文件下载到 ZXBeeLiteB 无线节点中，运行程序并进入调试模式。

```
35
36    #define LEARN_CMD           0xF0                            // 学习模式
37    #define EXIT_CMD            0xF2                            // 遥控模式
38    #define LEARN_SUCCESS_RET   0x00                            // 学习成功
39    #define LEARN_ERROR_RET     0xFF                            // 学习失败
40 □  /********************************************************
41   * 全局变量
42   ********************************************************
43    static uint8 D0 = 0;                                        // 默认打开主动上报功能
44    static uint8 D1 = 0;                                        // 0-遥控/1-学习
45    static uint8 V0 = 30;                                       // V0表示红外遥控键值
46    static uint8 f_ucIrStatus = 0;                             // 控制状态
47    static uint8 f_ucCmd = 0x00;
48 □  /********************************************************
49   * 函数声明
50   ********************************************************
51    static void node_uart_init(void);
52    static void ir360_send(void);
53    static void ir360_learn(void);
54    static void node_uart_callback(uint8 port, uint8 event);
55
56 □  /********************************************************
57   * 名称: updateV0()
58   * 功能: 更新V0的值
```

图 3.66　360 红外遥控器遥控模式的调试（1）

在 MyEventProcess()函数中设置断点，如图 3.67 所示，当程序运行到断点处时，执行 ir360_send()函数，如图 3.68 所示。

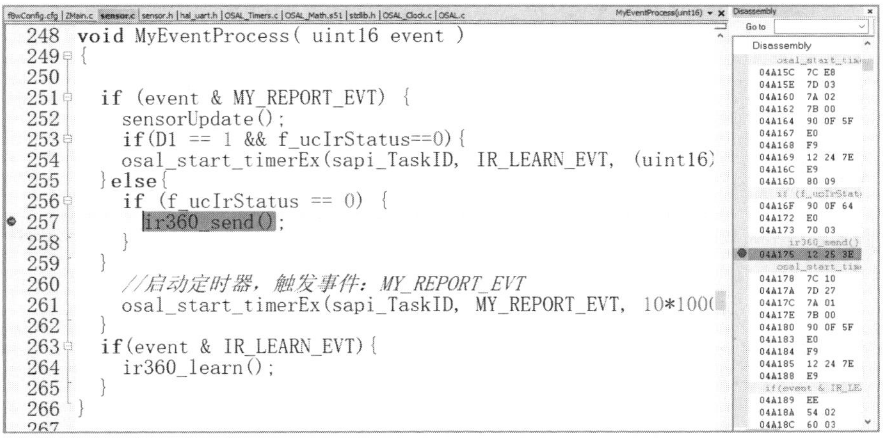

图 3.67　360 红外遥控器遥控模式的调试（2）

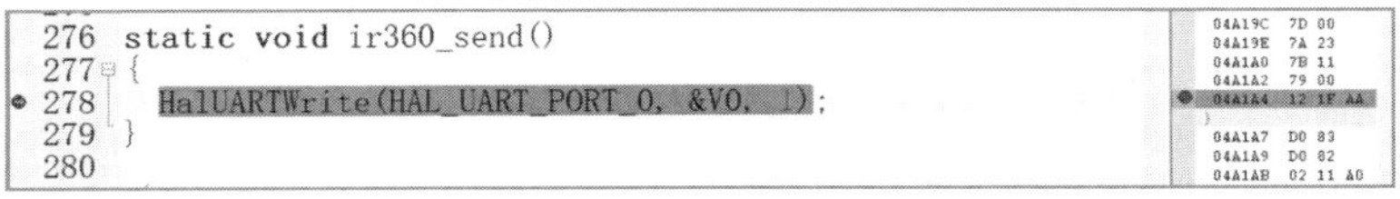

图 3.68　360 红外遥控器遥控模式的调试（3）

2．继电器驱动程序的调试

1）发送控制命令控制继电器的开关

因为不使用无线网络，所以需要输入控制命令来测试继电器是否能够正常开关。

找到 relay.c 文件的 relay_control()函数，分析一下该函数中的 relay_on_cmd[6]数组，该数组的初始值为{0xFB,0x03,0x01,0xF0,0x01,0xF5}，如图 3.69 所示。其中：0xFB 是协议头；0x03 是数据长度；0x01 是 RS-485 串口的地址；0XF0 是数据的传输方向，这里代表写入数据，如果是 0x0F 则表示读取数据；0x01 代表控制命令；0XF5 是校验码。

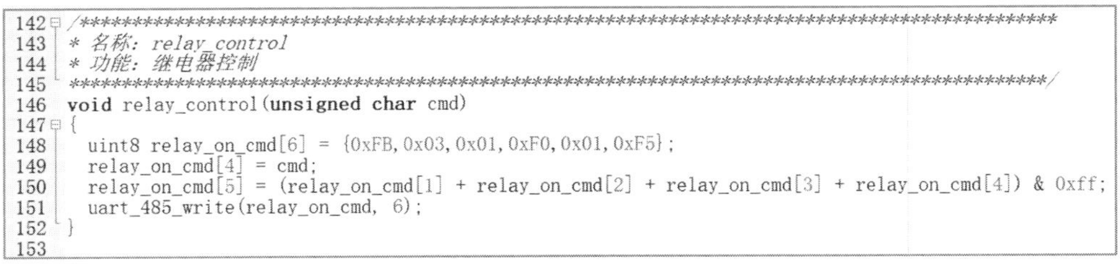

图 3.69　发送控制命令控制继电器的开关（1）

按照 relay_on_cmd[6]的格式通过 RS-485 串口发送控制命令来控制继电器的开关，修改 relay_control()函数的参数可以控制继电器，如图 3.70 所示。

```
 96 □  /**********************************************************************
 97  * 名称: relay_init
 98  * 功能: 传感器初始化
 99  **********************************************************************/
100   void relay_init(void)
101 □ {
102     node_uart_init();
103     relay_control(0x00);
104   }
```

图 3.70　发送控制命令控制继电器的开关（2）

2）发送控制命令控制继电器开关的调试

将 relay_control()函数的参数修改为 0x01，如图 3.71 所示，编译程序，将编译生成的文件下载到 ZXBeeLiteB 无线节点中，运行程序并进入调试模式。

```
 96 □  /**********************************************************************
 97  * 名称: relay_init
 98  * 功能: 传感器初始化
 99  **********************************************************************/
100   void relay_init(void)
101 □ {
102     node_uart_init();
103     relay_control(0x01);
104   }
```

图 3.71　继电器的调试（1）

在 relay_init()函数中设置断点，如图 3.72 所示，当程序运行到断点处时，打开继电器。电器系统的继电器使用的是串口继电器组，该继电器组中包含 4 路继电器，输入高电平时打开继电器，输入低电平时关闭继电器。例如，如果要控制串口继电器组中的第 1 路继电器，则将最低位设置为 1，对应的二进制数为 0001，十进制数为 1，将 cmd 修改为 1，重新编辑代码并将编译后生成的文件下载到 ZXBeeLiteB 无线节点上，运行程序时可以看到第 1 路继电器被打开了，对应的蓝色灯点亮，如图 3.73 所示。

图 3.72　继电器的调试（2）

图 3.73　继电器的调试（3）

3. 步进电机驱动程序的调试

1）通过按键控制步进电机的启停

在 sensor.c 文件里找到 sensor_control()函数，步进电机的启停是通过 sensor_control()函数中的 motor_control()函数来控制的，如图 3.74 所示。

```
* 注释:
*****************************************************************************
void sensor_control(unsigned char cmd)
{
    if(cmd & 0x01)
    {
        relay_on(1);
    }
    else
    {
        relay_off(1);
    }
    if(cmd & 0x02)
    {
        relay_on(2);
    }
    else
    {
        relay_off(2);
    }
    motor_control(cmd);
}
```

图 3.74　sensor_control()函数中的 motor_control()函数

motor_control()函数是通过调用 option_2_Handle()函数来控制步进电机的，如图 3.75 所示。

```
****************************************************************
void option_2_Handle(optionStatus_t status)
{
    if(status==SELECT)
    {
        D1 |= 0x04;
    }
    else if(status==UNSELECT)
    {
        D1 &= ~(0x04);
    }
    sensor_control(D1);
}
```

图 3.75　option_2_Handle()函数

对于按键的判断，电器系统是在 key.c 文件中的 PROCESS_THREAD(KeyProcess, ev, data)线程中获取键值的，如图 3.76 所示。

```
*****************************************************************************
PROCESS_THREAD(KeyProcess, ev, data)
{
    PROCESS_BEGIN();

    static struct etimer key_timer;
    static uint8_t keyStatus=0,keyFlag=1;

    key_init();
    key_event = process_alloc_event();

    while (1)
    {
        keyStatus = get_key_status();
        if(keyStatus==0)
        {
            keyFlag=1;
        }
        else if(keyFlag)
        {
            keyFlag=0;
            process_post(PROCESS_BROADCAST, key_event, &keyStatus);
        }
        etimer_set(&key_timer,50);
```

图 3.76　通过 PROCESS_THREAD(KeyProcess, ev, data)线程来获取键值

当 PROCESS_THREAD(LcdProcess, ev, data)线程检测到按键事件触发时，电器系统会调用按键处理函数 lcdKeyHandle()，如图 3.77 所示。lcdKeyHandle()函数是通过调用 menuKeyHandle(keyValue)函数来处理键值的，如图 3.78 所示。

```
553            lcdInitPage(SysInit_Status, timeoutCount);
554            if(SysInit_Status == 4)
555            {
556                SysInit_Status = 0xff;
557                lcdShowPage(0x80);
558            }
559        }
560
561        if(ev==key_event)
562        {
563            if(SysInit_Status == 0xff)
564            {
565                lcdKeyHandle(*((unsigned char*)data));
566            }
567        }
568
569        if(ev == PROCESS_EVENT_TIMER)
570        {
571            if(etimer_expired(&lcd_timeout))
572            {
573                etimer_set(&lcd_timeout, 1000);
574                if(SysInit_Status<4)
```

图 3.77　按键控制步进电机调试 4

```
514
515    void lcdKeyHandle(unsigned char keyValue)
516    {
517        if(lcdPageIndex)
518        {
519            menuKeyHandle(keyValue);
520        }
521        else if(keyValue==0x01)
522        {
523            lcdPageIndex = 1;
524            lcdShowPage(0x80);
525        }
526    }
527
528    PROCESS(LcdProcess, "LcdProcess");
```

图 3.78　按键控制步进电机调试 5

步进电机的控制按键对应四种功能，分别是确定（对应 menuConfirmHandle()函数）、退出（对应 menuExitHandle()函数）、上移（对应 menuUpHandle()函数）、下移（对应 menuDownHandle()函数），如图 3.79 所示。

```
316    }
317
318    void menuKeyHandle(unsigned char keyStatus)
319    {
320        switch(keyStatus)
321        {
322            case 0x01:
323                menuConfirmHandle();
324                break;
325            case 0x02:
326                menuExitHandle();
327                break;
328            case 0x04:
329                menuKeyUpHandle();
330                break;
331            case 0x08:
332                menuKeyDownHandle();
333                break;
334        }
335    }
```

图 3.79　步进电机控制按键的功能

在 menuConfirmHandle()函数中，若选项状态等于 SELECT，则调用 optionCallFunc_set()函数中的 menu.optionHandle[optionIndex-1]()函数，如图 3.80 所示。

```
contiki-main.c  process.c  process.h  lcd.c  fml_lcd.c  api_lcd.c  lcdMenu.c  hw.h  key.h  sensor.c  drive_key.c  key.c  sensor_process.c  lcdMenu.h  cc.h
277        menuShowOptionList(refresh);
278        menuShowHint(refresh);
279        lcdShowTable(refresh);
280  }
281
282  /********************************************************
283  菜单操作
284  ********************************************************
285
286  void menuConfirmHandle(void)
287  {
288      menu.optionState[menu.index-1] = (menu.optionState[menu.index-1]==SELECT)?UNSELECT:SELECT;
289      if(menu.optionHandle[menu.index-1] != NULL)
290          menu.optionHandle[menu.index-1](menu.optionState[menu.index-1]);
291  }
292
293  void menuExitHandle()
294  {
295      menu.index=1;
296      lcdPageIndex=0;
```

图 3.80　menuConfirmHandle()函数的处理过程

2）通过按键控制步进电机启停的调试

将编译生成的文件下载到 ZXBeePlus 无线节点中，运行程序，在 menuKeyHandle()函数中设置断点，如图 3.81 所示，当程序运行到断点处时，按下按键 K1 可进入如图 3.82 所示的系统设置界面，系统设置界面是在 ZXBeePlus 无线节点上显示的。

```
process.c  process.h  lcd.c  fml_lcd.c  api_lcd.c  lcdMenu.c  hw.h  key.h  sensor.c  drive_key.c  key.c  sensor_process.c  lcdMenu.h  cc.h  contiki-main.c        menuKeyHandle(unsigned char)
318  void menuKeyHandle(unsigned char keyStatus)
319  {
320      switch(keyStatus)
321      {
322          case 0x01:
323              menuConfirmHandle();
324              break;
325          case 0x02:
326              menuExitHandle();
327              break;
328          case 0x04:
329              menuKeyUpHandle();
330              break;
331          case 0x08:
332              menuKeyDownHandle();
333              break;
334      }
335  }
336
337
```

图 3.81　在 menuKeyHandle()函数中设置断点

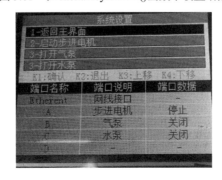

图 3.82　系统设置界面（1）

按下按键 K4，程序会跳转到图 3.83 中的第 2 个断点，此时 menu.index 会自动加 1。

```
lcdMenu.c  key.h  sensor.c  drive_key.c  key.c  sensor_process.c  lcdMenu.c  relay.c  api_lcd.c
318    void menuKeyHandle(unsigned char keyStatus)
319  ┌ {
320        switch(keyStatus)
321  ┌     {
322            case 0x01:
323                menuConfirmHandle();
324                break;
325            case 0x02:
326                menuExitHandle();
327                break;
328            case 0x04:
329                menuKeyUpHandle();
330                break;
331            case 0x08:
332                menuKeyDownHandle();
333                break;
334        }
335  └ }
```

图 3.83　按下按键 K4 程序跳转到第 2 个断点

继续运行程序，ZXBeePlus 无线节点显示屏上的系统设置界面中的条目会向下移动，该条目用于打开步进电机，如图 3.84 所示。

图 3.84　系统设置界面（2）

在 menuConfirmHandle()函数处设置断点，如图 3.85 所示，按下按键 K1，程序会跳转至断点处，然后在 menu.optionHandle[menu.index-1](menu.optionState[menu.index-1])处设置断点，如图 3.86 所示，将 menu.optionState[menu.index-1]添加到 Watch 1 窗口，当程序运行到断点处时，可以看到 menu.optionState[menu.index-1]值为 SELECT。

```
process.c  process.h  lcd.c  fml_lcd.c  api_lcd.c  lcdMenu.c  hw.h  key.h  sensor.c  drive_key.c  key.c  sensor_process.c  lcdMenu.h  cc.h  contiki-main.c       menuKeyHandle(unsigned char) ▾  ✕
316    }
317
318    void menuKeyHandle(unsigned char keyStatus)
319  ┌ {
320        switch(keyStatus)
321  ┌     {
322            case 0x01:
323                menuConfirmHandle();
324                break;
325            case 0x02:
326                menuExitHandle();
327                break;
328            case 0x04:
329                menuKeyUpHandle();
330                break;
331            case 0x08:
332                menuKeyDownHandle();
333                break;
334        }
335  └ }
336
```

图 3.85　在 menuConfirmHandle()函数处设置断点

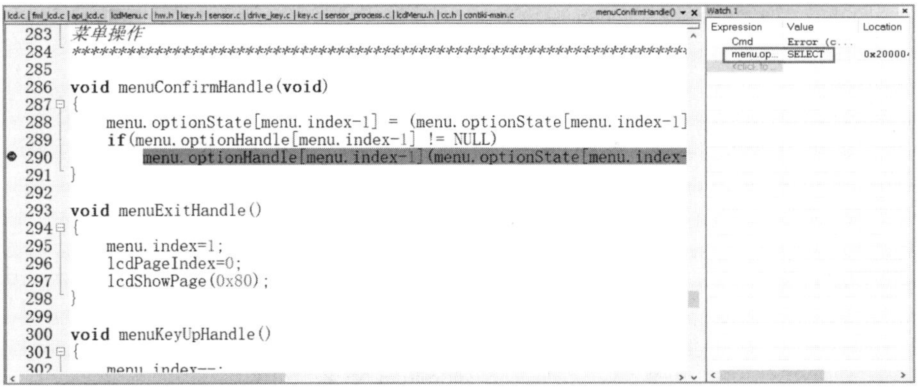

```
lcd.c | fml_lcd.c | api_lcd.c | lcdMenu.c | hw.h | key.h | sensor.c | drive_key.c | key.c | sensor_process.c | lcdMenu.h | cc.h | contiki-main.c          menuConfirmHandle() ▾ ×    Watch 1                                    ×
283     菜单操作                                                                                          Expression      Value       Location
284     ***********************************************************                                         Cmd           Error (c...
285                                                                                                         menu.op...    SELECT      0x20000·
286     void menuConfirmHandle(void)                                                                        <click to...
287   □ {
288         menu.optionState[menu.index-1] = (menu.optionState[menu.index-1]
289         if(menu.optionHandle[menu.index-1] != NULL)
290         menu.optionHandle[menu.index-1](menu.optionState[menu.index-
291   }
292
293     void menuExitHandle()
294   □ {
295         menu.index=1;
296         lcdPageIndex=0;
297         lcdShowPage(0x80);
298   }
299
300     void menuKeyUpHandle()
301   □ {
302         menu.index--;
```

图 3.86　在 menu.optionHandle[menu.index-1](menu.optionState[menu.index-1])处设置断点

找到 api_lcd.c 文件，在 option_2_Handle()函数的 "D1 |= 0x04" 处设置断点，如图 3.87 所示，当程序运行到断点处时，将 D1 的值设置为 0x04，根据 D1 的值调用 sensor_control() 函数来控制步进电机的启停。

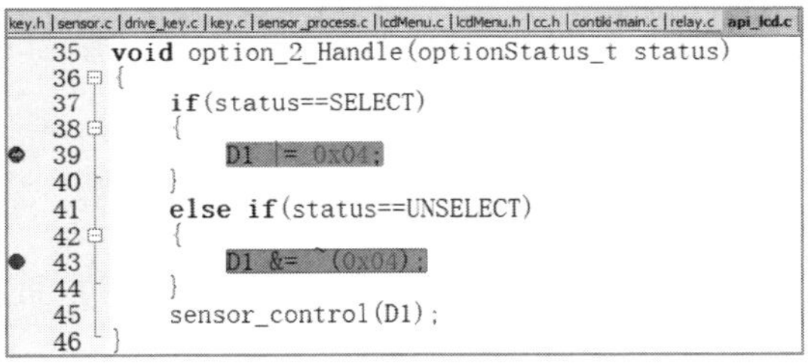

```
key.h | sensor.c | drive_key.c | key.c | sensor_process.c | lcdMenu.c | lcdMenu.h | cc.h | contiki-main.c | relay.c | api_lcd.c
35      void option_2_Handle(optionStatus_t status)
36    □ {
37          if(status==SELECT)
38          {
39              D1 |= 0x04;
40          }
41          else if(status==UNSELECT)
42          {
43              D1 &= ~(0x04);
44          }
45          sensor_control(D1);
46    }
```

图 3.87　在 option_2_Handle()函数的 "D1 |= 0x04" 处设置断点

在 sensor_control()函数中设置断点，运行程序，程序跳至 motor_control(cmd)中，如图 3.88 所示。

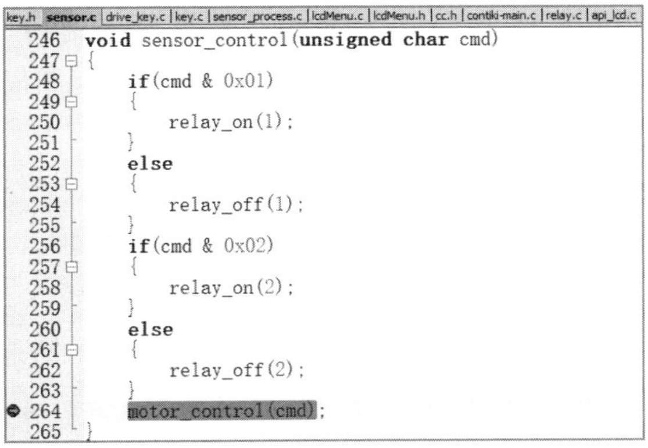

```
key.h | sensor.c | drive_key.c | key.c | sensor_process.c | lcdMenu.c | lcdMenu.h | cc.h | contiki-main.c | relay.c | api_lcd.c
246     void sensor_control(unsigned char cmd)
247   □ {
248         if(cmd & 0x01)
249         {
250             relay_on(1);
251         }
252         else
253         {
254             relay_off(1);
255         }
256         if(cmd & 0x02)
257         {
258             relay_on(2);
259         }
260         else
261         {
262             relay_off(2);
263         }
264         motor_control(cmd);
265     }
```

图 3.88　在 sensor_control()函数中设置断点

在 motor_control(cmd)中设置断点，如图 3.89 所示，当程序运行到断点处时会根据 cmd 的值来调用具体的函数，如 motor_reverse()函数或者 motor_forward()函数。

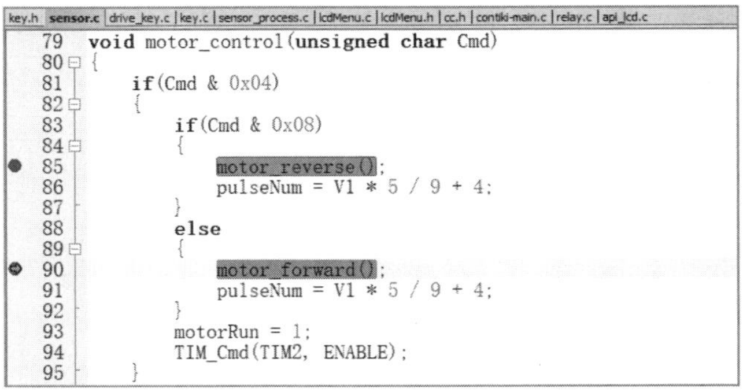

图 3.89　在 motor_control(cmd)中设置断点

在 motor_forward() 函数中设置断点，如图 3.90 所示，当程序运行到断点处时，系统会通过 GPIO 端口控制步进电机的转动方向。

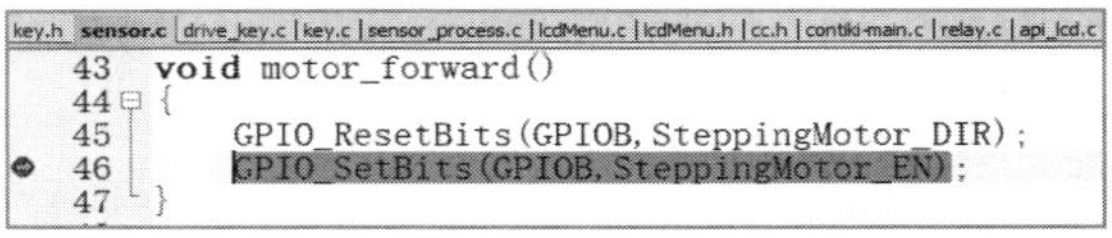

图 3.90　在 motor_forward() 函数中设置断点

3.2.5　数据通信协议与无线通信程序

1. 数据通信协议

电器系统主要使用的设备节点是 360 红外遥控器、红外音响、继电器、步进电机、智能插座，其 ZXBee 数据通信协议请参考表 1.1。

2. 无线通信程序的设计

电器系统的无线通信程序设计与门禁系统类似，详见 3.1.5 节。这里以 360 红外遥控器为例对无线通信程序的代码进行分析，其他设备节点的无线通信程序代码请参考本书配套资源中的工程代码。

```
/*******************************************************************************
* 函数名称：MyEventProcess()
* 函数功能：自定义事件处理
* 函数参数：event 表示事件编号
*******************************************************************************/
void MyEventProcess( uint16 event )
{
    if(event & MY_REPORT_EVT) {
        sensorUpdate();
        //启动定时器，触发事件 MY_REPORT_EVT
        osal_start_timerEx(sapi_TaskID, MY_REPORT_EVT, 30*1000);
    }
    if(event & IR_LEARN_EVT){                    //检测 event 是否与 IR_LEARN_EVT 事件一致
```

```
            ir360_learn();                           //执行操作
    }
}
/****************************************************************************
* 函数名称：ZXBeeUserProcess()
* 函数功能：解析收到的控制命令
* 函数参数：*ptag 表示控制命令名称；*pval 表示控制命令参数
* 返 回 值：ret 表示 pout 字符串的长度
****************************************************************************/
int ZXBeeUserProcess(char *ptag, char *pval)
{
    ......
    if (0 == strcmp("V0", ptag)){
        if (0 == strcmp("?", pval)){
            ret = sprintf(p, "%u", V0);              //主动上报时间间隔
            ZXBeeAdd("V0", p);
        }else{
            updateV0(pval);
        }
    }
    return ret;
}
/****************************************************************************
* 函数名称：sensorUpdate()
* 函数功能：处理主动上报的数据
****************************************************************************/
void sensorUpdate(void)
{
    char pData[16];
    char *p = pData;
    ZXBeeBegin();                                    //数据帧格式包头
    //根据 D0 位的状态判定需要主动上报的数值
    sprintf(p, "%u", D1);                            //上报控制编码
    ZXBeeAdd("D1", p);
    p = ZXBeeEnd();                                  //数据帧格式包尾
    if (p != NULL) {
        ZXBeeInfSend(p, strlen(p));      //将需要上报的数据打包并通过 ZXBeeInfSend()发送到协调器
    }
}
/****************************************************************************
* 函数名称：sensorInit()
* 函数功能：初始化 360 红外遥控器
****************************************************************************/
void sensorInit(void)
{
    node_uart_init();                                //串口初始化
    //启动定时器，触发传感器上报数据事件 MY_REPORT_EVT
```

```
        osal_start_timerEx(sapi_TaskID, MY_REPORT_EVT, (uint16)((osal_rand()%10) * 1000));
}
/*************************************************************************
* 函数名称：updateV0()
* 函数功能：更新 V0 的值
* 函数参数：*val 表示待更新的变量
**************************************************************************/
void updateV0(char *val)
{
    V0 = atoi(val) + 63;                                    //计算键值
    if(D1 == 1 && f_ucIrStatus==0){                        //如果为学习模式
        osal_start_timerEx(sapi_TaskID, IR_LEARN_EVT, (uint16)(1 * 1000));
    }else{
        if (f_ucIrStatus == 0) {
            ir360_send();                                  //否则发送键值
        }
    }
}
```

3. 无线通信程序的调试

在进行无线通信程序的调试前，需要先进行组网，组网成功后进入无线通信程序的调试界面。

1）360 红外遥控器从上层接收键值

在 ZXBeeUserProcess()函数中的"D1 |= val;"和"updateV0();"处设置断点，分别如图 3.91 和图 3.92 所示。打开 ZCloudTools，选择"数据分析"，在"节点列表"中选择"红外遥控"，在"调试指令"文本输入框中输入并发送"{OD1=1}"，当程序运行到图 3.91 中的断点处时，360 红外遥控器将进入学习模式，如图 3.93 所示。在"调试指令"文本输入框中输入并发送"{V0=10}"，当程序运行到图 3.92 中的断点处时，将更新 V0 值，如图 3.94 所示。

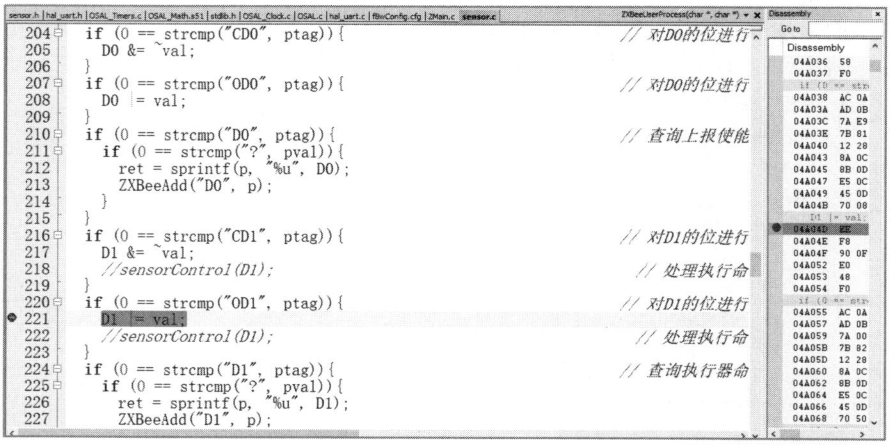

图 3.91　在"D1 |= val;"处设置断点

```
sensor.h | hal_uart.h | OSAL_Timers.c | OSAL_Math.s51 | stdlib.h | OSAL_Clock.c | OSAL.c | hal_uart.c | fbxConfig.cfg | ZMain.c  sensor.c          ZXBeeUse-Process(char *, char *)  ×      Disassembly                    ×
                                                                                                                                                    Go to
219        }                                                                                                              Disassembly                ▲
220      if (0 == strcmp("OD1", ptag)) {                                          // 对D1的位进行              04A113    AC 0E
221        D1 |= val;                                                             // 处理执行命               04A115    AD 0F
222        //sensorControl (D1);                                                                              04A117    7B F1
223      }                                                                                                    04A119    7B 81
224      if (0 == strcmp("D1", ptag)) {                                           // 查询执行器命              04A11B    12 28
225        if (0 == strcmp("?", pval)) {                                                                      04A11E    E9
226          ret = sprintf(p, "%u", D1);                                                                      04A11F    80 0E
227          ZXBeeAdd("D1", p);                                                                               update%0
228        }                                                                                                  04A121    85 18
229      }                                                                                                    04A124    85 19
230      if (0 == strcmp("V0", ptag)) {                                                                       04A127    E0
231        if (0 == strcmp("?", pval)) {                                                                      04A128    FA
232          ret = sprintf(p, "%u", V0);                                          // 上报时间间隔              04A129    A3
233          ZXBeeAdd("V0", p);                                                                               04A12A    E0
234        }else{                                                                                             04A12B    FB
235          updateV0(pval);                                                                            ●     04A12C    12 25
236        }                                                                                                  return ret;
237      }                                                                                                    04A12F    AA 06
238      return ret;                                                                                          04A131    AB 09
239    }                                                                                                      04A133    74 12
240    /*****************************************************************          04A135    12 11
241     * 名称: MyEventProcess()                                                                              04A138    7F 08
242     * 功能: 自定义事件处理                                                                                 04A13A    02 0E
                                                                                                              void MyEventPr
                                                                                                              {
                                                                                                              MyEventProcess
                                                                                                              04A13D    74 F7
                                                                                                              04A13F    12 0B
                                                                                                              04A142    EA
                                                                                                              04A143    FE
                                                                                                              04A144    EB
```

图 3.92　在"updateV0();"处设置断点

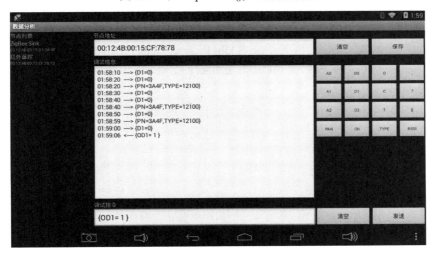

图 3.93　输入并发送"{OD1=1}"

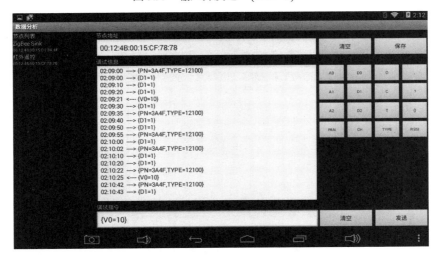

图 3.94　输入并发送"{V0=10}"

在 MyEventProcess()函数中的 ir360_learn()函数处设置断点，如图 3.95 所示，当程序运行到断点处时，360 红外遥控器就可以学习键值了。

```
247  *******************************************************
248  void MyEventProcess( uint16 event )
249  {
250
251    if (event & MY_REPORT_EVT) {
252      sensorUpdate();
253      //启动定时器，触发事件: MY_REPORT_EVT
254      osal_start_timerEx(sapi_TaskID, MY_REPORT_EVT, 10*1000);
255    }
256    if(event & IR_LEARN_EVT){                              // 检测e1
257      ir360_learn();                                        // 执行操
258    }
259  }
```

图 3.95　在 ir360_learn()函数处设置断点

2）继电器控制命令的调试

找到 sensor.c 文件的 ZXBeeUserProcess()函数，在"sensorControl(D1);"处设置断点，如图 3.96 所示。打开 ZCloudTools，选择"数据分析"，在"节点列表"中选择"继电器"，在"调试指令"文本输入框中输入并发送"{OD1=1}"，如图 3.97 所示。当程序运行到图 3.96 中的断点处时，表示接收到了控制命令，此时系统就会调用 relay_control()函数来打开继电器。继电器控制命令调试过程中函数的调用层级关系是 SAPI_ProcessEvent()→SAPI_ReceiveDataIndication()→_zb_ReceiveDataIndication()→zb_ReceiveDataIndication()→ZXBeeInfRecv()→ZXBeeDecodePackage()→ZXBeeUserProcess()。

```
196        D0 = val;
197      }
198      if (0 == strcmp("D0", ptag)){          // 查询上报使能编码
199        if (0 == strcmp("?", pval)){
200          ret = sprintf(p, "%u", D0);
201          ZXBeeAdd("D0", p);
202        }
203      }
204      if (0 == strcmp("CD1", ptag)){          // 对D1的位进行操作, C
205        D1 &= ~val;
206        relay_control(D1);                     // 处理执行命令
207      }
208      if (0 == strcmp("OD1", ptag)){          // 对D1的位进行操作, O
209        D1 = val;
210        relay_control(D1);                     // 处理执行命令
211      }
212      if (0 == strcmp("D1", ptag)){            // 查询执行器命令编码
213        if (0 == strcmp("?", pval)){
214          ret = sprintf(p, "%u", D1);
215          ZXBeeAdd("D1", p);
216        }
217      }
218      if (0 == strcmp("V0", ptag)){
219        if (0 == strcmp("?", pval)){
```

图 3.96　在"sensorControl(D1);"处设置断点

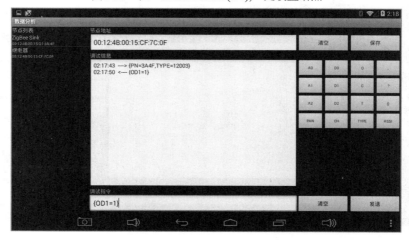

图 3.97　输入并发送"{OD1=1}"

3.2.6　系统部署与测试

1．系统硬件部署

准备 1 个 S4418/6818 网关、1 个 360 红外遥控器、1 个串口继电器组、1 个智能插座、1 台步进电机、3 个 ZXBeeLiteB 无线节点、1 个 SmartRF04EB 仿真器、1 个 ARM 仿真器。

（1）将串口继电器组连接到 ZXBeeLiteB 无线节点的 A 端子，如图 3.98 所示。

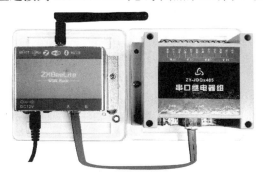

图 3.98　串口继电器组与 ZXBeeLiteB 无线节点的连接

（2）智能插座由 ZXBeeLiteB 无线节点中的继电器来控制，默认控制状态为关闭，智能插座的连接如图 3.99 所示。

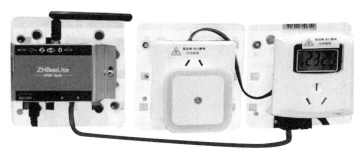

图 3.99　智能插座的连接

（3）将 360 红外遥控器连接到 ZXBeeLiteB 无线节点的 A 端子，如图 3.100 所示。

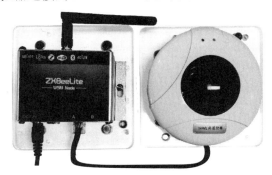

图 3.100　360 红外遥控器与 ZXBeeLiteB 无线节点的连接

（4）将步进电机通过 RJ45 端口连接到 ZXBeeLiteB 无线节点 A 端子，如图 3.101 所示。

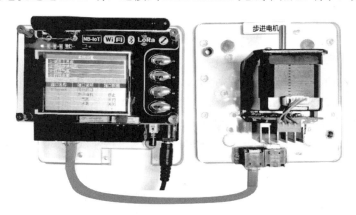

图 3.101　步进电机与 ZXBeeLiteB 无线节点的连接

3．模块组网测试

电器系统组网成功后的网络拓扑图如图 3.102 所示。

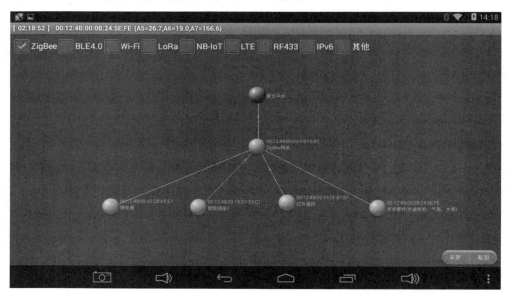

图 3.102　电器系统组网成功后的网络拓扑图

打开 ZCloudTools，选择"数据分析"，在"节点列表"中选择"继电器"，通过发送控制命令来控制继电器的开关。在"调试指令"文本输入框中输入并发送"{OD1=1}"，如图 3.103 所示，此时可以打开继电器 1；输入并发送"{OD1=3}"，如图 3.104 所示，此时可以打开继电器 2；输入并发送"{CD1=1}"，如图 3.105 所示，此时可以关闭继电器 1。

图 3.103 输入并发送"{OD1=3}"

图 3.104 输入并发送"{OD1=3}"

图 3.105 输入并发送"{CD1=1}"

3．模块测试

模块测试主要包括功能测试和性能测试。门禁系统的功能测试用例和性能测试用例分别如表 3.13 和表 3.14 所示。

表 3.13　门禁系统的功能测试用例

功能测试用例 1		
功能测试用例 1 描述	测试继电器的开关	
用例目的	测试 ZigBee 网络是否正常，测试控制命令是否能控制设备节点	
前提条件	运行系统程序，设备节点通电，继电器功能正常	
输入/动作： 通过 OD1=1 通过 CD1=1	期望的输出/响应	实际情况
	打开断电器	打开断电器
	关闭断电器	关闭断电器
功能测试用例 2		
功能测试用例 2 描述	测试智能插座的开关	
用例目的	测试控制命令是否能正常控制智能插座	
前提条件	运行系统程序，设备节点通电，智能插座功能正常	
输入/动作： 发送"{OD1=1}" 发送"{CD1=1}"	期望的输出/响应	实际情况
	智能插座上的灯点亮	智能插座上的灯点亮
	智能插座上的灯不亮	智能插座上的灯不亮

表 3.14　门禁系统的性能测试用例

性能测试用例 1		
性能测试用例 1 描述	同时打开两个继电器	
用例目的	测试系统能够同时打开多个继电器	
前提条件	运行系统程序，为设备节点通电，继电器功能正常	
执行操作： 在网关界面同时开启两个继电器 快速开关继电器	期望的性能（平均值）	实际性能（平均值）
	打开两个继电器	打开两个继电器
	可以快速反应每次操作	快速反应每次操作
性能测试用例 2		
性能测试用例 2 描述	测试 360 红外遥控器的遥控距离	
用例目的	测试 360 红外遥控器的距离极限	
前提条件	运行系统程序，设备节点通电，360 红外遥控器功能正常	
执行操作：360 红外遥控器通过学习模式控制显示器的开关，测试控制距离	期望的性能（平均值）	实际性能（平均值）
	≥20 m	≤10 m

3.3　安防系统功能模块设计

3.3.1　系统设计与分析

1．硬件功能需求分析

安防系统的功能设计如图 3.106 所示。

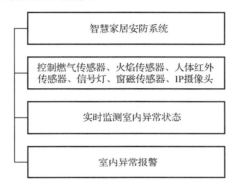

图 3.106　安防系统的功能设计

2．通信流程分析

安防系统的通信流程如图 3.107 所示，和门禁系统的通信流程类似，详见 3.1.1 节。

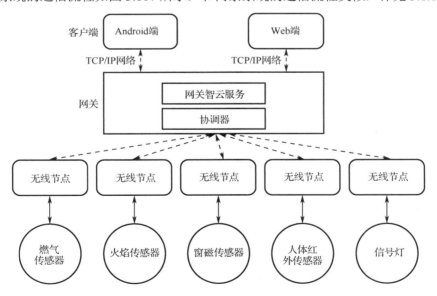

图 3.107　安防系统的通信流程

3.3.2 设备节点的选型分析

1. 燃气传感器

安防系统中使用的燃气传感器如图 3.108 所示，该传感器通过 RJ45 端口连接到 ZXBeeLiteB 无线节点的 B 端子。燃气传感器通信接口的初始电平为高电平，当燃气传感器检测到燃气的浓度超过设定的阈值时，燃气传感器会报警并同时将通信接口的电平被拉低，通知 ZXBeeLiteB 无线节点检测到了燃气泄漏。

2. 火焰传感器

安防系统中使用的火焰传感器如图 3.109 所示，该传感器通过 RJ45 端口连接到 ZXBeeLiteB 无线节点的 B 端子。在实际的使用中，火焰传感器通信接口的初始电平为高电平，当火焰传感器检测到火焰时，火焰传感器会报警并同时将通信接口的电平被拉低，通知 ZXBeeLiteB 无线节点检测到了火焰。

图 3.108　燃气传感器　　　　　　　　图 3.109　火焰传感器

3. 窗磁传感器

安防系统中使用的窗磁传感器如图 3.110 示，该传感器通过 RJ45 端口连接到 ZXBeeLiteB 无线节点的 B 端子。在实际应用中，窗磁传感器通信接口的初始电平为低电平，当窗磁传感器检测到窗体被打开时，窗磁传感器会报警并同时将通信接口的电平被拉高，通知 ZXBeeLiteB 无线节点检测到窗体被打开。

4. 人体红外传感器

安防系统中使用的人体红外传感器如图 3.111 所示，该传感器通过 RJ45 端口连接到 ZXBeeLiteB 无线节点的 B 端子。在实际使用中，人体红外传感器通信接口的初始电平为高电平，当人体红外传感器检测到红外信号发生变化时，人体红外传感器会报警并同时将通信接口的电平被拉低，通知 ZXBeeLiteB 无线节点检测到了人员的活动。

图 3.110　窗磁传感器　　　　　　　　图 3.111　人体红外传感器

5. 信号灯控制器

安防系统中使用的信号灯控制器如图 3.112 所示，信号灯控制器通过 RJ45 端口连接到 ZXBeeLiteB 无线节点的 A 端子。每个信号灯控制器上都有 3 个 RJ45 端口，其中 1 个端口为输入端口，与 ZXBeeLiteB 无线节点的 A 端子连接；另外 2 个端口为输出端口，同信号灯连接，可控制 2 个信号灯，每个端口可独立控制信号灯的 3 种颜色。在实际的使用中，ZXBeeLiteB 无线节点是通过 RS-485 串口发送指令来实时控制信号灯的。

图 3.112　信号灯控制器

3.3.3　设备节点驱动程序的设计

1. 燃气传感器驱动程序的设计

燃气传感器的驱动函数如表 3.15 所示。

表 3.15　燃气传感器的驱动函数

函 数 名 称	函 数 说 明
void sensorInit(void)	功能：初始化传感器（燃气传感器）
void updateA0(void)	功能：更新 A0 的值

燃气传感器驱动函数的代码如下：

```
#define D_GAS_BET    P0_4                //宏定义燃气检测引脚
/*****************************************************************
* 全局变量
*****************************************************************/
static uint8 D0 = 3;                     //默认打开主动上报功能
static uint8 D1 = 1;                     //继电器初始状态为打开继电器 1
static uint8 A0 = 0;                     //A0 用于存储燃气阈值
static uint16 V0 = 60;                   //V0 表示主动上报时间间隔，默认为 60 s
/*****************************************************************
* 函数名称：sensorInit()
* 函数功能：初始化传感器（燃气传感器）
*****************************************************************/
void sensorInit(void)
{
```

```
        //初始化燃气传感器代码
        P0SEL &= ~0x10;
        P0DIR &= ~0x10;
        //P0_4 上拉
        P0INP &= ~(1 << 4);
        P2INP &= ~(1 << 5);
        //初始化继电器代码
        P0SEL &= ~0xC0;                          //配置引脚为 GPIO 模式
        P0DIR |= 0xC0;                           //配置控制引脚为输入模式
        sensorControl(D1);                       //初始化继电器状态
        //启动定时器，触发传感器上报数据事件 MY_REPORT_EVT
        osal_start_timerEx(sapi_TaskID, MY_REPORT_EVT, (uint16)((osal_rand()%10) * 1000));
        //启动定时器，触发传感器检测事件 MY_CHECK_EVT
        osal_start_timerEx(sapi_TaskID, MY_CHECK_EVT, 100);
}
/********************************************************************************
* 函数名称：updateV0()
* 函数功能：更新 V0 的值
* 函数参数：*val 表示待更新的变量
********************************************************************************/
void updateV0(char *val)
{
        //将字符串变量 val 解析转换为整型变量赋值
        V0 = atoi(val);                          //获取主动上报时间间隔的值
}
/********************************************************************************
* 函数名称：updateA0()
* 函数功能：更新 A0 的值
********************************************************************************/
void updateA0(void)
{
        if (D_GAS_BET){                          //判断引脚的电平状态值
            A0 = 1;                              //检测为高电平时没有检测到燃气 A0=1
        }else{
            A0 = 0;                              //否则检测到燃气 A0=0
        }
}
```

2. 火焰传感器驱动程序的设计

火焰传感器的驱动函数如表 3.16 所示。

表 3.16　火焰传感器的驱动函数

函 数 名 称	函 数 说 明
void sensorInit(void)	功能：初始化传感器（火焰传感器）
void updateA0(void)	功能：更新 A0 的值

火焰传感器驱动函数的代码如下：

```
#define D_FLAME_BET      P0_4                          //火焰传感器检测引脚
/*******************************************************************
* 全局变量
*******************************************************************/
static uint8 D0 = 1;                                   //默认打开主动上报功能
static uint8 D1 = 1;                                   //继电器初始状态为打开继电器 1
static uint8 A0 = 0;                                   //A0 用于存储火焰报警阈值
static uint16 V0 = 30;                                 //V0 表示主动上报时间间隔，默认为 30 s
/*******************************************************************
* 函数名称：updateV0()
* 函数功能：更新 V0 的值
* 函数参数：*val 表示待更新的变量
*******************************************************************/
void updateV0(char *val)
{
    //将字符串变量 val 解析转换为整型变量赋值
    V0 = atoi(val);                                    //获取主动上报时间间隔的值
}
/*******************************************************************
* 函数名称：updateA0()
* 函数功能：更新 A0 的值
*******************************************************************/
void updateA0(void)
{
    if (D_FLAME_BET){                                  //判断引脚的电平状态值
        A0 = 0;                                        //没有检测到火焰时 A0=0
    }else{
        A0 = 1;                                        //检测到火焰时 A0=1
    }
}
/*******************************************************************
* 函数名称：sensorInit()
* 函数功能：初始化传感器（火焰传感器）
*******************************************************************/
void sensorInit(void)
{
    //初始化火焰传感器代码
    P0SEL &= ~0x10;
    P0DIR &= ~0x10;

    //P0_4 上拉
    P0INP &= ~(1 << 4);
    P2INP &= ~(1 << 5);

    //初始化继电器代码
```

```
    P0SEL &= ~0xC0;                                          //配置引脚为 GPIO 模式
    P0DIR |= 0xC0;                                           //配置控制引脚为输出模式
    sensorControl(D1);                                       //初始化继电器状态
    //启动定时器，触发传感器上报数据事件 MY_REPORT_EVT
    osal_start_timerEx(sapi_TaskID, MY_REPORT_EVT, (uint16)((osal_rand()%10) * 1000));
    //启动定时器，触发传感器检测事件 MY_CHECK_EVT
    osal_start_timerEx(sapi_TaskID, MY_CHECK_EVT, 100);
}
```

3. 窗磁传感器驱动程序的设计

窗磁传感器的驱动函数如表 3.17 所示。

表 3.17　窗磁传感器的驱动函数

函 数 名 称	函 数 说 明
void sensorInit(void)	功能：初始化传感器（窗磁传感器）
void updateA0(void)	功能：更新 A0 的值

窗磁传感器驱动函数的代码如下：

```
#define D_WINDOW_BET        P0_4                             //窗磁传感器检测引脚
/***************************************************************************
* 全局变量
***************************************************************************/
static uint8    D0 = 1;                                      //默认打开主动上报功能
static uint8    D1 = 1;                                      //继电器初始状态为打开继电器 1
static uint8    A0 = 0;                                      //A0 用于存储窗磁传感器的报警阈值
static uint16 V0 = 30;                                       //V0 表示主动上报时间间隔，默认为 30 s
/***************************************************************************
* 函数名称：updateA0()
* 函数功能：更新 A0 的值
***************************************************************************/
void updateA0(void)
{
    if (D_WINDOW_BET){                                       //判断引脚的电平状态值
        A0 = 0;                                              //检测窗体打开时，A0=0
    }else{
        A0 = 1;                                              //未检测到窗体打开时，A0=1
    }
}
```

4. 人体红外传感器驱动程序的设计

人体红外传感的驱动函数如表 3.18 所示。

表 3.18　人体红外传感器的驱动函数

函 数 名 称	函 数 说 明
void sensorInit(void)	功能：初始化传感器（人体红外传感器）
void updateA0(void)	功能：更新 A0 的值

人体红外传感器驱动函数的代码如下：

```
#define   D_HUMAN_BET      P0_4                //宏定义人体红外检测引脚
/*************************************************************************
* 全局变量
*************************************************************************/
static uint8   D0 = 1;                          //默认打开主动上报功能
static uint8   D1 = 0;                          //继电器初始状态为全关
static uint8   A0 = 0;                          //A0 用于存储人体红外传感器的报警阈值
static uint16 V0 = 30;                          //V0 表示主动上报时间间隔，默认为 30 s
/*************************************************************************
* 函数名称：updateV0()
* 函数功能：更新 V0 的值
* 函数参数：*val 表示待更新的变量
*************************************************************************/
void updateV0(char *val)
{
    //将字符串变量 val 解析转换为整型变量赋值
    V0 = atoi(val);                             //获取主动上报时间间隔的值
}
/*************************************************************************
* 函数名称：updateA0()
* 函数功能：更新 A0 的值
*************************************************************************/
void updateA0(void)
{
    if (D_HUMAN_BET){                           //判断引脚的电平状态值
        A0 = 1;                                 //检测到人体时，A0=0
    }else{
        A0 = 0;                                 //未检测到人体时，A0=1
    }
}
```

5．信号灯控制器驱动程序的设计

信号灯控制器的驱动函数如表 3.19 所示。

表 3.19　信号灯控制器的驱动函数

函 数 名 称	函 数 说 明
void sensorInit(void)	功能：初始化 RS-485 串口
void relay_control(unsigned char cmd)	功能：控制信号灯的亮灭。参数：cmd 表示信号灯的亮灭

信号灯控制器驱动函数的代码如下：

```
#define    RELAY1      P0_6                          //定义继电器控制引脚
#define    RELAY2      P0_7                          //定义继电器控制引脚
/*****************************************************************************
* 全局变量
*****************************************************************************/
static uint8     D0 = 1;                             //默认打开主动上报功能
static uint8     D1 = 0;                             //继电器初始状态为全关
static uint16    V0 = 30;                            //V0 表示主动上报时间间隔，默认为 30 s
static uint16    V1 = 0;                             //三色灯的闪烁间隔，默认为 0 s
unsigned char relay_off[5] = {0xFB,0x00,0xFF,0x02,0x01};
/*****************************************************************************
* 函数名称：sensorControl()
* 函数功能：控制信号灯控制器
* 函数参数：cmd 表示控制命令
*****************************************************************************/
void sensorControl(uint8 cmd)
{
    //根据 cmd 参数调用对应的控制程序
    if(cmd & 0x01){
        RELAY1 = ON;                                //开启继电器 1
    } else{
        RELAY1 = OFF;                               //关闭继电器 1
    }
    if(cmd & 0x02){
        RELAY2 = ON;                                //开启继电器 2
    } else{
        RELAY2 = OFF;                               //关闭继电器 2
    }
}
/*****************************************************************************
* 函数名称：update_relay()
* 函数功能：更新继电器的状态
*****************************************************************************/
void update_relay(void)
{
    static unsigned char twinkle_flag = 0;          //信号灯当前的状态
    static unsigned char num = 0;                   //时间标志位
    static int last_D1 = -1;                        //上一次 D1 的值
    if(V1 > 0)
    {
        if(V1 <= num)
        {
            if(twinkle_flag == 1)
            {
                relay_control(0x00);
```

```
                    twinkle_flag = 0;
                } else {
                    relay_control(D1);
                    twinkle_flag = 1;
                }
                num = 0;
            }
            num++;
        } else {
            if(twinkle_flag == 0 || last_D1 != D1)
            {
                relay_control(D1);
                last_D1 = D1;
                twinkle_flag = 1;
            }
        }
    }
}
```

3.3.4　设备节点驱动程序的调试

1. 火焰传感器驱动程序的调试

在 sensor.c 文件里面找到 updateA0()函数，在"A0 = 1;"和"A0 = 0;"处设置断点，如图 3.113 所示。

```
64  /***************************************************************
65   * 名称: updateA0()
66   * 功能: 更新A0的值
67   ***************************************************************/
68  void updateA0(void)
69  {
70    if (D_FLAME_BET){                   // 判断管脚的电平状态值
71      A0 = 0;                           // 检测为高电平时没有检测到火焰A0=0
72    }else{
73      A0 = 1;                           // 否则检测到火焰A0=1
74    }
75  }
```

图 3.113　在"A0 = 1;"和"A0 = 0;"处设置断点

在安防系统组网成功后，运行程序，当火焰传感器未检测到火焰时，A0=0，如图 3.114 所示；将明火（如点着的打火机）靠近火焰传感器时，此时将会检测到明火，A0=1，如图 3.115 所示。

图 3.114　未检测到火焰时的 A0 值

燃气传感器、人体红外传感器、窗磁传感器的驱动程序调试可以火焰传感器驱动程序调试的方法进行。

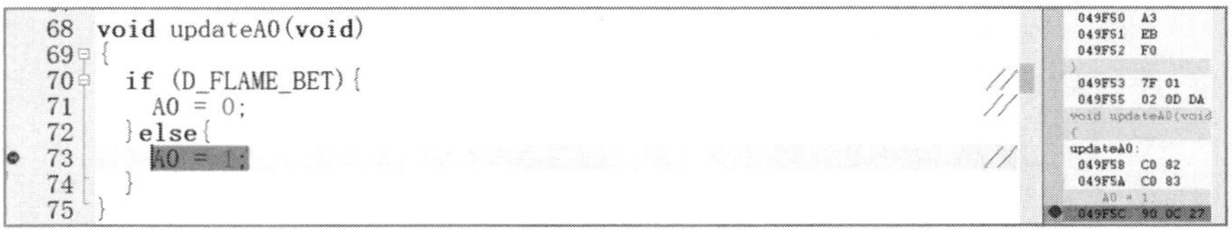

图 3.115　检测到火焰时的 A0 值

2. 信号灯控制器驱动程序的调试

1）通过 cmd 来控制信号灯的亮灭

因为不使用无线网络，所以需要输入控制命令来测试信号灯控制器是否能够正常开关。

找到 sensor.c 文件的 relay_control()函数，分析一下该函数中的 relay_cmd[6]数组，该数组的初始值为{0xFB,0x03,0x01,0xF0,0x00,0x00}，如图 3.116 所示。其中：0xFB 是协议头；0x03 数据长度；0x01 是 RS-485 串口的地址；0XF0 是数据的传输方向，这里代表写入数据，如果是 0x0F 则表示读取数据；0x00 代表的控制命令，0X00 是校验码。

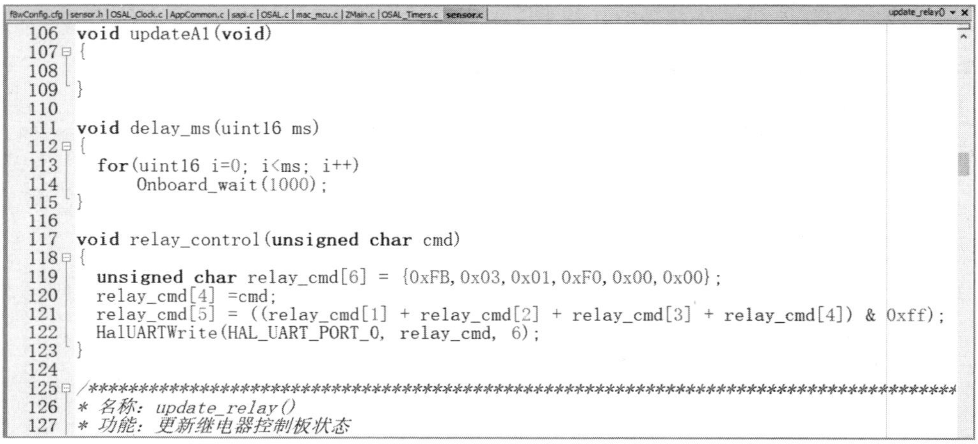

图 3.116　relay_cmd[6]数组的初始值

信号灯控制器的驱动程序首先通过 sensorInit()函数来对 RS-485 串口进行设置，然后进行事件轮询。当 MY_CHECK_EVT 事件被触发时，调用 sensorCheck()函数，如图 3.117 所示。

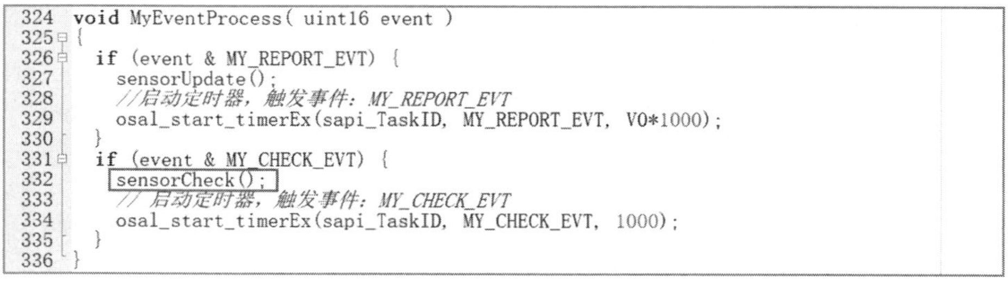

图 3.117　MY_CHECK_EVT 事件被触发时的调用 sensorCheck()函数

sensorCheck()函数调用 relay_control()函数来控制信号灯，如图 3.118 所示。

```
fbwConfig.cfg | sensor.h | OSAL_Clock.c | AppCommon.c | sapi.c | OSAL.c | mac_mcu.c | ZMain.c | OSAL_Timers.c | sensor.c *          f0 ▾ ×
147                else
148            {
149              relay_control(D1);
150              twinkle_flag = 1;
151            }
152          num = 0;
153          }
154        num++;
155        }
156      else
157      {
158        if(twinkle_flag == 0 || last_D1 != D1)
159        {
160          relay_control(D1);
161          last_D1 = D1;
162          twinkle_flag = 1;
163        }
164      }
165  }
166
```

图 3.118 relay_control()函数

按照 relay_cmd[6]数组的格式通过 RS-485 串口写入控制命令可以控制信号灯开关，将
D1 的值修改为 1，如图 3.119 所示，调用 relay_control(D1)函数使信号灯 1 的发出红色的光（红
灯点亮）。

```
fbwConfig.cfg | sensor.h | OSAL_Clock.c | AppCommon.c | sapi.c | OSAL.c | mac_mcu.c | ZMain.c | OSAL_Timers.c | sensor.c *          f0 ▾ ×
32  /*****
33   * 宏定义
34   *****
35  #define RELAY1              P0_6              // 定义继电器控制引脚
36  #define RELAY2              P0_7              // 定义继电器控制引脚
37  #define ON                  0                 // 宏定义打开状态控制为
38  #define OFF                 1                 // 宏定义关闭状态控制为
39  /*****
40   * 全局变量
41   *****
42  static uint8 D0 = 1;                          // 默认打开主动上报功能
43  static uint8 D1 = 1;                          // 继电器初始状态为全关
44  static uint16 V0 = 30;                        // V0设置为上报时间间隔
45  static uint16 V1 = 0;                         // 三色灯闪烁间隔，默认
46  unsigned char relay_off[5] = {0xFB, 0x00, 0xFF, 0x02, 0x01};
47  /*****
48   * 函数声明
49   *****
50  void update_relay(void);
51  void MyUartInit(void);
52  void MyUartCallBack ( uint8 port, uint8 event );
53
```

图 3.119 将 D1 的值修改为 1

重新编译程序，将编译生成的文件下载到 ZXBeeLiteB 无线节点中。运行程序并进入进
入调试模式，在 update_relay()函数中设置断点，如图 3.120 所示。当程序运行到断点处时，
信号灯 1 的红灯点亮，如图 3.121 所示。

```
fbwConfig.cfg | sensor.h | OSAL_Clock.c | AppCommon.c | sapi.c | OSAL.c | mac_mcu.c | ZMain.c | OSAL_Timers.c | sensor.c   update_relay() ▾ ×    Watch 1                                ×
152          num = 0;                                                              Expression        Value        Loca
153          }                                                                     D1                (0x01)       XDa
154        num++;                                                                  <click to ad...>
155        }
156      else
157      {
158        if(twinkle_flag == 0 || last_D1 != D1)
159        {
160 ●        relay_control(D1);
161          last_D1 = D1;
162          twinkle_flag = 1;
163        }
164      }
165  }
166
167  /********************************************************
168   * 名称: sensorInit()
169   * 功能: 传感器硬件初始化
```

图 3.120 在 update_relay()函数中设置断点

图 3.121 信号灯 1 的红灯点亮

将 D1 的值修改为 9，如图 3.122 所示。在信号灯控制器中，使用 6 bit 的二进制数来控制两个信号灯的三种颜色，9 对应的二进制数是 001001，执行程序，可以同时使两个信号灯的红灯点亮，如图 3.123 所示。

```
 filtrConfig.cfg | sensor.h | OSAL_Clock.c | AppCommon.c | sapi.c | OSAL.c | mac_mcu.c | ZMain.c | OSAL_Timers.c | sensor.c *
35  #define RELAY1              P0_6                    // 定义继电器控制
36  #define RELAY2              P0_7                    // 定义继电器控制
37  #define ON                  0                       // 宏定义打开状态
38  #define OFF                 1                       // 宏定义关闭状态
39  /*******************************************************
40  * 全局变量
41  *******************************************************
42  static uint8 D0 = 1;                                // 默认打开主动
43  static uint8 D1 = 9;                                // 继电器初始状态
44  static uint16 V0 = 30;                              // V0设置为上报
45  static uint16 V1 = 0;                               // 三色灯闪烁间
46  unsigned char relay_off[5] = {0xFB,0x00,0xFF,0x02,0x01};
47  /*******************************************************
48  * 函数声明
49  *******************************************************
50  void update_relay(void);
51  void MyUartInit(void);
52  void MyUartCallBack ( uint8 port, uint8 event );
53
54
```

图 3.122 将 D1 的值修改为 9

图 3.123 同时使两个信号灯的红灯点亮

将 D1 的值修改为 36，如图 3.124 所示。36 对应的二进制数是 100100，执行程序，可以同时使两个信号灯的绿灯点亮，如图 3.125 所示。

```
filtrConfig.cfg | sensor.h | OSAL_Clock.c | AppCommon.c | sapi.c | OSAL.c | mac_mcu.c | ZMain.c | OSAL_Timers.c | sensor.c
33  * 宏定义
34  *******************************************************
35  #define RELAY1              P0_6                    // 定义继电器控制
36  #define RELAY2              P0_7                    // 定义继电器控制
37  #define ON                  0                       // 宏定义打开状态
38  #define OFF                 1                       // 宏定义关闭状态
39  /*******************************************************
40  * 全局变量
41  *******************************************************
42  static uint8 D0 = 1;                                // 默认打开主动
43  static uint8 D1 = 36;                               // 继电器初始状态
44  static uint16 V0 = 30;                              // V0设置为上报状
45  static uint16 V1 = 0;                               // 三色灯闪烁间
46  unsigned char relay_off[5] = {0xFB,0x00,0xFF,0x02,0x01};
47  /*******************************************************
48  * 函数声明
49  *******************************************************
50  void update_relay(void);
51  void MyUartInit(void);
52  void MyUartCallBack ( uint8 port, uint8 event );
```

图 3.124 将 D1 的值修改为 36

图 3.125　同时使两个信号灯的绿灯点亮

2）控制信号灯的闪烁频率

首先将 D1 的修改为 1，固定点亮一个红灯；然后将 V1 的值修改为 2，可以将红灯的闪烁间隔时间固定为 2 s，如图 3.126 所示。

```
33    * 宏定义
34    *****************************************************
35    #define RELAY1              P0_6            // 定义继电器控制
36    #define RELAY2              P0_7            // 定义继电器控制
37    #define ON                  0               // 宏定义打开状态
38    #define OFF                 1               // 宏定义关闭状态
39    *****************************************************
40    * 全局变量
41    *****************************************************
42    static uint8 D0 = 1;                         // 默认打开主动
43    static uint8 D1 = 1;                         // 继电器初始状态
44    static uint16 V0 = 30;                       // V0设置为上报时
45    static uint16 V1 = 2;                        // 三色灯闪烁间
46    unsigned char relay_off[5] = {0xFB, 0x00, 0xFF, 0x02, 0x01};
47    *****************************************************
48    * 函数声明
49    *****************************************************
50    void update_relay(void);
51    void MyUartInit(void);
52    void MyUartCallBack ( uint8 port, uint8 event );
```

图 3.126　将红灯的闪烁间隔时间固定为 2 s

在 update_relay()函数中设置断点，如图 3.127 所示。

```
138         if(V1 > 0)
139         {
140           if(V1 <= num)
141           {
142             if(twinkle_flag == 1)
143             {
144               relay_control(0x01);
145               twinkle_flag = 0;
146             }
147             else
148             {
149               relay_control(D1);
150               twinkle_flag = 1;
151             }
152             num = 0;
153           }
154           num++;
155         }
156         else
157         {
```

图 3.127　在 update_relay()函数中设置断点

当程序运行到断点处时，可以在 Watch 1 窗口中查看 V1、twinkle_flag、num、last_D1 的值。首先 V1 大于 0，执行 num++；num 数值加到 2，满足"V1<=num"的判断语句，执行 relay_control(D1)，红灯点亮，然后将 num 清 0，num 自加 1。程序执行流程如图 3.128 所示，执行时间刚好是 2s，因为 relay_control()函数在 sensorCheck()函数中执行，而 sensorCheck()函数每秒执行一次，所以观察到的现象是红灯亮 2 s，然后熄灭 2 s，不断循环。

113

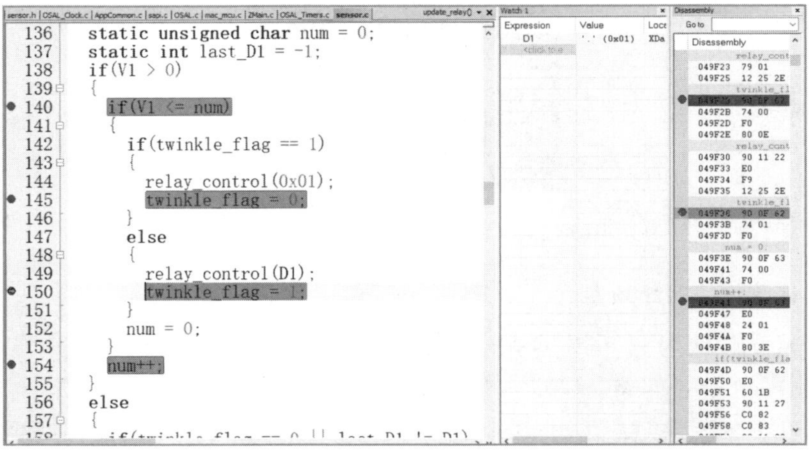

图 3.128　程序执行流程

3.3.5　数据通信协议与无线通信程序

1．数据通信协议

安防系统主要使用的设备节点是火焰传感器、燃气传感器、人体红外传感器、窗磁传感器和信号灯控制器，其 ZXBee 数据通信协议请参考表 1.1。

2．无线通信程序的设计

安防系统的无线通信程序设计与门禁系统类似，详见 3.1.5 节。这里以燃气传感器为例对无线通信程序的代码进行分析，其他设备节点的无线通信程序代码请参考本书配套资源中的工程代码。燃气传感器无线通信程序的设计框架如下：

（1）初始化燃气传感器。代码如下：

```
/****************************************************************************
* 函数名称：sensorInit()
* 函数功能：初始化传感器（燃气传感器）
****************************************************************************/
void sensorInit(void)
{
    //初始化燃气传感器
    P0SEL &= ~0x10;
    P0DIR &= ~0x10;
    //P0_4 上拉
    P0INP &= ~(1 << 4);
    P2INP &= ~(1 << 5);
    //初始化继电器代码
    P0SEL &= ~0xC0;                              //配置引脚为 GPIO 模式
    P0DIR |= 0xC0;                               //配置控制引脚为输入模式
    sensorControl(D1);                           //初始化继电器状态
    //启动定时器，触发传感器上报数据事件 MY_REPORT_EVT
```

```
    osal_start_timerEx(sapi_TaskID, MY_REPORT_EVT, (uint16)((osal_rand()%10) * 1000));
    //启动定时器，触发传感器检测事件 MY_CHECK_EVT
    osal_start_timerEx(sapi_TaskID, MY_CHECK_EVT, 100);
}
```

（2）传感器入网成功后调用 sensorLinkOn()函数更新数据。代码如下：

```
/**************************************************************************
 * 函数名称：sensorLinkOn()
 * 函数功能：传感器入网成功后调用的函数
 **************************************************************************/
void sensorLinkOn(void)
{
    sensorUpdate();
}
```

（3）通过 sensorUpdate()函数可以将待上报的数据打包后发送出去，可用于主动上报燃气传感器的状态。代码如下：

```
/**************************************************************************
 * 函数名称：sensorUpdate()
 * 函数功能：主动上报传感器的数据
 **************************************************************************/
void sensorUpdate(void)
{
    char pData[16];
    char *p = pData;

    ZXBeeBegin();                              //数据帧格式包头

    //根据 D0 位的状态判定需要主动上报的数值
    if ((D0 & 0x01) == 0x01){                  //在 pData 数据包中添加燃气报警数据
        updateA0();
        sprintf(p, "%u", A0);
        ZXBeeAdd("A0", p);
    }
    sprintf(p, "%u", D1);                      //上报控制编码
    ZXBeeAdd("D1", p);
    p = ZXBeeEnd();                            //数据帧格式包尾
    if (p != NULL) {
        ZXBeeInfSend(p, strlen(p));            //将数据打包后通过 zb_SendDataRequest()函数发送到协调器
    }
}
```

（4）通过 sensorCheck()函数检测传感器的数据。代码如下：

```
/**************************************************************************
 * 函数名称：sensorCheck()
 * 函数功能：检测传感器的数据
```

```
*********************************************************************/
void sensorCheck(void)
{
    static uint8 last_A0 = 0;
    updateA0();
    if(last_A0 != A0)
    {
        sensorUpdate();
        last_A0 = A0;
    }
}
```

（5）通过 sensorControl()函数可控制传感器。代码如下：

```
/********************************************************************
* 函数名称：sensorControl()
* 函数功能：控制传感器
* 函数参数：cmd 表示控制命令
*********************************************************************/
void sensorControl(uint8 cmd)
{
    //根据 cmd 参数调用对应的控制程序
    if(cmd & 0x01){
        RELAY1 = ON;                            //开启继电器 1
    }else{
        RELAY1 = OFF;                           //关闭继电器 1
    }
    if(cmd & 0x02){
        RELAY2 = ON;                            //开启继电器 2
    }else{
        RELAY2 = OFF;                           //关闭继电器 2
    }
}
```

（6）ZXBeeUserProcess()函数用于对设备节点接收到的有效数据进行处理，设备节点接收到上层发送的数据包后，先对数据包进行解析，然后做出回应。代码如下：

```
/********************************************************************
* 函数名称：ZXBeeUserProcess()
* 函数功能：解析收到的数据包
* 函数参数：*ptag 表示控制命令名称；*pval 表示控制命令参数
* 返 回 值：ret 表示 pout 字符串长度
*********************************************************************/
int ZXBeeUserProcess(char *ptag, char *pval)
{
    int val;
    int ret = 0;
    char pData[16];
```

```
        char *p = pData;
        //将字符串变量 pval 解析转换为整型变量
        val = atoi(pval);
        //控制命令解析
        ......
        if (0 == strcmp("CD1", ptag)){          //对 D1 的位进行操作，CD1 表示对位进行清 0 操作
            D1 &= ~val;
            sensorControl(D1);                  //处理执行命令
        }
        if (0 == strcmp("OD1", ptag)){          //对 D1 的位进行操作，OD1 表示对位进行置 1 操作
            D1 |= val;
            sensorControl(D1);                  //处理执行命令
        }
        if (0 == strcmp("D1", ptag)){           //查询执行器命令编码
            if (0 == strcmp("?", pval)){
                ret = sprintf(p, "%u", D1);
                ZXBeeAdd("D1", p);
            }
        }
        if (0 == strcmp("A0", ptag)){
            if (0 == strcmp("?", pval)){
                updateA0();
                ret = sprintf(p, "%u", A0);
                ZXBeeAdd("A0", p);
            }
        }
        if (0 == strcmp("V0", ptag)){
            if (0 == strcmp("?", pval)){
                ret = sprintf(p, "%u", V0);     //主动上报时间间隔
                ZXBeeAdd("V0", p);
            }else{
                updateV0(pval);
            }
        }
        return ret;
}
```

（7）定时上报设备节点状态。代码如下：

```
/**********************************************************************************
 * 函数名称：MyEventProcess()
 * 函数功能：自定义事件处理
 * 函数参数：event 表示事件编号
 **********************************************************************************/
void MyEventProcess( uint16 event )
{
    if (event & MY_REPORT_EVT) {
        sensorUpdate();
```

```
            //启动定时器，触发事件 MY_REPORT_EVT
            osal_start_timerEx(sapi_TaskID, MY_REPORT_EVT, V0*1000);
        }
        if (event & MY_CHECK_EVT) {
            sensorCheck();
            //启动定时器，触发事件 MY_CHECK_EVT
            osal_start_timerEx(sapi_TaskID, MY_CHECK_EVT, 1000);
        }
    }
```

上述代码中的 event 为系统参数，此处不用处理。在程序中判断是否执行 sensorCheck()
函数的条件是 event 与 MY_CHECK_EVT 相与为真。当条件判断语句为真时执行 sensorCheck()
函数，执行完成后更新用户事件。用户事件更新函数 osal_start_timerEx() 中的参数
MY_CHECK_EVT 要与用户定义的事件中的参数一致。上述代码中设置的定时时间为 1 s。

3．无线通信程序的调试

在进行无线通信程序的调试前，需要先进行组网，组网成功后进入无线通信程序的调试
界面。

1）人体红外传感器检测函数的调试

人体红外传感器入网后轮询 MY_CHECK_EVT 事件，当该事件被触发时在 sensorCheck()
函数钟更新人体红外传感器当前的状态，在 sensorUpdate() 函数中调用 ZXBeeInfSend() 函数，
将更新后的状态发送到上层应用。在 sensorCheck() 函数的"updateA0();"处和"sensorUpdate();"
处分别设置断点，如图 3.129 所示，当程序运行到断点处时，可以在 Watch 1 窗口中查看人
体红外传感器的当前状态，如图 3.130 所示。

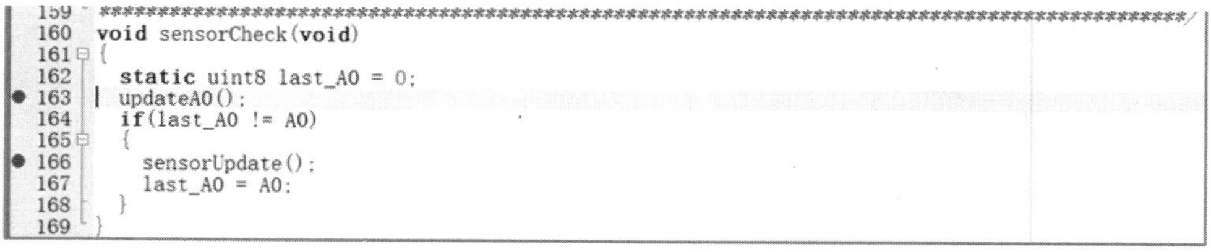

图 3.129　在 sensorCheck()函数的"updateA0();"处和"sensorUpdate();"处分别设置断点

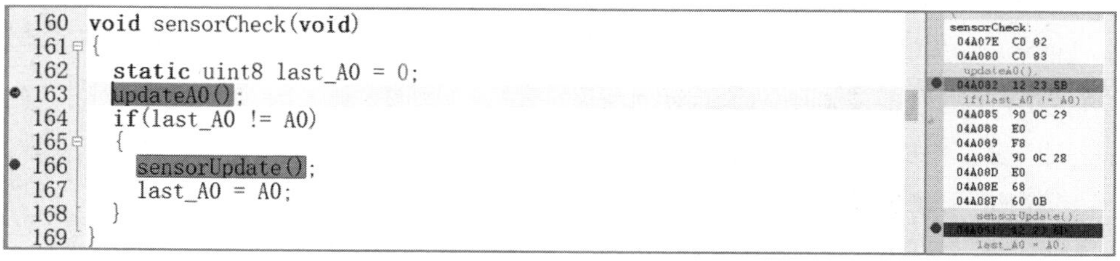

图 3.130　在 Watch 1 窗口中查看人体红外传感器的当前状态

当人员靠近人体红外传感器时，人体红外传感器检测到人体后会改变状态，如图 3.131
所示。

```
160  void sensorCheck(void)
161  {
162      static uint8 last_A0 = 0;
163      updateA0();
164      if(last_A0 != A0)
165      {
166          sensorUpdate();
167          last_A0 = A0;
168      }
169  }
```

图 3.131   人体红外传感器检测到人体后改变状态

通过 ZXBeeInfSend()函数主动上报人体红外传感器的状态，如图 3.132 所示。

```
130  void sensorUpdate(void)
131  {
132      char pData[16];
133      char *p = pData;
134
135      ZXBeeBegin();                          // 智云数
136
137      // 根据DO的位状态判定需要主动上报的数值
138      if ((DO & 0x01) == 0x01) {             // 若温度
139          updateA0();
140          sprintf(p, "%u", A0);
141          ZXBeeAdd("A0", p);
142      }
143
144      sprintf(p, "%u", D1);                  // 上报控
145      ZXBeeAdd("D1", p);
146
147      p = ZXBeeEnd();                        // 智云数
148      if (p != NULL) {
149          ZXBeeInfSend(p, strlen(p));        // 将需要
```

图 3.132   通过 ZXBeeInfSend()函数主动上报人体红外传感器的状态

燃气传感器、火焰传感器、窗磁传感器的无线通信程序的调试可按照人体红外传感器的无线通信程序的调试方法来进行。

2）信号灯控制器下行控制命令的调试

找到 sensor.c 文件的 ZXBeeUserProcess()函数，在"D1 |= val;"处设置断点，如图 3.133 所示。打开 ZCloudTools，选择"数据分析"，在"节点列表"中选择"信号灯"，在"调试指令"文本输入框中输入并发送"{OD1=1}"，如图 3.134 所示。当程序运行到断点处时，表示接收到了上层发送的控制命令。信号灯控制器下行控制命令调试的函数调用层级关系是 SAPI_ProcessEvent()→SAPI_ReceiveDataIndication()→_zb_ReceiveDataIndication()→zb_ReceiveDataIndication()→ZXBeeInfRecv()→ZXBeeDecodePackage()→ZXBeeUserProcess()。

```
273      // 控制命令解析
274      if (0 == strcmp("CD0", ptag)){
275          DO &= ~val;
276      }
277      if (0 == strcmp("OD0", ptag)){
278          DO |= val;
279      }
280      if (0 == strcmp("D0", ptag)){
281          if (0 == strcmp("?", pval)){
282              ret = sprintf(p, "%u", DO);
283              ZXBeeAdd("D0", p);
284          }
285      }
286      if (0 == strcmp("CD1", ptag)) {
287          D1 &= ~val;
288      }
289      if (0 == strcmp("OD1", ptag)){
290          D1 |= val;
291      }
292      if (0 == strcmp("D1", ptag)){
293          if (0 == strcmp("?", pval)){
294              ret = sprintf(p, "%u", D1);
295              ZXBeeAdd("D1", p);
296          }
297      }
298      if (0 == strcmp("V0", ptag)){
299          if (0 == strcmp("?", pval)){
300              ret = sprintf(p, "%u", V0);
301              ZXBeeAdd("V0", p);
302          }else{
```

图 3.133   在"D1 |= val;"处设置断点

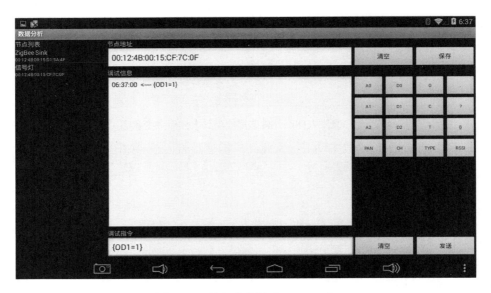

图 3.134　输入并发送"{OD1=1}"

当 MY_CHECK_EVT 事件被触发时，执行 sensorCheck()函数，接着调用 relay_control(D1)函数来控制信号灯的亮灭，如图 3.135 所示。

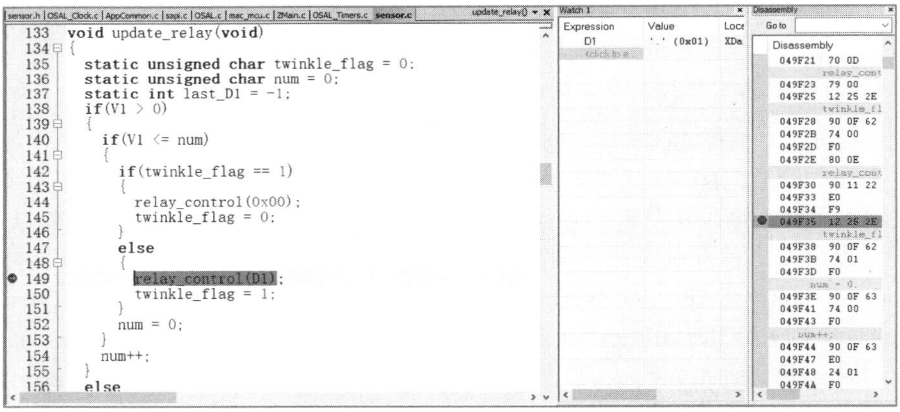

图 3.135　调用 relay_control(D1)函数来控制信号灯的亮灭

3.3.6　系统集成与测试

1. 系统硬件部署

准备 1 个 S4418/6818 网关、1 个燃气传感器、1 个火焰传感器、1 个人体红外传感器、1 个信号灯控制器、1 个信号灯、1 个窗磁传感器、1 个 IP 摄像头、5 个 ZXBeeLiteB 无线节点。将燃气传感器和火焰传感器通过 RJ45 端口连接到 ZXBeeLiteB 无线节点的 B 端子，如图 3.136 所示；将人体红外传感器和窗磁传感器通过 RJ45 端口连接到 ZXBeeLiteB 无线节点的 B 端子如图 3.137 所示；将信号控制灯通过 RJ45 端口连接到 ZXBeeLiteB 无线节点的 A 端子，如图 3.138 所示。

图 3.136　燃气传感器、火焰传感器和 ZXBeeLiteB 无线节点的连接

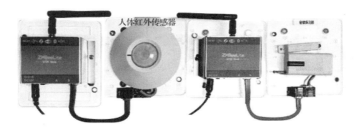

图 3.137　人体红外传感器、窗磁传感器和 ZXBeeLiteB 无线节点的连接

图 3.138　信号灯控制器和 ZXBeeLiteB 无线节点的

2．模块组网测试

安防系统组网成功后的网络拓扑图如图 3.139 所示。

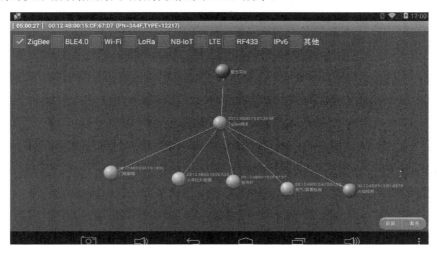

图 3.139　网络拓扑图

打开 ZCloudTools，选择"数据分析"，在"调试指令"文本输入框中输入并发送相应的命令可查询设备节点的状态。具体如下：

1）燃气传感器数据的查询

首先在"节点列表"中选择"燃气/烟雾检测"，然后在燃气传感器的检测范围内释放燃气，最后在"调试指令"文本输入框中输入并发送"{A0=?}"，在"调试信息"中会显示返回的数据，即 A0=1。燃气传感器数据的查询如图 3.140 所示。

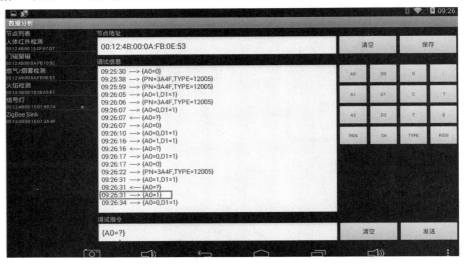

图 3.140　燃气传感器数据的查询

2）窗磁传感器状态的查询

首先在"节点列表"中选择"门磁窗磁"，然后将窗体打开，最后在"调试指令"文本输入框中输入并发送"{A0=?}"，在"调试信息"中会显示返回窗磁传感器的状态，即 A0=1。窗磁传感器状态的查询如图 3.141 所示。

图 3.141　窗磁传感器状态的查询

3）火焰传感器状态的查询

首先在"节点列表"中选择"火焰检测"，然后将明火靠近火焰传感器，最后在"调试指令"文本输入框中输入并发送"{A0=?}"，在"调试信息"中会显示返回的数据，即 A0=1。火焰传感器状态的查询如图 3.142 所示。

图 3.142　火焰传感器状态的查询

4）人体红外传感器数据的查询

首先在"节点列表"中选择"人体红外检测"，然后用手遮挡人体红外传感器，最后在"调试指令"文本输入框中输入并发送"{A0=?}"，在"调试信息"中会显示返回的数据，即 A0=1。人体红外传感器数据的查询如图 3.143 所示。

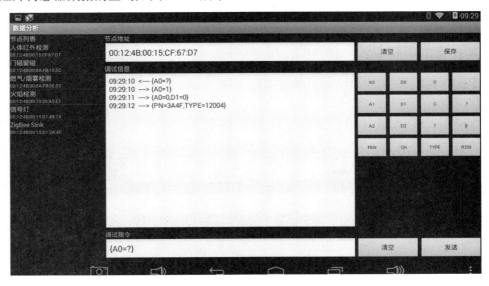

图 3.143　人体红外传感器数据的查询

5）信号灯状态的查询

首先在"节点列表"中选择"信号灯"，然后用手遮挡人体红外传感器，最后在"调试指令"文本输入框中输入并发送"{OD1=1}"，如图 3.144 所示，此时信号灯的红灯点亮；在"调试指令"文本输入框中输入并发送"{CD1=1}"，如图 3.145 所示，此时信号灯的红灯熄灭。

图 3.144　输入并发送"{OD1=1}"

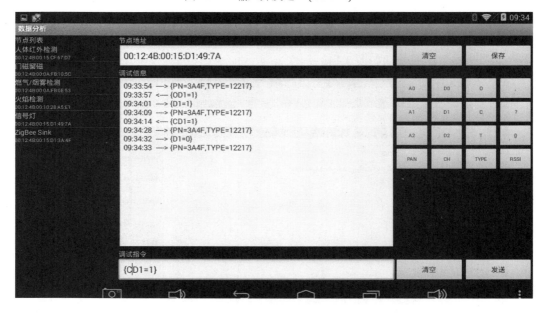

图 3.145　输入并发送"{CD1=1}"

3．模块测试

模块测试主要包括功能测试和性能测试。安防系统的功能测试用例和性能测试用例分别如表 3.20 和表 3.21 所示。

表 3.20　安防系统的功能测试用例

功能测试用例 1		
功能测试用例 1 描述	燃气传感器的功能测试	
用例目的	测试燃气传感器的功能是否正常	
前提条件	运行系统程序，为设备节点通电，燃气传感器功能正常	
输入/动作：在燃气传感器检测区域释放燃气	期望的输出/响应	实际情况
	能检测到燃气	能检测到燃气
功能测试用例 2		
功能测试用例 2 描述	人体红外传感器的功能测试	
用例目的	测试人体红外传感器的功能是否正常	
前提条件	运行系统程序，为设备节点通电，人体红外传感器的功能正常	
输入/动作：用手遮挡人体红外传感器	期望的输出/响应	实际情况
	检测到人体，红灯点亮	检测到人体，红灯点亮

表 3.21　安防系统的性能测试用例

性能测试用例 1		
性能测试用例 1 描述	信号灯开关的性能测试	
用例目的	测试信号灯能否连续开关	
前提条件	运行系统程序，为设备节点通电，信号灯工作正常	
执行操作：连续发送信号灯的控制命令	期望的性能（平均值）	实际性能（平均值）
	全部执行	执行一次
性能测试用例 2		
性能测试用例 2 描述	窗磁传感器的性能测试	
用例目的	测试窗磁传感器在关闭状态下是否产生报警	
前提条件	运行系统程序，为设备节点通电，窗磁传感器工作正常	
执行操作：在关闭状态下用磁铁吸附窗磁检测区	期望的性能（平均值）	实际性能（平均值）
	不发生报警	发生报警

3.4　环境监测系统功能模块设计

3.4.1　系统设计与分析

1．硬件功能需求分析

环境监测系统的功能设计如图 3.146 所示。

图 3.146　环境监测系统的功能设计

2．通信流程分析

环境监测系统的通信流程如图 3.147 所示，和门禁系统的通信流程类似，详见 3.1.1 节。

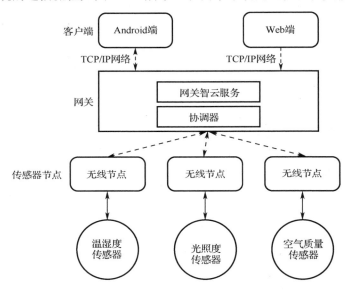

图 3.147　环境监测系统的通信流程

3.4.2　设备节点的选型分析

1．温湿度传感器

环境监测系统中的温湿度传感器采用标准 RS-485 串口进行通信，可通过 MD/8 端子连接到 ZXBeeLiteB 无线节点的 A 端子。通信协议采用在工业领域内广泛应用的 Modbus 协议，该协议可以在各种网络体系中进行简单的通信，结构如图 3.148 所示。

温湿度传感器的特点如下：

（1）驱动方式使用 Modbus 协议。

（2）远传功能采用 RS-485 接口，最大传输距离可达 1200 m，能够进行远程操控。

（3）组网功能：多个温湿度传感器可通过总线串行连接，每个温湿度传感器均需外接电源来单独供电，总线端点通过数字信号转换器与计算机串口连接，可实现以接收设备为中心的多点监测，以便实现大范围的集中控制管理。同一网络可监测多达 32 个监测点。

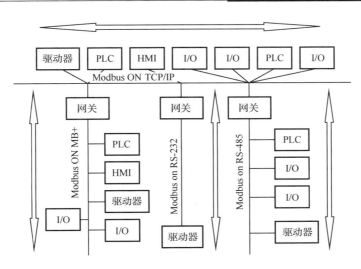

图 3.148　Modbus 协议的结构

（4）控制输出：温湿度传感器内置 4 路常开（动合）继电器，可分别控制温湿度的上、下限值，实现报警功能。

初次使用温湿度传感器时必须先对其进行初始化，以完成温湿度传感器与上位机（通常为 PC）通信参数的设置，可设置的参数包括波特率（1200～38400 bps）、通信地址（1～255）、奇偶校验等，参数设置方法如下：

（1）波特率设置：波特率的设置范围为 1200～38400 bps，环境监测系统要求波特率设置为 9600 bps。

（2）通信地址设置：通信地址的设置范围为 1～255。

（3）奇偶校验设置：0 表示无校验，1 表示奇校验，2 表示偶校验。

温湿度传感器的数据采集方法为：主机通过 RS-485 串口向温湿度传感器发送读取数据的命令，温湿度传感器收到命令后会返回温度、湿度的值。主机命令报文的格式如表 3.22 所示。

表 3.22　主机命令报文的格式

发 送 内 容	字 节 数	发 送 数 据	备 　 注
温湿度传感器地址	1	2 位十六进制数	温湿度传感器地址
功能码	1	03H	读取寄存器
起始寄存器地址	2	0000H	保存设备的父类型和子类型
读取寄存器数量	2	0003H	读取 1 个字（2 个字节）
CRC 校验	2	4 位十六进制数	前面所有数据的 CRC 码

温湿度传感器返回报文的格式如表 3.23 所示。

表 3.23　温湿度传感器返回报文的格式

接 收 内 容	字 节 数	发 送 数 据	备 　 注
温湿度传感器地址	1	2 位十六进制数	温湿度传感器地址

续表

接收内容	字节数	发送数据	备注
功能码	1	03H	读取寄存器应答
返回字节长度	1	06H	返回 6 个字节
返回数据	6	12 位十六进制数	前 4 位是湿度数据，中间 4 位是温度数据，最后 4 是为露点数据
CRC 校验	2	4 位十六进制数	前面所有数据的 CRC 码

湿度的计算方法为：将传感器采集的十六进制数转换为十进制数后除以 100，若求得的结果为 60（示例），则最终湿度值为 60%。

温度的计算方法为：将传感器采集的十六进制数转换为十进制数，先减去 27315，再除以 100，即可得到温度，单位为℃。

多个温湿度传感器的组网方式如图 3.149 所示。

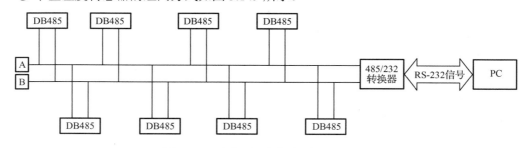

图 3.149　多个温湿度传感器的组网方式

2．光照度传感器

光照度用于表征光照的强弱，以单位面积上所接收可见光的能量来量度，单位为勒［克斯］（lx）。被光均匀照射的物体，在 1 m² 面积上所得的光通量是 1 lm 时，光照度是 1 lx。流明（lm）是光通量的单位，发光强度为 1 烛光的点光源，在单位立体角（1 球面度）内发出的光通量为 1 lm。烛光的概念最早是由英国人发明的，当时是以 1 磅（约 0.4536 kg）的白蜡制造出 1 尺（约 0.33 m）长的蜡烛所燃放出来的光来定义烛光单位的。

光照度传感器是利用光敏元件将光信号转换为电信号的传感器，其敏感波长在可见光波

长附近，包括红外线波长和紫外线波长。光照度传感器不只局限于对光的检测，它还可以作为检测元件组成其他传感器，对许多非电量进行检测，只要将这些非电量转换为光信号的变化即可。

环境监测系统使用的光照度传感器如图 3.150 所示，采用 I2C 总线进行通信，光照度传感器可通过 RJ45 端口连接到 ZXBeeLiteB 无线节点的 A 端子。

光照度传感器的数据采集方法：主机通过 I2C 总线向光照度传感器发送读取数据命令，光照度传感器收到命令后会返回光照度数据。光照度传感器数据读取命令报文的格式如表 3.24 所示，光照度传感器返回报文的格式如 3.25 所示。

图 3.150　光照度传感器

表 3.24　光照度传感器数据读取命令报文的格式

发 送 内 容	字 节 数	发 送 数 据	备　注
光照度传感器地址	1	2 位十六进制数	光照度传感器地址
功能码	1	03H	读取寄存器
起始寄存器地址	2	0000H	保存设备的父类型和子类型
读取寄存器数量	2	0001H	读取 1 个字（2 个字节）
CRC 校验	2	4 位十六进制数	前面所有数据的 CRC 码

表 3.25　光照度传感器返回报文的格式

接 收 内 容	字 节 数	发 送 数 据	备　注
光照度传感器地址	1	2 位十六进制数	光照度传感器地址
功能码	1	03H	读取寄存器
返回字节长度	1	06H	返回 2 个字节
返回数据	2	4 位十六进制数	2 个字节的光照度数据
CRC 校验	2	4 位十六进制数	前面所有数据的 CRC 码

光照度的计算方法为：将传感器采集的十六进制数转化为十进制数，即可得到光照度数据。

3. 空气质量传感器

环境监测系统使用的空气质量传感器如图 3.151 所示，采用 TTL 串口进行通信，空气质量传感器可通过 RJ45 端口连接到 ZXBeeLiteB 无线节点的 A 端子。

图 3.151　空气质量传感器

空气质量传感器采用 TTL 串口进行通信，串口通信参数配置为：波特率为 9600、8 位数据位、无校验位、无硬件数据流控制、1 位停止位。

空气质量传感器的数据采集方法：主机通过 TTL 串口向空气质量传感器发送读取数据命令，空气质量传感器收到命令后会返回空气质量的数据，如 CO_2 浓度、温度、湿度、甲醛浓度、PM2.5 浓度等。空气质量传感器数据读取命令报文的格式如表 3.26 所示。

表 3.26　空气质量传感器数据读取命令报文的格式

发 送 内 容	字 节 数	发 送 数 据	备　　注
起始符	1	11H	数组的第 1 个元素
长度	1	2 位十六进制数	帧字节长度
命令号	1	2 位十六进制数	指令号
数据	多个	多位十六进制数	读取或写入的数据
校验和	1	2 位十六进制数	数据累加和

空气质量传感器返回报文的格式如表 3.27 所示。

表 3.27　空气质量传感器返回报文的格式

接 收 内 容	字 节 数	发 送 数 据	备　　注
起始符	1	2 位十六进制数	数组第一个元素
长度	1	2 位十六进制数	帧字节长度
命令号	1	01H	主机读取测量结果时的指令号
CO_2 浓度	2	4 位十六进制数	存储 CO_2 浓度的字节
甲醛浓度	2	4 位十六进制数	存储甲醛浓度的字节
温度	2	4 位十六进制数	存储温度的字节
湿度	2	4 位十六进制数	存储湿度的字节
PM2.5 浓度	2	4 位十六进制数	存储测得 PM2.5 浓度的字节
校验和	1	2 位十六进制数	数据累加和

CO_2 浓度的计算方法为：将传感器采集的十六进制数转换为十进制数，即可得到 CO_2 的浓度。

甲醛浓度的计算方法为：将传感器采集的十六进制数转换为十进制数，即可得到甲醛的浓度。

温度的计算方法为：将传感器采集的十六进制数乘以 0.1 后转换为十进制数，即可得到温度。

湿度的计算方法为：将传感器采集的十六进制数先减去 500，再乘以 0.1，最后转换为十进制数，即可得到湿度。

PM2.5 浓度的计算方法为：将传感器采集的十六进制数转换为十进制数，即可得到 PM2.5 浓度。

3.4.3　设备节点驱动程序的设计

1. 温湿度传感器驱动程序的设计

温湿度传感器的驱动函数如表 3.28 所示。

表 3.28 温湿度传感器的驱动函数

函 数 名 称	函 数 说 明
void hts_io_init(void)	功能：初始化温湿度传感器的引脚
float get_hts_temp(void)	功能：获取温度值。返回值：f_fTemp 表示温度值
float get_hts_humi(void)	功能：获取湿度值。返回值：f_fHumi 表示湿度值
void hts_update(void)	功能：更新温湿度值，保存到全部静态变量 f_fTemp 和 f_fHumi 中
static void uart_485_write(uint8 *pbuf, uint16 len)	功能：通过 RS-485 串口发送数据（命令）。参数：*pbuf 表示发送命令的指针；len 表示发送命令的长度
static void uart_callback_func(uint8 port, uint8 event)	功能：RS-485 串口回调函数。参数：port 表示数据接收端口；event 表示接收事件
static void node_uart_callback (uint8 port ,uint8 event)	功能：设备节点 RS-485 串口回调函数。参数：port 表示数据接收端口；event 表示接收事件
static void node_uart_init(void)	功能：初始化 RS-485 串口
static uint16 calc_crc(uint8 *pbuf, uint8 len)	功能：CRC 校验。参数：*pbuf 表示校验指针；len 表示校验数组的长度

温湿度传感器驱动函数的代码如下：

```
/*********************************************************************
* 全局变量
*********************************************************************/
static uint8 f_szGetTempHumi[8]={0x01,0x03,0x00,0x00,0x00,0x02,0xC4,0x0B};//获取温湿度命令
static float f_fTemp = 0.0f;                                  //缓存温度值
static float f_fHumi = 0.0f;                                  //缓存湿度值
/*********************************************************************
* 函数名称：hts_io_init()
* 函数功能：初始化温湿度传感器的引脚
*********************************************************************/
void hts_io_init(void)
{
    //初始化传感器代码
    node_uart_init();
    P2SEL &= ~0x01;
    P2DIR |= 0x01;
}
/*********************************************************************
* 函数名称：get_hts_temp()
* 函数功能：获取温度值
* 返 回 值：f_fTemp 表示温度值
*********************************************************************/
float get_hts_temp(void)
{
    return f_fTemp;
}
/*********************************************************************
```

```
 *  函数名称： get_hts_humi()
 *  函数功能： 获取湿度值
 *  返 回 值： f_fHumi 表示湿度值
 ******************************************************************************/
float get_hts_humi(void)
{
    return f_fHumi;
}
/*******************************************************************************
 *  函数名称： hts_update()
 *  函数功能： 功能：更新温湿度值，保存到全部静态变量 f_fTemp 和 f_fHumi 中
 ******************************************************************************/
void hts_update(void)
{
    uart_485_write(f_szGetTempHumi, sizeof(f_szGetTempHumi));
}
/*******************************************************************************
 *  函数名称： uart_485_write()
 *  函数功能： 通过 RS-485 串口发送数据（命令）
 *  函数参数： *pbuf 表示发送命令的指针；len 表示发送命令的长度
 ******************************************************************************/
static void uart_485_write(uint8 *pbuf, uint16 len)
{
    P2_0 = 1;
    HalUARTWrite(HAL_UART_PORT_0, pbuf, len);
}
/*******************************************************************************
 *  函数名称： uart_callback_func()
 *  函数功能： RS-485 串口回调函数
 *  函数参数： port 表示数据接收端口；event 表示接收事件
 ******************************************************************************/
static void uart_callback_func(uint8 port, uint8 event)
{
    if (event & HAL_UART_TX_EMPTY)
    {
        uint16 szDelay[] = {2000,1000,500,100,10,10000};
        MicroWait(szDelay[HAL_UART_BR_9600]);        //波特率越小时延越大，时延太大将影响数据
                                                     //                    的接收
        P2_0 = 0;
    }
    node_uart_callback(port, event);
}
/*******************************************************************************
 *  函数名称： node_uart_callback()
 *  函数功能： 设备节点 RS-485 串口回调函数
 *  函数参数： port 表示数据接收端口；event 表示接收事件
 ******************************************************************************/
```

```
static void node_uart_callback ( uint8 port ,uint8 event)
{
    #define RBUFSIZE 128
    (void)event;
    uint8   ch;
    static uint8 szBuf[RBUFSIZE];
    static uint8   len = 0;
    //接收通过串口发送的数据
    while (Hal_UART_RxBufLen(port))
    {
        HalUARTRead (port, &ch, 1);
        if (len > 0)
        {
            szBuf[len++] = ch;
            if (len == 9)
            {
                uint16 crc;
                crc = calc_crc(szBuf, 7);
                if (crc == ((szBuf[8]<<8) | szBuf[7]))
                {
                    int nTemp, nHumi;
                    nHumi = (szBuf[3]<<8) | szBuf[4];
                    nTemp = (szBuf[5]<<8) | szBuf[6];
                    f_fHumi = (float)nHumi/10.0f;
                    f_fTemp = (float)nTemp/10.0f;
                }
                len = 0;
            }
        } else {
            if (len == 0 && ch == 0x01)
            {
                szBuf[len++] = ch;
            } else {
                len = 0;
            }
        }
    }
}
/********************************************************************************
* 函数名称：node_uart_init()
* 函数功能：初始化 RS-485 串口
********************************************************************************/
static void node_uart_init(void)
{
    halUARTCfg_t _UartConfigure;
    //UART 配置信息
    _UartConfigure.configured                = TRUE;
```

```
        _UartConfigure.baudRate                 = HAL_UART_BR_9600;
        _UartConfigure.flowControl              = FALSE;
        _UartConfigure.rx.maxBufSize            = 128;
        _UartConfigure.tx.maxBufSize            = 128;
        _UartConfigure.flowControlThreshold     = (128 / 2);
        _UartConfigure.idleTimeout              = 6;
        _UartConfigure.intEnable                = TRUE;
        _UartConfigure.callBackFunc             = uart_callback_func;
        HalUARTOpen (HAL_UART_PORT_0, &_UartConfigure);             //启动 UART
}
/****************************************************************************
* 函数名称：calc_crc()
* 函数功能：CRC 校验
* 函数参数：*pbuf 表示校验指针；len 表示校验数组的长度
****************************************************************************/
static uint16 calc_crc(uint8 *pbuf, uint8 len)
{
        uint16 crc = 0xffff;
        uint8 k, i;

        for (k = 0; k < len; k++)
        {
                crc = crc ^ pbuf[k];
                for(i = 0; i < 8; i++)
                {
                        uint8 tmp;
                        tmp = crc&1;
                        crc = crc>>1;
                        crc &= 0x7fff;
                        if (tmp == 1)
                        {
                                crc ^= 0xa001;
                        }
                        crc &= 0xffff;
                }
        }
        return crc;
}
```

2. 光照度传感器驱动程序的设计

光照度传感器的驱动函数如表 3.29 所示。

表 3.29　光照度传感器的驱动函数

函 数 名 称	函 数 说 明
uchar bh1750_send_byte(uchar sla,uchar c)	功能：向从机发送数据（以字节为单位），从启动 I2C 总线到发送地址、数据、结束 I2C 总线的过程中，从机的地址为 sla，使用该函数前必须已结束 I2C 总线。返回值：返回 1 表示操作成功，否则表示操作有误

函 数 名 称	函 数 说 明
uchar bh1750_read_nbyte(uchar sla,uchar *s,uchar no)	功能：连续读取光照度传感器的数据。返回值：应答信号或非应答信号
void bh1750_init()	功能：初始化 BH1750
float bh1750_get_data(void)	功能：处理光照度传感器的数据。返回值：处理结果

光照度传感器驱动函数的代码如下：

```
/**********************************************************************
* 全局变量
**********************************************************************/
uchar buf[2];                                 //接收数据缓存区
float s;
/**********************************************************************
* 函数名称：bh1750_send_byte()
* 函数功能：向从机发送数据（以字节为单位）
* 返 回 值：返回 1 表示操作成功，否则表示操作有误
**********************************************************************/
uchar bh1750_send_byte(uchar sla,uchar c)
{
    iic_start();                              //启动 I2C 总线
    if(iic_write_byte(sla) == 0){             //发送器件地址
        if(iic_write_byte(c) == 0){           //发送数据
        }
    }
    iic_stop();                               //结束 I2C 总线
    return(1);
}
/**********************************************************************
* 函数名称：bh1750_read_nbyte()
* 函数功能：连续读取光照度传感器的数据
* 返 回 值：应答信号或非应答信号
**********************************************************************/
uchar bh1750_read_nbyte(uchar sla,uchar *s,uchar no)
{
    uchar i;
    iic_start();                              //起始信号
    if(iic_write_byte(sla+1) == 0){           //发送设备地址+读信号
        for (i=0; i<no-1; i++){               //连续读取 6 个地址数据，存储在缓存中
            *s=iic_read_byte(0);
            s++;
        }
        *s=iic_read_byte(1);
    }
    iic_stop();
    return(1);
```

```
}
/*********************************************************************
 * 函数名称：bh1750_init()
 * 函数功能：初始化温湿度传感器
 *********************************************************************/
//初始化 BH1750，根据需要请参考 pdf 进行修改****
void bh1750_init()
{
    iic_init();                              //初始化 I2C 总线
}
/*********************************************************************
 * 函数名称：bh1750_get_data()
 * 函数功能：处理光照度传感器的数据
 * 返 回 值：处理结果
 *********************************************************************/
float bh1750_get_data(void)
{
    uchar *p=buf;
    bh1750_init();                          //初始化 BH1750
    bh1750_send_byte(0x46,0x01);
    bh1750_send_byte(0x46,0X20);
    delay_ms(180);                          //时延设置为 180 ms
    bh1750_read_nbyte(0x46,p,2);            //连续读出数据，存储在缓存中
    unsigned short x = buf[0]<<8 | buf[1];
    return x/1.2;
}
```

3. 空气质量传感器驱动程序的设计

空气质量传感器的驱动函数如表 3.30 所示。

表 3.30　空气质量传感器的驱动函数

函　数　名　称	函　数　说　明
void sensorInit(void)	功能：初始化空气质量传感器
void updateA0(void)	功能：更新 A0 的值
static void node_uart_init(void)	功能：初始化 RS-485 串口
static void uart_485_write(uint8 *pbuf, uint16 len)	功能：通过 RS-485 串口发送数据（命令）。参数：*pbuf 表示发送命令的指针；len 表示发送命令的长度
static void uart_callback_func(uint8 port, uint8 event)	功能：RS-485 串口回调函数。参数：port 表示数据接收端口；event 表示接收事件
static void node_uart_callback (uint8 port ,uint8 event)	功能：设备节点 RS-485 串口回调函数。参数：port 表示数据接收端口；event 表示接收事件
static void node_uart_init(void)	功能：初始化设备节点 RS-485 串口

空气质量传感器驱动函数的代码如下：

```
/*****************************************************************************
* 全局变量
*****************************************************************************/
static uint8 D0 = 0xFF;                                    //默认打开主动上报功能
static uint8   D1 = 1;                                     //粉尘测量初始状态为开启
static uint16 A0 = 0;                                      //CO₂浓度
static uint16 A1 = 0;                                      //VOC 等级/甲醛浓度
static float A2 = 0;                                       //湿度
static float A3 = 0;                                       //温度
static uint16 A4 = 0;                                      //PM2.5 浓度
static uint16 V0 = 30;                                     //V0 表示主动上报时间间隔，默认为 30 s
static unsigned char read_data[5] = {0x11,0x02,0x01,0x00,0xEC};            //获取当前传感器的值
static unsigned char co2_correct[6] = {0x11,0x03,0x03,0x01,0x90,0x58};     //CO₂浓度零点校准
static unsigned char pm25_open[6] = {0x11,0x03,0x0C,0x02,0x1E,0xC0};       //开启粉尘测量
static unsigned char pm25_stop[6] = {0x11,0x03,0x0C,0x01,0x1E,0xC1};       //停止粉尘测量
/*****************************************************************************
/*****************************************************************************
* 函数名称：updateV0()
* 函数功能：更新 V0 的值
* 函数参数：*val 表示待更新的变量
*****************************************************************************/
void updateV0(char *val)
{
    //将字符串变量 val 解析转换为整型变量
    V0 = atoi(val);                                       //获取数据的主动上报时间间隔
}/***********************************************************************
* 函数名称：updateA0()
* 函数功能：更新 A0 的值
*****************************************************************************/
void updateA0(void)
{
    //读取空气质量传感器数据
    uart_485_write(read_data, 5);
}
/*****************************************************************************
* 函数名称：sensorInit()
* 函数功能：初始化传感器
*****************************************************************************/
void sensorInit(void)
{
    node_uart_init();
    //启动定时器，触发传感器上报数据事件 MY_REPORT_EVT
    osal_start_timerEx(sapi_TaskID, MY_REPORT_EVT, (uint16)((osal_rand()%10) * 1000));
    //启动定时器，触发传感器检测事件 MY_CHECK_EVT
    osal_start_timerEx(sapi_TaskID, MY_CHECK_EVT, 100);
}
/*****************************************************************************
```

```
*   函数名称：sensorLinkOn()
*   函数功能：传感器入网成功调用函数
*****************************************************************************/
void sensorLinkOn(void)
{
    sensorUpdate();
    uart_485_write(read_data, 5);
}
/*****************************************************************************
*   函数名称：sensorUpdate()
*   函数功能：处理主动上报的数据
*****************************************************************************/
void sensorUpdate(void)
{
    char pData[16];
    char *p = pData;
    ZXBeeBegin();                               //数据帧格式包头
    //根据 D0 位的状态判定需要主动上报的数值
    if ((D0 & 0x01) == 0x01){                   //若上报允许，则在 pData 数据包中添加数据
        updateA0();
        sprintf(p, "%d", A0);
        ZXBeeAdd("A0", p);
    }
    if ((D0 & 0x02) == 0x02){                   //若上报允许，则在 pData 数据包中添加数据
        updateA0();
        sprintf(p, "%d", A1);
        ZXBeeAdd("A1", p);
    }
    if ((D0 & 0x04) == 0x04){                   //若上报允许，则在 pData 数据包中添加数据
        updateA0();
        sprintf(p, "%.1f", A2);
        ZXBeeAdd("A2", p);
    }
    if ((D0 & 0x08) == 0x08){                   //若上报允许，则在 pData 数据包中添加数据
        updateA0();
        sprintf(p, "%.1f", A3);
        ZXBeeAdd("A3", p);
    }
    if ((D0 & 0x10) == 0x10){                   //若上报允许，则在 pData 数据包中添加数据
        updateA0();
        sprintf(p, "%d", A4);
        ZXBeeAdd("A4", p);
    }
    sprintf(p, "%u", D1);                       //上报控制编码
    ZXBeeAdd("D1", p);
    p = ZXBeeEnd();                             //数据帧格式包尾
    if (p != NULL) {
```

```
            ZXBeeInfSend(p, strlen(p));      //将数据打包并通过 zb_SendDataRequest()函数发送到协调器
    }
}
/**********************************************************************************
* 函数名称：sensorCheck()
* 函数功能：检测传感器
**********************************************************************************/
void sensorCheck(void)
{
    updateA0();
}
/**********************************************************************************
* 函数名称：sensorControl()
* 函数功能：控制传感器
* 函数参数：cmd 表示控制命令
**********************************************************************************/
void sensorControl(uint8 cmd)
{
    //根据 cmd 参数调用对应的控制程序
    if(cmd & 0x01){
        uart_485_write((unsigned char*)pm25_open, 6);        //开启粉尘测量
    } else{
        uart_485_write((unsigned char*)pm25_stop, 6);        //关闭粉尘测量
    }
}
```

3.4.4　设备节点驱动程序的调试

1. 温湿度传感器驱动程序的调试

1）通过 RS-485 串口发送命令来读取温湿度传感器的数据

（1）在 sensor.c 文件里找到 sensorInit()函数，环境监测系统通过 hts_io_init()函数对 RS-485 串口进行配置，具体配置的函数如图 3.152 到图 3.154 所示。

```
75  /**********************************************************************************
76  * 名称：sensorInit()
77  * 功能：传感器硬件初始化
78  **********************************************************************************/
79  void sensorInit(void)
80  {
81      hts_io_init();                                    // 初始化传感器IO
82
83      // 启动定时器，触发传感器上报数据事件：MY_REPORT_EVT
84      osal_start_timerEx(sapi_TaskID, MY_REPORT_EVT, (uint16)((osal_rand()%10) * 1000));
85      // 启动定时器，触发传感器监测事件：MY_CHECK_EVT
86      osal_start_timerEx(sapi_TaskID, MY_CHECK_EVT, 100);
87  }
```

图 3.152　配置 RS-485 串口的函数（1）

```
sensor.c  humi_temp_sensor.c *
40
41 ⊟ /******************************************************************
42  * 名称: hts_io_init()
43  * 功能: 温湿度传感器IO口的初始化
44  ******************************************************************
45  void hts_io_init(void)
46 ⊟ {
47     // 初始化传感器代码
48     node_uart_init();
49
50     P2SEL &= ~0x01;
51     P2DIR |= 0x01;
52
53  }
```

图 3.153　配置 RS-485 串口的函数（2）

```
186 ⊟ /******************************************************************
187  * 名称: node_uart_init()
188  * 功能: RS485串口初始化
189  ******************************************************************
190  static void node_uart_init(void)
191 ⊟ {
192     halUARTCfg_t _UartConfigure;
193
194     // UART 配置信息
195     _UartConfigure.configured          = TRUE;
196     _UartConfigure.baudRate            = HAL_UART_BR_9600;
197     _UartConfigure.flowControl         = FALSE;
198     _UartConfigure.rx.maxBufSize       = 128;
199     _UartConfigure.tx.maxBufSize       = 128;
200     _UartConfigure.flowControlThreshold = (128 / 2);
201     _UartConfigure.idleTimeout         = 6;
202     _UartConfigure.intEnable           = TRUE;
203     _UartConfigure.callBackFunc        = uart_callback_func;
204
205     HalUARTOpen (HAL_UART_PORT_0, &_UartConfigure);//启动UART
206
207  }
```

图 3.154　配置 RS-485 串口的函数（3）

（2）在 sensor.c 文件里找到 MyEventProcess()函数，该函数可以轮询 MY_CHECK_EVT 事件，当该事件被触发时，环境监测系统可通过 RS-485 串口发送读取温湿度传感器数据的命令，具体函数如图 3.155 到图 3.157 所示。

```
208 ⊟ /******************************************************************
209  * 名称: MyEventProcess()
210  * 功能: 自定义事件处理
211  * 参数: event -- 事件编号
212  ******************************************************************/
213  void MyEventProcess( uint16 event )
214 ⊟ {
215 ⊟   if (event & MY_REPORT_EVT) {
216       sensorUpdate();
217       //启动定时器, 触发事件: MY_REPORT_EVT
218       osal_start_timerEx(sapi_TaskID, MY_REPORT_EVT, VO*1000);
219     }
220 ⊟   if (event & MY_CHECK_EVT) {
221       hts_update();                                  //每100毫秒获取一次温湿度值
222       //sensorCheck();
223       //启动定时器, 触发事件: MY_CHECK_EVT
224       osal_start_timerEx(sapi_TaskID, MY_CHECK_EVT, 3000);
225     }
226  }
```

图 3.155　读取温湿度传感器数据时调用的函数（1）

（3）在接收到读取数据命令后，环境监测系统调用 humi_temp_sensor.c 文件中的 node_uart_callback()函数来读取温度数据和湿度数据，并将读取到的数据保存在 szBuf[]中。其中，szBuf[]数组中的 szBuf[3]、szBuf[4]、szBuf[5]、szBuf[6]用于保存原始的温度数据和湿度数据，经过处理后可以得到 nHumi 和 nTemp 的值，这两个值经过计算后可得到实际的温度和湿度。温度数据和湿度数据的处理代码如图 3.158 所示。

```
82  /***************************************************************
83  * 名称: hts_update()
84  * 功能: 更新一次温湿度值, 保存到全部静态变量中: f_fTemp、f_fHumi
85  ***************************************************************
86  void hts_update(void)
87  {
88      uart_485_write(f_szGetTempHumi, sizeof(f_szGetTempHumi));
89  }
```

图 3.156　读取温湿度传感器数据时调用的函数（2）

```
16  #include "sapi.h"
17  #include "OnBoard.h"
18
19  #include "humi_temp_sensor.h"
20
21  /***************************************************************
22  * 全局变量
23  ***************************************************************
24  static uint8 f_szGetTempHumi[8]={0x01,0x03,0x00,0x00,0x00,0x03,0x05,0xCB};  //
25  static float f_fTemp = 0.0f;                                    // 缓存温度值
26  static float f_fHumi = 0.0f;                                    // 缓存湿度值
27
28  /***************************************************************
29  * 本地函数原型
30  ***************************************************************
31  static uint16 calc_crc(uint8 *pbuf, uint8 len);
32
33  /***************************************************************
34  * UART RS485相关接口函数
35  ***************************************************************
36  static void node_uart_init(void);
37  static void uart_callback_func(uint8 port, uint8 event);
38  static void uart_485_write(uint8 *pbuf, uint16 len);
```

图 3.157　读取温湿度传感器数据时调用的函数（3）

```
151    static uint8  len = 0;
152
153    // 接收通过串口传来的数据
154    while (Hal_UART_RxBufLen(port))
155    {
156      HalUARTRead (port, &ch, 1);
157      if (len > 0)
158      {
159        szBuf[len++] = ch;
160        if (len == 11)
161        {
162          uint16 crc;
163          crc = calc_crc(szBuf, 9);
164          if (crc == ((szBuf[10]<<8) | szBuf[9]))
165          {
166            int nTemp, nHumi;
167            nHumi = (szBuf[3]<<8) | szBuf[4];
168            nTemp = (szBuf[5]<<8) | szBuf[6];
169
170            f_fHumi = (float)nHumi/100.0f;
171            f_fTemp = (float)(nTemp - 27315)/100.0f;
172          }
173          len = 0;
```

图 3.158　温度数据和湿度数据的处理代码

2）通过 RS-485 串口读取温湿度传感器数据的调试

运行程序并进入调试界面，在 node_uart_callback()函数中设置断点，如图 3.159 所示，将 szBuf[]、nHumi、nTemp 加入 Watch 1 窗口。

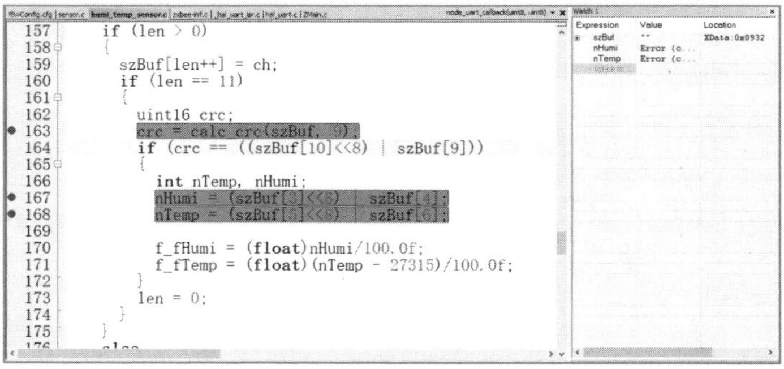

图 3.159　在 node_uart_callback()函数中设置断点

当程序运行到图 3.159 中第 1 个断点处时，可得到存储在数组 szBuf[]中的数据，如图 3.160 所示。

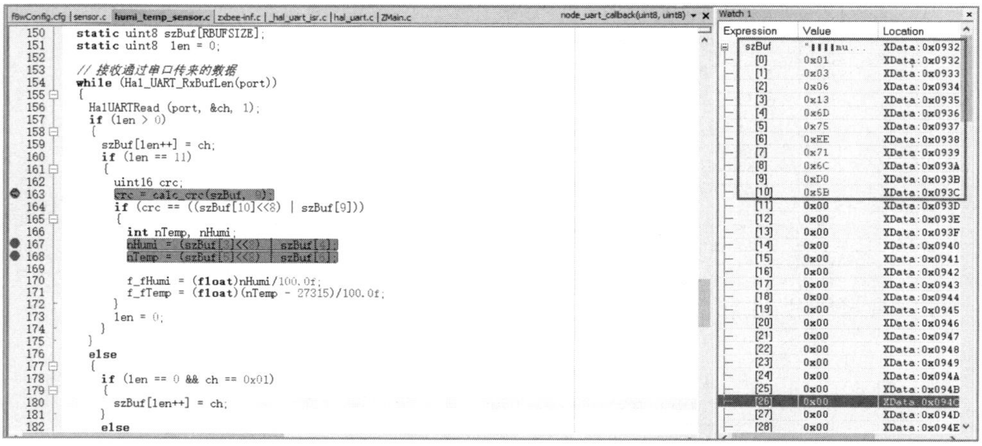

图 3.160　存储在数组 szBuf[]中的数据

继续运行程序，当程序运行到第 2 个断点处时，可获取 nHumi 值，如图 3.161 所示。

图 3.161　获取 nHumi 值

当程序执行到第 3 个断点处时，可获取 nTemp 值，如图 3.162 所示。

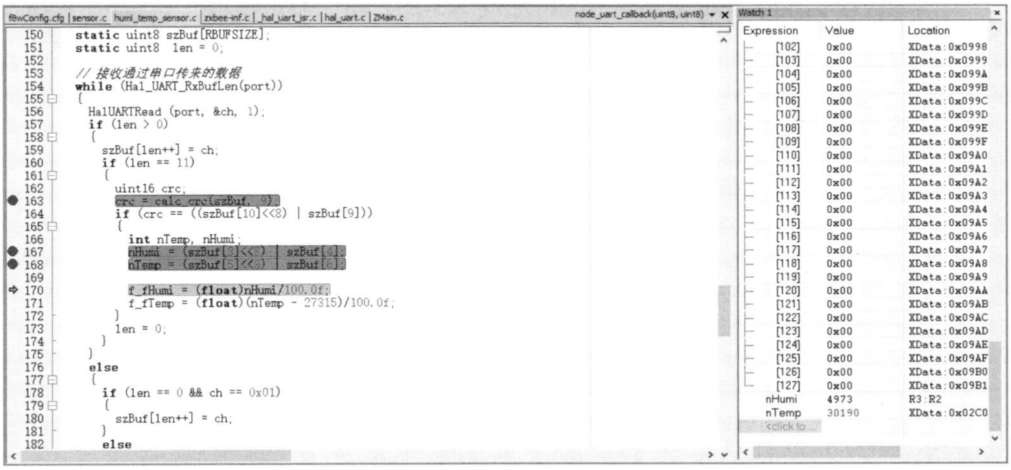

图 3.162　获取 nTemp 值

2．空气质量传感器驱动程序的调试

1）通过 RS-232 串口发送命令来读取空气质量传感器的数据

（1）在 sensor.c 文件里找到 sensorInit() 函数，环境监测系统通过 hts_io_init() 函数对 RS-232 串口进行配置，具体配置的函数如图 3.163 和图 3.164 所示。

```
 99 /*******************************************************
100  * 名称: sensorInit()
101  * 功能: 传感器硬件初始化
102  *******************************************************/
103 void sensorInit(void)
104 {
105     // 初始化传感器代码
106     node_uart_init();
107
108     // 启动定时器，触发传感器上报数据事件: MY_REPORT_EVT
109     osal_start_timerEx(sapi_TaskID, MY_REPORT_EVT, (uint16)((osal_rand()%10) * 1000));
110     // 启动定时器，触发传感器监测事件: MY_CHECK_EVT
111     osal_start_timerEx(sapi_TaskID, MY_CHECK_EVT, 100);
112 }
```

图 3.163　配置 RS-232 串口的函数（1）

```
312 /*******************************************************
313  * 名称: uart0_init()
314  * 功能: 串口0初始化函数
315  *******************************************************/
316 static void node_uart_init(void)
317 {
318     halUARTCfg_t _UartConfigure;
319
320     // UART 配置信息
321     _UartConfigure.configured           = TRUE;
322     _UartConfigure.baudRate             = HAL_UART_BR_9600;
323     _UartConfigure.flowControl          = FALSE;
324     _UartConfigure.rx.maxBufSize        = 128;
325     _UartConfigure.tx.maxBufSize        = 128;
326     _UartConfigure.flowControlThreshold = (128 / 2);
327     _UartConfigure.idleTimeout          = 6;
328     _UartConfigure.intEnable            = TRUE;
329     _UartConfigure.callBackFunc         = uart_callback_func;
330
331     HalUARTOpen(HAL_UART_PORT_0, &_UartConfigure); // 启动UART
332 }
```

图 3.164　配置 RS-232 串口的函数（2）

（2）在 sensor.c 文件里找到 MyEventProcess()函数，该函数可以轮询 MY_CHECK_EVT 事件，当该事件被触发时，环境监测系统可通过 RS-232 串口发送读取光照度传感器数据的命令，具体函数如图 3.165 到图 3.158 所示。

```
285  /***********************************************
286   * 名称: MyEventProcess()
287   * 功能: 自定义事件处理
288   * 参数: event -- 事件编号
289   * 返回: 无
290   ***********************************************/
291  void MyEventProcess( uint16 event )
292  {
293    if (event & MY_REPORT_EVT) {
294      sensorUpdate();
295      //启动定时器，触发事件: MY_REPORT_EVT
296      osal_start_timerEx(sapi_TaskID, MY_REPORT_EVT, V0*1000);
297    }
298    if (event & MY_CHECK_EVT) {
299      sensorCheck();
300      // 启动定时器，触发事件: MY_CHECK_EVT
301      osal_start_timerEx(sapi_TaskID, MY_CHECK_EVT, 1000);
302    }
303  }
```

图 3.165　读取光照度传感器数据时调用的函数（1）

```
172  /***********************************************
173   * 名称: sensorCheck()
174   * 功能: 传感器监测
175   * 参数: 无
176   * 返回: 无
177   ***********************************************/
178  void sensorCheck(void)
179  {
180    updateA0();
181  }
```

图 3.166　读取光照度传感器数据时调用的函数（2）

```
74   /***********************************************
75    * 名称: updateA0()
76    * 功能: 更新A0的值
77   ***********************************************/
78   void updateA0(void)
79   {
80     // 发送读取空气质量传感器值指令
81     uart_485_write(read_data, 5);
82   }
```

图 3.167　读取光照度传感器数据时调用的函数（3）

```
sensor.h | zxbee-inf.c | sapi.c | zxbee.c | sensor.c | ZMain.c | hal_sleep.c                          巾 ▾ ✕
38   * 全局变量
39   ***********************************************
40   static uint8 D0 = 0xFF;                                      // 默认打开主动上报功能
41   static uint8  D1 = 1;                                        // 粉尘测量初始状态为开启
42   static uint16 A0 = 0;                                        //CO2
43   static uint16 A1 = 0;                                        //VOC等级/甲醛
44   static float A2 = 0;                                         //湿度
45   static float A3 = 0;                                         //温度
46   static uint16 A4 = 0;                                        //PM2.5
47   static uint16 V0 = 30;                                       // V0设置为上报时间间隔，默认>
48
49   static unsigned char read_data[5] = {0x11,0x02,0x01,0x00,0xEC};  //获取当前传感器的值
50   static unsigned char co2_correct[6] = {0x11,0x03,0x03,0x01,0x90,0x58}; //CO2零点校准
51   static unsigned char pm25_open[6] = {0x11,0x03,0x0C,0x02,0x1E,0xC0}; //开启粉尘测量
52   static unsigned char pm25_stop[6] = {0x11,0x03,0x0C,0x01,0x1E,0xC1}; //停止粉尘测量
53   ***********************************************
54   * UART RS232相关接口函数
55   ***********************************************
56   static void node_uart_init(void);
57   static void uart_callback_func(uint8 port, uint8 event);
58   static void uart_232_write(uint8 *pbuf, uint16 len);
59   static void node_uart_callback ( uint8 port, uint8 event );
60
61   /***********************************************
62   * 名称: updateV0()
```

图 3.168　读取光照度传感器数据时调用的函数（4）

（3）在接收到读取数据命令后，环境监测系统调用 node_uart_callback()函数来读取空气质量数据，并将读取到的数据保存在 szBuf[]中。其中，szBuf[]数组中的 szBuf[0]～szBuf[9]用于保存原始的光照度数据，经过处理后可以得到 CO_2 浓度、甲醛浓度、温度、湿度、PM2.5 浓度等数据，如图 3.169 所示。

图 3.169　空气质量数据的处理代码

2）通过 RS-232 串口读取空气质量传感器数据的调试

运行程序并进入调试界面，在 node_uart_callback()函数中设置断点，如图 3.170 所示，将 szBuf[]、A0、A1 加入 Watch 1 窗口。

图 3.170　在 node_uart_callback()函数中设置断点

当程序运行到图 3.170 中第 1 个断点处时，可得到存储在数组 szBuf[]中的数据，如图 3.171 所示。

图 3.171　存储在数组 szBuf[]中的数据

继续运行程序,当运行到第 2 个断点和第 3 个断点处时,可分别得到 A0 的值和 A1 的值。由于 szBuf[0]=0x05, szBuf[1]=0x81,因此 A0=0x05×256+0x81=1409;由于 szBuf[2]和 szBuf[3]都为 0,因此 A1 的值为 0。获取 A0 和 A1 值的代码如图 3.172 所示。

图 3.172　获取 A0 和 A1 值的代码

3. 光照度传感器驱动程序的调试

1)通过 I2C 总线发送命令来读取光照度传感器的数据

(1)在 sensor.c 文件里找到 sensorInit()函数,环境监测系统通过 bh1750_init()函数对 I2C总线进行初始化,具体的函数如图 3.173 和图 3.174 所示。

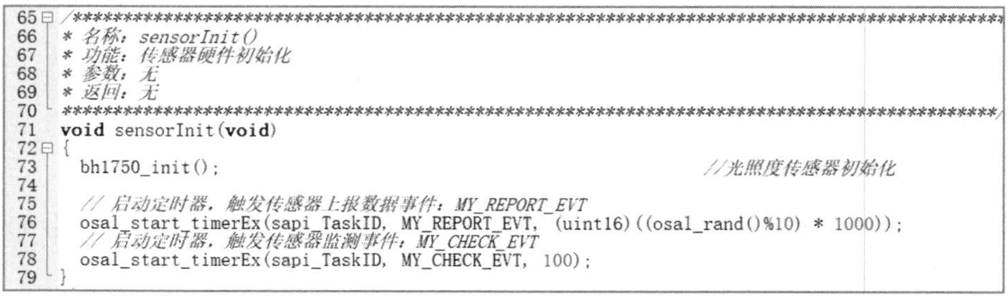

```
65  /*****************************************************
66   * 名称: sensorInit()
67   * 功能: 传感器硬件初始化
68   * 参数: 无
69   * 返回: 无
70   *****************************************************/
71  void sensorInit(void)
72  {
73      bh1750_init();                                    //光照度传感器初始化
74
75      // 启动定时器, 触发传感器上报数据事件: MY_REPORT_EVT
76      osal_start_timerEx(sapi_TaskID, MY_REPORT_EVT, (uint16)((osal_rand()%10) * 1000));
77      // 启动定时器, 触发传感器监测事件: MY_CHECK_EVT
78      osal_start_timerEx(sapi_TaskID, MY_CHECK_EVT, 100);
79  }
```

图 3.173　初始化 I2C 总线的函数(1)

```
64  /***********************************************************
65  * 名称: bh1750_init()
66  * 功能: 初始化BH1750
67  ***********************************************************
68  //初始化BH1750, 根据需要请参考pdf进行修改****
69  void bh1750_init()
70  {
71      iic_init();                                    //IIC初始化
72  }
```

```
39  /***********************************************************
40  * 名称: iic_init()
41  * 功能: I2C初始化函数
42  * 参数: 无
43  * 返回: 无
44  ***********************************************************
45  void iic_init(void)
46  {
47      POSEL &= ~0x03;                         //设置P0_0/P0_1为普通IO模式
48      PODIR |= 0x03;                          //设置P0_0/P0_1为输出模式
49      SDA = 1;                                //拉高数据线
50      iic_delay_us(10);                       //延时10us
51      SCL = 1;                                //拉高时钟线
52      iic_delay_us(10);                       //延时10us
53  }
```

图 3.174　初始化 I2C 总线的函数（2）

（2）在 sensor.c 文件里找到 MyEventProcess()函数，该函数可以轮询 MY_CHECK_EVT 事件，当该事件被触发时，环境监测系统会依次调用 sensorUpdate()函数→updateA0()函数→bh1750_get_data()函数→bh1750_send_byte()函数→bh1750_read_nbyte()函数来上报光照度传感器的数据，函数调用关系及代码如图 3.175 到图 3.178 所示。

```
225  /***********************************************************
226  * 名称: MyEventProcess()
227  * 功能: 自定义事件处理
228  * 参数: event -- 事件编号
229  * 返回: 无
230  ***********************************************************
231  void MyEventProcess( uint16 event )
232  {
233      if (event & MY_REPORT_EVT) {
234          sensorUpdate();
235          //启动定时器, 触发事件: MY_REPORT_EVT
236          osal_start_timerEx(sapi_TaskID, MY_REPORT_EVT, V0*1000);
237      }
238      if (event & MY_CHECK_EVT) {
239          sensorCheck();
240          //启动定时器, 触发事件: MY_CHECK_EVT
241          osal_start_timerEx(sapi_TaskID, MY_CHECK_EVT, 100);
242      }
243  }
```

图 3.175　上报光照度传感器数据的函数调用关系及代码（1）

```
sensor.c  BH1750.c  iic.c                                    sensorUpdate() ▼ ×
108  /***********************************************************
109  void sensorUpdate(void)
110  {
111      char pData[16];
112      char *p = pData;
113
114      ZXBeeBegin();                                 // 智云数据⋯
115
116      // 根据DO的位状态判定需要主动上报的数值
117      if ((DO & 0x01) == 0x01){                     // 若温度上⋯
118          updateA0();
119          sprintf(p, "%.1f", A0);
120          ZXBeeAdd("A0", p);
121      }
122
123      p = ZXBeeEnd();                               // 智云数据⋯
124      if (p != NULL) {
125          ZXBeeInfSend(p, strlen(p));               // 将需要上⋯
126      }
127  }
128  /***********************************************************
```

图 3.176　上报光照度传感器数据的函数调用关系及代码（2）

```
57 ┌ /*******************************************************************
58 │ * 名称: updateA0()
59 │ * 功能: 更新A0的值
60 └ *******************************************************************
61   void updateA0(void)
62 ┌ {
63 │    A0 = bh1750_get_data();                          //获取光照值更新光照值
64 └ }
```

图 3.177 上报光照度传感器数据的函数调用关系及代码（3）

```
80 ┌ /*******************************************************************
81 │ * 名称: bh1750_get_data()
82 │ * 功能: BH1750数据处理函数
83 │ * 参数: 无
84 │ * 返回: 处理结果
85 └ *******************************************************************
86   float bh1750_get_data(void)
87 ┌ {
88 │    uchar *p=buf;
89 │    bh1750_init();                                   //初始化BH1750
90 │    bh1750_send_byte(0x46,0x01);                     //power on
91 │    bh1750_send_byte(0x46,0X20);                     //H- resolution mode
92 │    delay_ms(180);                                   //延时180ms
93 │    bh1750_read_nbyte(0x46,p,2);                     //连续读出数据，存储在BUF中
94 │    unsigned short x = buf[0]<<8 | buf[1];
95 │    return x/1.2;
96 └ }
```

图 3.178 上报光照度传感器数据的函数调用关系及代码（4）

2）通过 I2C 总线读取光照度传感器数据的调试

运行程序并进入调试界面，在 bh1750_get_data()函数中设置断点，如图 3.179 所示，将变量 x 加入 Watch 1 窗口。

```
86   float bh1750_get_data(void)
87 ┌ {
88 │    uchar *p=buf;
89 │    bh1750_init();
90 │    bh1750_send_byte(0x46,0x01);
91 │    bh1750_send_byte(0x46,0X20);
92 │    delay_ms(180);
93 │    bh1750_read_nbyte(0x46,p,2);
● 94 │  unsigned short x = buf[0]<<8 | buf[1];
● 95 │  return x/1.2;
96 └ }
```

图 3.179 在 bh1750_get_data()函数中设置断点

当程序运行到断点处时，可以得到 x 的值，x 的值即光强度传感器采集的原始数据，如图 3.180 所示。

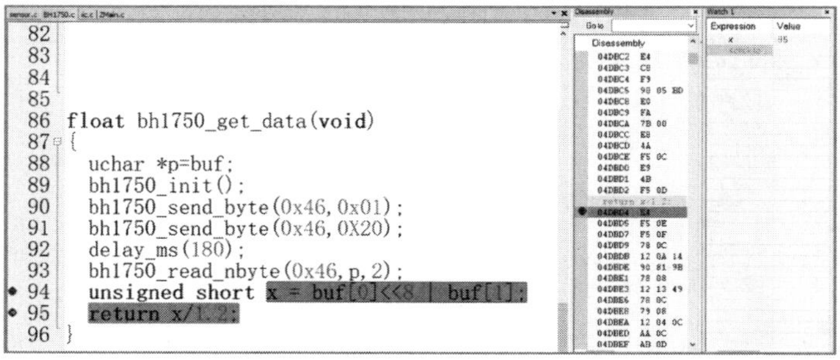

图 3.180 光强度传感器采集的原始数据

3.4.5　数据通信协议与无线通信程序

1．数据通信协议

环境监测系统主要使用的设备节点是温湿度传感器、光照度传感器和空气质量传感器，其 ZXBee 数据通信协议请参考表 1.1。

2．无线通信程序的设计

环境监测系统的无线通信程序设计与门禁系统类似，详见 3.1.5 节。这里以温湿度传感器为例对无线通信程序的代码进行分析，其他设备节点的无线通信程序代码请参考本书配套资源中的工程代码。温湿度传感器无线通信程序的设计框架如下：

（1）通过 sensorInit()函数初始化温湿度传感器。代码如下：

```
void sensorInit(void)
{
    hts_io_init();                                //初始化传感器引脚
    //启动定时器，触发传感器上报数据事件 MY_REPORT_EVT
    osal_start_timerEx(sapi_TaskID, MY_REPORT_EVT, (uint16)((osal_rand()%10) * 1000));
    //启动定时器，触发传感器检测事件 MY_CHECK_EVT
    osal_start_timerEx(sapi_TaskID, MY_CHECK_EVT, 100);
}
```

（2）在设备节点（温湿度传感器）入网成功后调用 sensorLinkOn()函数来更新数据。代码如下：

```
void sensorLinkOn(void)
{
    sensorUpdate();
}
```

（3）在 sensorUpdate()函数中将待发送的数据打包后发送出去。代码如下：

```
void sensorUpdate(void)
{
    char pData[16];
    char *p = pData;
    ZXBeeBegin();                     //数据帧格式包头
    //根据 D0 位的状态判定需要主动上报的数据
    if ((D0 & 0x01) == 0x01){         //若允许上报温度，则在 pData 数据包中添加温度数据
        A0 = updateA0();              //更新温度
        sprintf(p, "%.1f", A0);
        ZXBeeAdd("A0", p);
    }
    if ((D0 & 0x02) == 0x02){         //若允许上报湿度，则在 pData 数据包中添加湿度数据
        A1 = updateA1();              //更新湿度
        sprintf(p, "%.1f", A1);
        ZXBeeAdd("A1", p);
```

```
    }
    sprintf(p, "%u", D1);                    //上报控制编码
    ZXBeeAdd("D1", p);
    p = ZXBeeEnd();                          //数据帧格式包尾
    if (p != NULL) {
        ZXBeeInfSend(p, strlen(p));          //将数据打包后通过 ZXBeeInfSend()发送到协调器
    }
}
```

（4）通过 sensorCheck()函数对温湿度传感器进行检测。代码如下：

```
void sensorCheck(void)
{
    char pData[16];
    char *p = pData;
    updateA1();
    ZXBeeBegin();
    p = ZXBeeEnd();
    if (p != NULL) {
        int len = strlen(p);
        ZXBeeInfSend(p, strlen(p));
    }
}
```

（5）通过 ZXBeeUserProcess()函数处理接收到的有效数据，在接收到上层传回的数据包后进行解包并做出回应。代码如下：

```
int ZXBeeUserProcess(char *ptag, char *pval)
{
    int val;
    int ret = 0;
    char pData[16];
    char *p = pData;
    //将字符串变量 pval 解析转换为整型变量
    val = atoi(pval);
    //控制命令解析
    ......
    if (0 == strcmp("A0", ptag)){
        if (0 == strcmp("?", pval)){
            A0 = updateA0();
            ret = sprintf(p, "%.1f", A0);
            ZXBeeAdd("A0", p);
        }
    }
    if (0 == strcmp("A1", ptag)){
        if (0 == strcmp("?", pval)){
            A1 = updateA1();
            ret = sprintf(p, "%.1f", A1);
```

```
                ZXBeeAdd("A1", p);
            }
        }
        if (0 == strcmp("V0", ptag)){
            if (0 == strcmp("?", pval)){
                ret = sprintf(p, "%u", V0);                    //主动上报时间间隔
                ZXBeeAdd("V0", p);
            }else{
                updateV0(pval);
            }
        }
        return ret;
    }
```

（6）定时上报设备节点状态。代码如下：

```
void MyEventProcess( uint16 event )
{
    if (event & MY_REPORT_EVT) {
        sensorUpdate();
        //启动定时器，触发事件 MY_REPORT_EVT
        osal_start_timerEx(sapi_TaskID, MY_REPORT_EVT, V0*1000);
    }
    if (event & MY_CHECK_EVT) {
        sensorCheck();
        //启动定时器，触发事件 MY_CHECK_EVT
        osal_start_timerEx(sapi_TaskID, MY_CHECK_EVT, 1000);
    }
}
```

上述代码中的 event 为系统参数，此处不用处理。在程序中判断是否执行 sensorCheck()函数的条件是 event 与 MY_CHECK_EVT 相与为真。当条件判断语句为真时执行 sensorCheck()函数，执行完成后更新用户事件。用户事件更新函数 osal_start_timerEx()中的参数 MY_CHECK_EVT 要与用户定义的事件中的参数一致。上述代码中设置的定时时间为 1 s。

3. 无线通信程序的调试

在进行无线通信程序的调试前，需要先进行组网，组网成功后进入无线通信程序的调试界面。

1）空气质量传感器实时查询功能的调试

整个查询过程是：上层应用发送查询命令，设备节点（空气质量传感器）接收到查询命令后将更新后的传感器数据（空气质量数据）发送到上层应用。

在 sensor.c 文件中 ZXBeeUserProcess()函数的"ZXBeeAdd("A0", p);"处设置断点，如图 3.181 所示。

```
244     }
245     if (0 == strcmp("OD1", ptag)) {
246         D1 |= val;
247         sensorControl(D1);
248     }
249     if (0 == strcmp("D1", ptag)) {
250         if (0 == strcmp("?", pval)) {
251             ret = sprintf(p, "%u", D1);
252             ZXBeeAdd("D1", p);
253         }
254     }
255     if (0 == strcmp("A0", ptag)) {
256         if (0 == strcmp("?", pval)) {
257             ret = sprintf(p, "%d", A0);
258             ZXBeeAdd("A0", p);
259         }
260     }
261     if (0 == strcmp("A1", ptag)) {
262         if (0 == strcmp("?", pval)) {
263             ret = sprintf(p, "%d", A1);
264             ZXBeeAdd("A1", p);
265         }
266     }
267     if (0 == strcmp("A2", ptag)) {
268         if (0 == strcmp("?", pval)) {
```

图 3.181   在 "ZXBeeAdd("A0", p);" 处设置断点

打开 ZCloudTools，选择 "数据分析" 中的 "空气质量"，在 "调试指令" 文本输入框中输入并发送 "{A0=?}"，如图 3.182 所示。当程序运行到断点处时，表示接收到了发送的查询命令。空气质量传感器实时查询功能调试的函数调用关系为：SAPI_ProcessEvent()→SAPI_ReceiveDataIndication()→ _zb_ReceiveDataIndication()→zb_ReceiveDataIndication()→ZXBeeInfRecv()→ZXBeeDecodePackage()→ZXBeeUserProcess()。

图 3.182   输入并发送 "{A0=?}"

查询命令发送后，执行 sensorCheck() 函数更新空气质量值，然后调用 ZXBeeInfSend() 发送更新的数据到上层应用。层级关系为 SAPI_ProcessEvent→SAPI_ReceiveDataIndication→ _zb_ReceiveDataIndication→zb_ReceiveDataIndication()→ZXBeeInfRecv()→ZXBeeInfSend()，如图 3.183 所示。

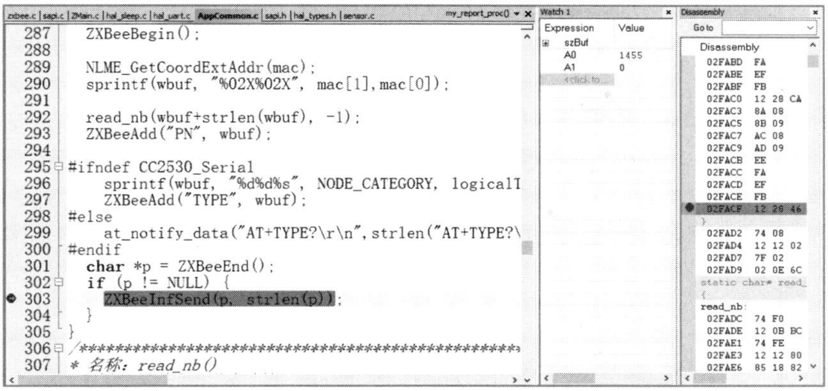

图 3.183　调用 ZXBeeInfSend()函数发送空气质量传感器更新后的数据

2）空气质量传感器数据上报功能的调试

（1）在 MyEventProcess()函数中设置断点，如图 3.184 所示，数据上报时间是由 V0 设置的。

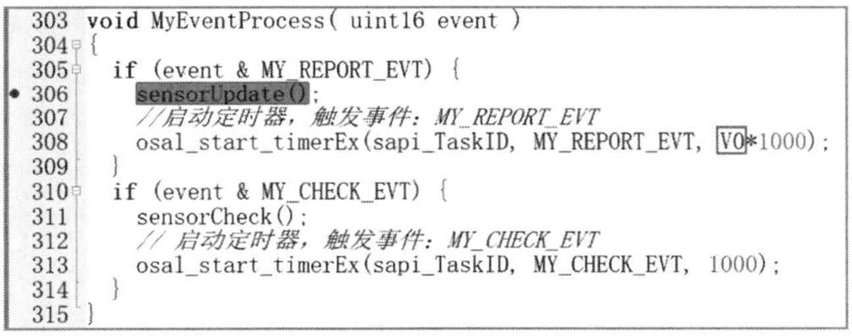

图 3.184　在 MyEventProcess()函数中设置断点

（2）当程序运行到断点处时，系统会调用 sensorUpdate()函数，然后在该函数中设置断点，如图 3.185 所示。

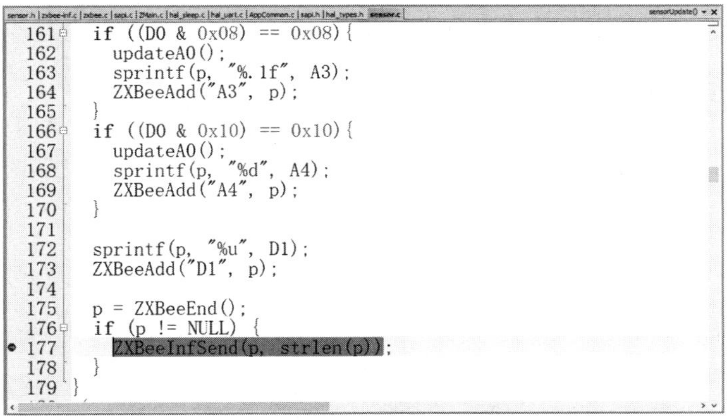

图 3.185　在 sensorUpdate()函数中设置断点

当函数运行到断点处时，系统将空气质量传感器采集到的数据发送到上层应用中。

光照度传感器和温湿度传感器实时查询功能的调试，及其数据上报功能的调试，与空气质量传感器类似，这里不再赘述了。

3.4.6 系统集成与测试

1. 系统硬件部署

准备 1 个 S4418/6818 网关、1 个温湿度传感器、1 个光照度传感器、1 个空气质量传感器、3 个 ZXBeeLiteB 无线节点、1 个 SmartRF04EB 仿真器。将温湿度传感器、光照度传感器、空气质量传感器分别连接到 ZXBeeLiteB 无线节点的 A 端子。环境监测系统的硬件连接如图 3.186 所示。

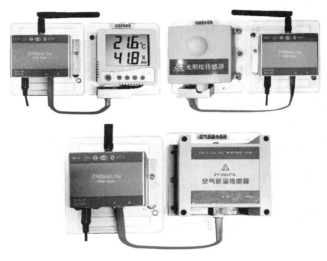

图 3.186　环境监测系统的硬件连接

2. 模块组网测试

环境监测系统组网成功后的网络拓扑图如图 3.187 所示。

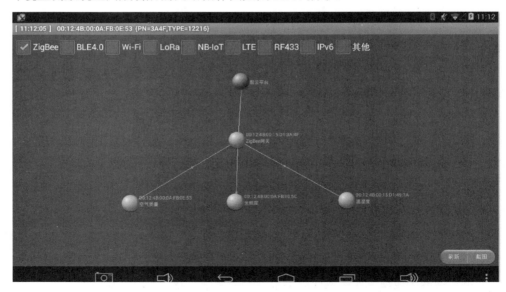

图 3.187　环境监测系统组网成功后的网络拓扑图

1）温湿度传感器数据的查询

打开 ZCloudTools，选择"数据分析"中的"温湿度"，在"调试指令"文本输入框中输入并发送"{A0=?}"，可在"调试信息"框中看到温湿度传感器的数据，如 A0=29.5，如图 3.188 所示。

图 3.188　温湿度传感器数据的查询

2）光照度传感器数据的查询

打开 ZCloudTools，选择"数据分析"中的"光照度"，在"调试指令"文本输入框中输入并发送"{A0=?}"，可在"调试信息"框中看到光照度传感器的数据，如 A0=0.0，如图 3.189 所示。

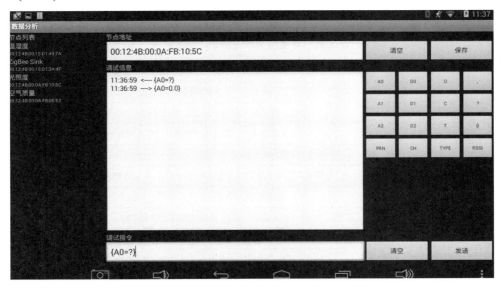

图 3.189　光照度传感器数据的查询

3）空气质量传感器数据的查询

打开 ZCloudTools，选择"数据分析"中的"空气质量"，在"调试指令"文本输入框中输入并发送"{A0=?}"，可在"调试信息"框中看到空气质量传感器的数据，如 A0=1005，如图 3.190 所示。

图 3.190　空气质量传感器数据的查询

3．模块测试

模块测试主要包括功能测试和性能测试。环境监测系统的功能测试用例和性能测试用例分别如表 3.31 和表 3.32 所示。

表 3.31　环境监测系统的功能测试用例

功能测试用例 1		
功能测试用例 1 描述	在网关显示空气质量数据	
用例目的	测试 ZigBee 网络是否正常，测试控制命令是否能控制设备节点	
前提条件	运行系统程序，为设备节点通电，空气质量传感器的功能正常	
输入/动作：通过"{A0=?}"查询空气质量传感器采集的数据	期望的输出/响应	实际情况
	正常更新显示当前空气质量数据	正常更新显示当前空气质量数据
功能测试用例 2		
功能测试用例 2 描述	在网关显示光照度数据	
用例目的	测试 ZigBee 网络是否正常，测试控制命令是否能控制设备节点	
前提条件	运行系统程序，为设备节点通电，光照度传感器的功能正常	
输入/动作：通过"{A0=?}"查询光照度传感器采集的数据	期望的输出/响应	实际情况
	正常更新显示当前光照度数据	正常更新显示当前光照度数据

表 3.32　环境监测系统的性能测试用例

性能测试用例 1		
性能测试用例 1 描述	测试空气质量传感器主动上报的时间间隔	
用例目的	测试空气质量传感器主动上报时间间隔的最小值	
前提条件	运行系统程序，设备节点通电，空气质量传感器的功能正常	
执行操作：等待数据更新	期望的性能（平均值）	实际性能（平均值）
	5 s	30 s
性能测试用例 2		
性能测试用例 2 描述	测试温湿度传感器主动上报时间间隔	
用例目的	测试温湿度传感器主动上报时间间隔的最小值	
前提条件	运行系统程序，设备节点通电，温湿度传感器的功能正常	
执行操作：等待数据更新	期望的性能（平均值）	实际性能（平均值）
	5 s	30 s

第**4**章

智慧家居系统工程测试与总结

本章介绍智慧家居系统工程的测试与总结，主要内容包括系统集成与部署、系统综合测试、系统运行与维护，以及项目总结、汇报和在线发布。

4.1 系统集成与部署

在完成智慧家居系统的各个功能模块开发后，还需要进行整个系统的集成与部署。系统集成与部署的步骤如下：

（1）根据系统工程的硬件清单，清理系统使用的全部硬件，检测其外观是否损坏。

（2）根据系统设备节点的镜像文件说明表，对不同的设备节点进行编号并贴上标签，按照说明表下载对应的镜像文件。

（3）按照系统工程的要求，将设备节点连接到指定的控制端口上。

（4）设置与部署 ZigBee 网络。

4.1.1 系统设备节点清单

智慧家居系统的设备节点如表 4.1 所示。

表 4.1　智慧家居系统的设备节点

序号	设备节点	图片	数量	序号	设备节点	图片	数量
1	智能网关：Mini4418		1	3	温湿度传感器：ZY-WSx485		1
2	无线节点：ZXBeeLiteB		12	4	空气质传感器：ZY-KQxTTL		1

续表

序号	设备节点	图片	数量	序号	设备节点	图片	数量
5	光照度传感器：ZY-GZx485		1	13	门禁开关：ZY-MJKGxIO		1
6	燃气传感器：ZY-RQxIO		1	14	智能插座：ZY-CPxIO		1
7	火焰传感器：ZY-HYxIO		1	15	信号灯控制器：ZY-XHD001x485		1
8	人体红外传感器：ZY-RTHWxIO		1	16	信号灯：ZY-3SXHDxIO		1
9	窗磁传感器：ZY-CCxIO		1	17	继电器：ZY-JDQxIO		1
10	360 红外遥控器：ZY-YKxTTL		1	18	红外音响：ZY-Sound		1
11	RFID 阅读器：ZY-RFMJx485		1	19	IP 摄像头：ZY-IPCAM		1
12	电磁锁：ZY-MSxIO		1	20	步进电机：ZY-BJDJxIO		1

4.1.2　系统设备节点的镜像文件

确定好智慧家居系统的设备节点后，还需要下载对应的镜像文件。智慧家居系统使用的是 ZXBeeLiteB 无线节点和 ZXBeePlus 无线节点，可使用 Flash Programmer 下载镜像文件。智慧家居系统设备节点的镜像文件如表 4.2 所示。

表 4.2　智慧家居系统设备节点的镜像文件

序号	无线节点类型	设备节点	镜像文件	序号	无线节点类型	设备节点	镜像文件
1	ZXBeeLiteB	温湿度传感器：ZY-WSx485	WSx485.hex	7	ZXBeeLiteB	继电器：ZY-JDQxIO	JDQ001x485.hex
2	ZXBeeLiteB	空气质传感器：ZY-KQxTTL	KQZL001xTTL.hex	8	ZXBeeLiteB	窗磁传感器：ZY-CCxIO	CC001xIO.hex
3	ZXBeeLiteB	光照度传感器：ZY-GZx485	GZ001xIIC.hex	9	ZXBeeLiteB	360 红外遥控器：ZY-YKxTTL	YK001xTTL.hex
4	ZXBeeLiteB	燃气传感器：ZY-RQxIO	RQ001xIO.hex	10	ZXBeeLiteB	RFID 阅读器：ZY-RFMJx485 门禁开关：ZY-MJKGxIO 电磁锁：ZY-MSxIO	MJXT002x485.hex
5	ZXBeeLiteB	火焰传感器：ZY-HYxIO	HY001xIO.hex	11	ZXBeeLiteB	智能插座：ZY-CPxIO	ZNCZ001xIO.hex
6	ZXBeeLiteB	人体红外传感器：ZY-RTHWxIO	RTHW001xIO.hex	12	ZXBeeLiteB	信号灯控制器：ZY-XHD001x485 信号灯：ZY-3SXHDxIO	XHD001x485.hex

项目总体硬件部署图如图 4.1 所示，图中灰色部分是智慧家居系统中未使用的设备节点，Plus 指 ZXBeePlus 无线节点，Lite 指 ZXBeeLiteB 无线节点。

各系统的硬件连接如表 4.3 所示。

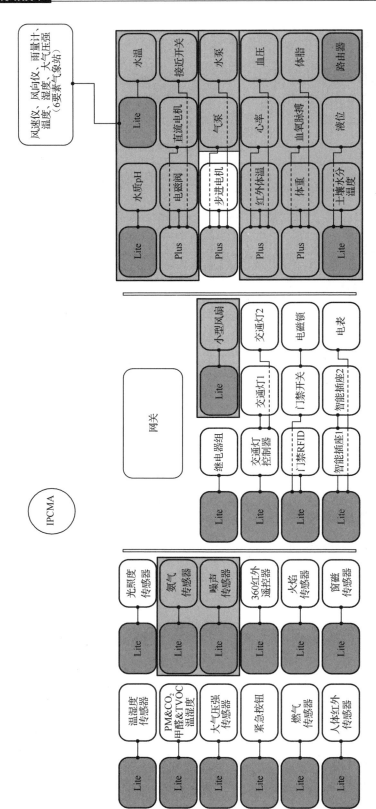

图4.1 项目总体硬件部署图

表 4.3　各系统的硬件连接

系 统 名 称	连接示意图
门禁系统	
电器系统	
安防系统	

续表

系 统 名 称	连接示意图
环境监测系统	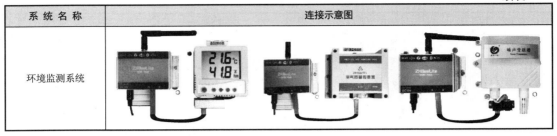

4.1.3 ZigBee 网络设置与部署

ZigBee 网络的设置与部署如表 4.4 所示。

表 4.4 ZigBee 网络的设置与部署

序　号	设 备 节 点	节 点 类 型	PANID	Channel
1	温湿度传感器	终端节点	7724	11
2	光照度传感器	终端节点	7724	11
3	空气质量传感器	终端节点	7724	11
4	360 红外遥控器	路由节点	7724	11
5	门禁套件	路由节点	7724	11
6	燃气传感器	路由节点	7724	11
7	人体红外传感器	终端节点	7724	11
8	窗磁传感器	终端节点	7724	11
9	继电器	终端节点	7724	11
10	信号灯控制器	终端节点	7724	11
11	智能插座	终端节点	7724	11
12	火焰传感器	终端节点	7724	11
13	步进电机	终端节点	7724	11

在 ZXBeeLiteB 无线节点通电后，可通过观察其上的状态灯来快速了解 ZXBeeLiteB 无线节点的状态，如判断组网是否成功。ZXBeeLiteB 无线节点上 4 个状态灯的功能如表 4.5 所示。

表 4.5 ZXBeeLiteB 无线节点上 4 个状态灯的功能

类　别	功　能	描　述
蓝色灯	电源状态指示	ZXBeeLiteB 无线节点连接电源，灯常亮
黄色灯	电源开关状态	按下电源按钮，灯常亮
红色灯	组网状态	组网成功，灯常亮
绿色灯	通信状态	有数据通信时，灯闪亮

通过 ZCloudWebTools 可以查看智慧家居组网成功后的网络拓扑图，如图 4.2 所示，网络拓扑图的说明如表 4.6 所示。

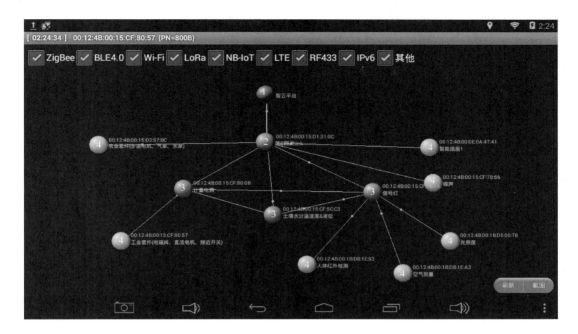

图 4.2 智慧家居组网成功后的网络拓扑图

表 4.6 网络拓扑图的说明

图 形 类 别	描 述 说 明
红色节点（1）	代表云平台（智云平台），仅有一个
橙色节点（2）	代表网关，本项目中只有一个 ZigBee 网关，全部节点通过本网关与云平台通信
紫色节点（3）	ZigBee 网关的路由节点，在程序中设置（一般几个节点为一组，距离网关最近的节点设置为路由节点）。节点右方会显示节点名称与 MAC 地址
蓝色节点（4）	ZigBee 终端节点，节点右方显示节点名称与 MAC 地址
白色线条	代表设备之间连接，上面的小圆点代表节点间数据通信

4.1.4 智慧家居系统的软/硬件部署

（1）智慧家居系统的硬件部署。智慧家居系统的硬件列表如表 4.7 所示。

表 4.7 智慧家居系统的硬件列表

序 号	节 点 类 别	设 备 节 点	设备节点的 MAC 地址
1	ZXBeeLiteB 无线节点	温湿度传感器：ZY-WSx485	00:12:4B:00:1B:DB:1E:A3
2	ZXBeeLiteB 无线节点	空气质量传感器：ZY-KQxTTL	00:12:4B:00:1B:D5:00:78
3	ZXBeeLiteB 无线节点	光照度传感器：ZY-GZx485	00:12:4B:00:1B:DB:1E:D5
4	ZXBeeLiteB 无线节点	燃气传感器：ZY-RQxIO	00:12:4B:00:1B:DB:26:22
5	ZXBeeLiteB 无线节点	火焰传感器：ZY-HYxIO	00:12:4B:00:1B:D8:75:D1
6	ZXBeeLiteB 无线节点	人体红外传感器：ZY-RTHWxIO	00:12:4B:00:1B:DB:1E:93

续表

序　号	节点类别	设备节点	设备节点的 MAC 地址
7	ZXBeeLiteB 无线节点	窗磁传感器：ZY-CCxIO	00:12:4B:00:15:CF:64:35
8	ZXBeeLiteB 无线节点	360 红外遥控器：ZY-YKxTTL	00:12:4B:00:15:CF:80:29
9	ZXBeeLiteB 无线节点	RFID 阅读器：ZY-RFMJx485 门禁开关：ZY-MJKGxIO 电磁锁：ZY-MSxIO	00:12:4B:00:15:D1:2D:6F
10	ZXBeeLiteB 无线节点	智能插座：ZY-CPxIO	00:12:4B:00:0F:68:AA:29
11	ZXBeeLiteB 无线节点	信号灯控制器：ZY-XHD001x485 信号灯：ZY-3SXHDxIO	00:12:4B:00:15:CF:78:7A
12	ZXBeeLiteB 无线节点	继电器：ZY-JDQxIO	00:12:4B:00:1B:DB:30:D2
13	ZXBeePlus 无线节点	步进电机：ZY-BJDJxIO	00:12:43:00:1B:DB1E:93

（2）智慧家居系统的软件部署。图 4.3 所示为智慧家居系统的软件部署，通过超链接可集成各个子系统。

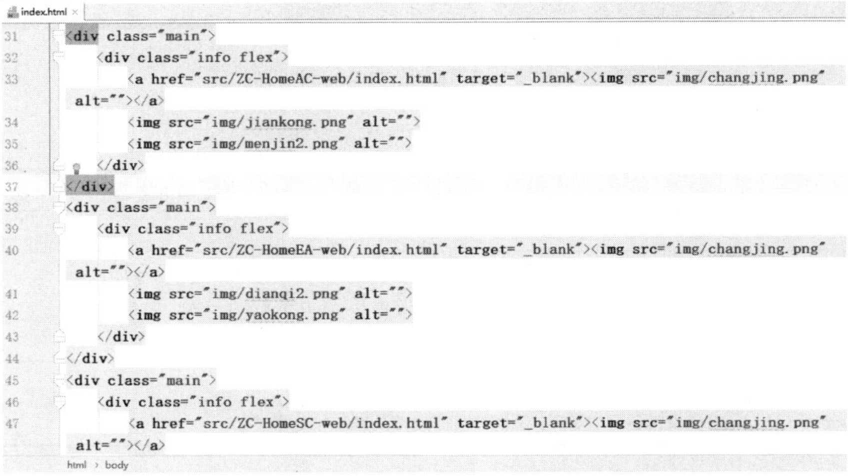

图 4.3　智慧家居系统的软件部署

4.2　系统综合测试

系统综合测试是指对整个系统的测试，将硬件、软件、操作人员看作一个整体，检验它是否有不符合系统说明书的地方。这种测试可以发现系统分析和设计中的错误。例如，安全测试可以测试安全措施是否完善，能不能保证系统不受非法侵入；再如，压力测试可以测试系统在正常数据量以及超负荷量等情况下是否还能正常工作。

4.2.1　系统测试用例

智慧家居系统的功能测试用例和性能测试用例分别如表 4.8 和表 4.9 所示。

表 4.8 智慧家居系统的功能测试用例

功能测试用例 1		
功能测试用例 1 描述	360 红外遥控器复制红外编码	
用例目的	检测 360 红外遥控器复制红外编码	
前提条件	运行系统程序,为设备节点通电,360 红外遥控器功能正常	
输入/动作:通过学习模式复制红外编码控制红外音响开关	期望的输出/响应	实际情况
	不能控制开关	控制开关
功能测试用例 2		
功能测试用例 2 描述	刷公交卡打开门禁系统	
用例目的	测试不同卡能否打开门禁	
前提条件	运行系统程序,为设备节点通电,门禁系统功能正常	
输入/动作:用公交卡刷 RFID 阅读器	期望的输出/响应	实际情况
	不能打开门禁	打开门禁

表 4.9 智慧家居系统的性能测试用例

性能测试用例 1		
性能测试用例 1 描述	ZXBeeLiteB 无线节点 ZigBee 组网测试	
用例目的	测试节点入网掉线后重组网时间	
前提条件	运行系统程序,为设备节点通电,传感器功能正常	
执行操作:ZXBeeLiteB 无线节点断电后重新入网	期望的性能(平均值)	实际性能(平均值)
	≤10 s	≤20 s
性能测试用例 2		
性能测试用例 2 描述	组网成功好,上层应用控制信号灯响应时间	
用例目的	测试通信传输响应时间	
前提条件	运行系统程序,为设备节点通电,信号灯控制器功能正常	
执行操作:从上层应用发送指令打开继电器	期望的性能(平均值)	实际性能(平均值)
	≤1 s	≥3 s

4.2.2 系统综合组网测试

打开 ZCloudWebTools,选择"网络拓扑",在"应用 ID"和"密码"文本框中输入信息后单击"连接"按钮就可以观察到系统的网络拓扑图,如图 4.4 所示;选择"实时数据"后单击"连接"按钮,可以根据实时数据及控制命令来控制和查询设备节点的状态,如通过控制命令"{OD1=1}"来开启智能插座。

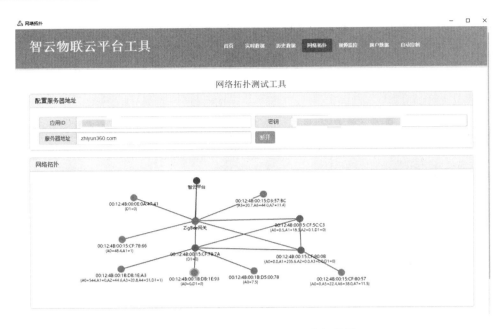

图 4.4　系统综合组网测试的网络拓扑图

实时数据测试工具可以实时接收各个设备节点上报的数据，如图 4.5 所示。

图 4.5　实时数据测试工具接收到的数据

4.3　系统运行与维护

系统测试完成后即可交付使用，为确保系统的安全可靠运行，切实提高运行效率和服务质量，需要制定运行与维护制度。

系统的维护内容包括基础软件维护、应用软件维护、硬件设备维护和无线传感器网络维护。

- 基础软件指运行在计算机之上的操作系统、数据库软件、中间件等公共软件。
- 应用软件指运行在计算机或设备终端之上，直接提供服务或业务的专用软件。
- 硬件设备指在工程项目中使用的与物联网感知层、网络层相关的硬件设备。
- 无线传感器网络指在指定区域的无线传感器网络设备和数据链路。

4.3.1　运行与维护的基本任务

运行与维护的基本任务如下：

（1）进行系统的日常运行和维护管理，实时监控系统的运行状态，保证系统各类运行指标符合相关规定。

（2）迅速、准确地定位和排除各类故障，保证系统的正常运行，确保所承载的各类应用和业务正常运行。

（3）进行系统安全管理，保证系统运行安全。

（4）提高维护效率，降低维护成本。

4.3.2　运行与维护的基本制度

根据故障的影响范围及持续时间等因素，可将故障分为特大故障（一级）、重大故障（二级）、较大故障（三级）和一般故障（四级）。

当系统出现故障时，首先要判断系统类型和故障级别，然后根据系统类型和故障级别在要求的时限内处理故障，并向上级报告。

智慧家居系统主要涉及系统分析、系统设计、系统界面实现、系统功能实现、系统部署与测试，最后通过智云物联平台进行项目发布。智云物联平台为开发者提供一个应用项目分享的应用网站（http://www.zhiyun360.com），开发者在注册后可以发布自己的应用项目。

4.4　项目总结、汇报和在线发布

4.4.1　项目总结

1．什么是项目总结

项目总结是指在项目完成后对项目实施过程进行的复盘，总结项目实施过程中遇到的问题，并对当时的解决方案进行探讨，以便发现更优的解决方案。通过对项目中的问题进行总结，可以指导后续工作，规避相关问题。

2．为什么要进行项目总结

为什么要在项目完成后进行项目总结呢？其原因如下：

（1）可以回顾项目初期的规划是否合理。在进行需求评审时，通过相关人员的讨论，制订了项目规划。但是在项目实施过程中，是否严格按规划进行呢？如果没有按项目规划进行，问题出在哪里？在项目完成后，对项目规划进行讨论，有利于及时发现项目规划中存在的问题，以便后续能更加合理地制订项目规划。

（2）可以分析项目实施过程中存在的问题。在项目实施过程中难免会出现各种问题，项目周期越长越容易出现问题。通过分析项目实施过程中出现的问题，可以帮助项目人员理解业务流程，评估技术实施方案的优劣、人员配置是否合理等。以问题来反推项目，更能发现问题。

（3）可以判断当时的解决方案是否最优。在项目实施过程中，遇到了问题当然要寻找相应的解决方案。由于项目周期的限制，当时的解决方案可能是权宜之计。在项目完成后，再来评估一下当时的解决方案，是否有更好的方案？如果有，后续有相应的处理策略吗？只有不断地进行项目评审，才能保证在以后的项目中选择更好的处理策略。

（4）可以总结项目经验，为以后的需求做指导。所谓"前事不忘，后事之师"，在项目实施过程中，不能仅实现各种需求，还要对完成的项目进行总结，总结项目实施过程中遇到的各种问题、解决方案、优化策略等，以此来不断地提升规划能力，优化实施方案以及各种意外情况下的应对策略。

3．项目总结文档

在完成项目总结后，还要完成项目总结文档。具体如下：

（1）在进行项目总结时做好相关记录。在项目实施过程中存在的问题及解决方案、后期的优化方案和规划等，都需要进行全面的记录。在项目总结完成后，将整理后的记录发送给参与项目总结的人员及相关领导。

（2）编写项目总结文档。在完成项目评审后，需要编写完整的项目总结文档，项目总结文档应包括项目的基本信息、项目完成情况、项目实施总结、项目成果总结、经验与教训、问题与建议。

（3）项目总结要发送给参与项目的相关人员和负责人。

4.4.2　项目开发总结报告

1．项目总体概述

（1）项目概述。智慧家居系统主要用于住宅，可以让居住者拥有智能舒适的居住环境。智慧家居系统主要通过计算机或手机来控制整个系统的运行：在硬件方面，需要由专业人士进行安装和调试；在软件方面，需要采用计算机相关技术来实现。用户只需要通过简单的操作界面即可方便地使用该系统。

根据系统的设计，智慧家居系统分为门禁系统、电器系统、安防系统和环境监测系统。

门禁系统采用刷门禁卡的方式来识别用户的身份，能够提供合法用户 ID 存储、非法用户 ID 记录和远程控制等安全服务。该系统的功能对应家居环境的门禁安全服务。

电器系统可以提供家居环境中电器的自动控制服务。该系统的功能对应家居环境中的电器控制服务，可提供家居环境舒适度调节服务和电器的自动控制服务。

安防系统可以提供家居环境的常规安全检测及报警服务，涵盖消防安全、燃气安全等。该系统的功能对应家居环境的安全防护服务。

环境监测系统可以采集环境信息，为用户提供准确的环境信息展示服务，满足用户对室内环境的感知需求。该系统的功能对应室内环境感知服务。

（2）项目时间。智慧家居系统的整个开发周期计划为 25 个工作日。

（3）项目开发与实施内容（见表 4.10）。

表 4.10　项目开发和实施内容

序　号	项目开发和实施内容
1	项目可行性分析、总体方案设计
2	功能模块概要设计、需求规格说明书
3	功能模块的开发与测试
4	项目整合集成与运行测试
5	项目交付验收、总结汇报

2．项目进度情况

整个项目开发与实施分为 5 个阶段：

阶段 1 为项目调研与总体方案设计阶段，主要完成市场调研报告、市场需求清单、初始业务计划、产品可行性分析报告、总体设计方案书或产品设计说明书、项目开发计划、项目测试与验收计划。本阶段的时间占项目时间的 24%。

阶段 2 为系统模块划分阶段，主要完成项目中门禁系统、电器系统、安防系统、环境监测系统的功能需求分析、业务流程分析、界面设计分析、开发框架以及 Web 图表分析。本阶段的时间占项目时间的 20%。

阶段 3 为独立功能模块开发及系统测试阶段，主要完成项目中门禁系统、电器系统、安防系统、环境监测系统界面开发和软件功能实现，以及智慧家居系统部署与测试。本阶段的时间占项目时间的 32%。

阶段 4 为项目整合、集成阶段，主要完成项目整合、系统集成、进行在线发布、项目运行测试、编写系统集成测试报告、对测试中出现的问题进行修复与调优。本阶段的时间占项目时间的 12%。

阶段 5 为项目交付验收阶段，主要完成项目交付与验收，编写项目交付报告、运维计划、项目总结报告、项目汇报 PPT。本阶段的时间占项目时间的 12%。

3．项目过程中遇到的常见问题

项目问题 1：IP 摄像头的连接设置问题。IP 摄像头是远程摄像头，需要通过路由器或交换机接入互联网。

问题总结：对实施现场的网络设置不清楚，设备的接入要求不明确。

项目问题 2：在云平台服务器以及 MAC 地址设置成功后，设备节点过一段时间才"上线"。

问题总结：底层设备节点在上传数据时有时间设置，上层在成功连接云平台服务器后应主动查询设备节点的状态，底层设备节点不会在设定时间之后上传数据。

项目问题 3：在测试阶段，修改代码之后功能无法实现。

问题总结：建议刷新界面后再进行功能测试。

项目问题 4：进行项目整合测试时，网络拓扑图中的一些设备节点未上线，组网不完整。其解决方案是先启动协调器，再启动设备节点。

问题总结：ZigBee 网络在组网中需要先将协调器入网，再将路由节点与终端节点入网。

4．项目建议

根据项目的实施情况，提出以下建议。

在项目实施前，应重点做好用户需求分析调研，编写的需求说明文档应有明确的需求目标。需求说明文档的内容应包括功能需求、总体框架、开发框架、云平台服务器接口函数、ZXBee 数据通信协议、硬件安装连线图、网络连通性测试手册、功能及性能测试手册等。

在项目实施中，项目负责人应当与开发人员充分及时沟通可能出现的问题，并做出对应的解决方案，这样可以加快项目开发进度，避免后期因交流不充分、不及时而造成项目返工。

在项目交付后，项目负责人应做好项目出现的问题以及优化问题的总结，以便后期的进一步优化，也为后面新的项目开展打下基石。

4.4.3　项目汇报

项目汇报通常是通过 PPT 的形式进行的，智慧家居项目汇报如图 4.6 所示。

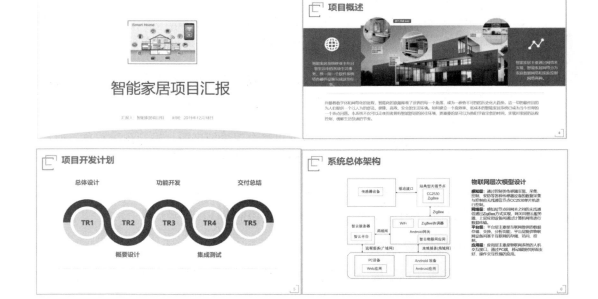

图 4.6　智慧家居项目汇报

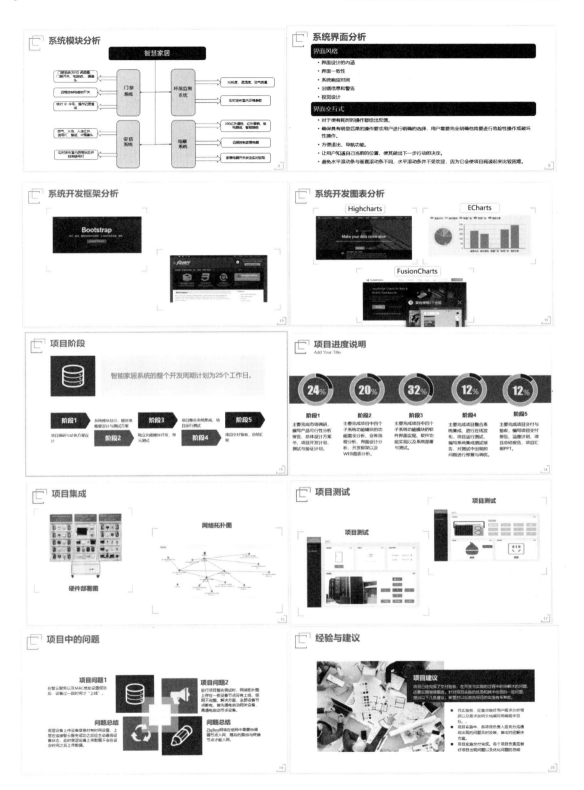

图 4.6　智慧家居项目汇报（续）

4.4.4 项目在线发布

物联网项目线上发布流程如图4.7所示。

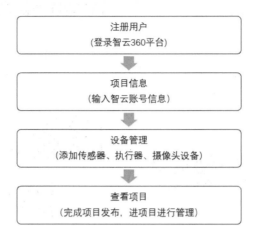

图 4.7　物联网项目线上发布流程

1. 用户注册

新用户需要对应用项目进行注册，登录智云物联网站（www.zhiyun360.com），如图 4.8 所示，单击首页右上角的"注册"，可弹出"欢迎注册"对话框，如图4.9所示。

图 4.8　智云物联网站首页

注册成功后，登录即可进入应用项目后台，可对应用项目进行配置。

2.项目配置

智云物联网站提供了设备管理、自动控制、系统通知、项目信息、账户信息、查看项目等功能。

1）设备管理

设备管理功能用于对底层智能传感/执行硬件设备进行添加和管理，主要设备类型有传感器、执行器、摄像头。

（1）添加传感器。在"菜单列表"中选择"传感器管理"，选择"添加传感器"选项卡，在弹出的"编辑传感器"界面中按照提示填写属性即可，填写完成后单击"完成"按钮即可添加传感器，如图 4.10 所示。

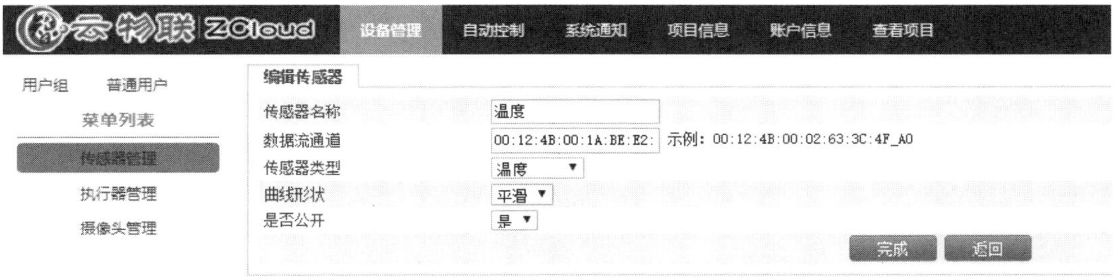

图 4.9 "欢迎注册"对话框

图 4.10　添加传感器

成功添加传感器后，在"传感器管理"选项卡中查看已经添加的传感器信息，如图 4.11 所示。

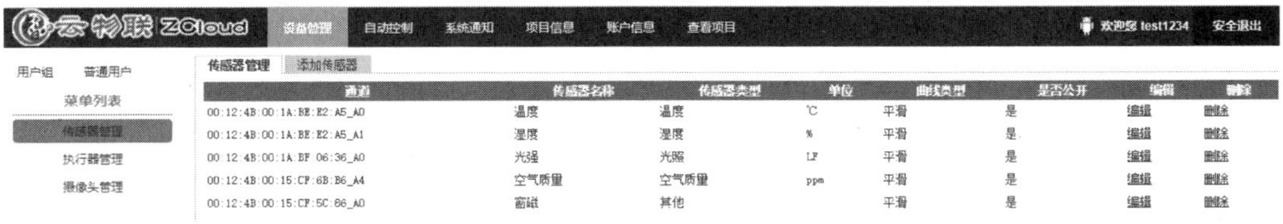

图 4.11　查看已经添加的传感器信息

（2）添加执行器。在"菜单列表"中选择"执行器管理"，选择"添加执行器"选项卡，在弹出的"编辑执行器"界面中按照提示填写属性即可，填写完成后单击"完成"按钮即可添加执行器，如图 4.12 所示。

成功添加执行器后，在"执行器管理"选项卡中查看已经添加的执行器信息，如图 4.13 所示。

2）项目信息

单击图 4.12 中的"项目信息"，可进入编辑项目信息界面，如图 4.14 所示，在该界面中可以编辑项目信息。

图 4.12　添加执行器

执行器地址	执行器名称	执行类型	单位	指令内容	是否公开	编辑	删除
00:12:4B:00:02:63:3C:CF	声光报警	声光报警		{'开':'{OD1=1,D1=?}','关':'{CD1=1,D1=?}','查询':'{D1=?}'}	是	编辑	删除
00:12:4B:00:02:60:E5:1E	步进电机	步进电机		{'正转':'{OD1=3,D1=?}','反转':'{CD1=2,OD1=1,D1=?}','停止':'{CD1=1,D1=?}','查询':'{D1=?}'}	是	编辑	删除
00:12:4B:00:02:60:E3:A9	风扇	风扇		{'开':'{OD1=1,D1=?}','关':'{CD1=1,D1=?}','查询':'{D1=?}'}	是	编辑	删除
00:12:4B:00:02:60:E5:26	RFID	低频RFID		{'开':'{OD0=1,D0=?}','关':'{CD0=1,D0=?}','查询':'{D0=?}'}	是	编辑	删除
00:12:4B:00:02:63:3C:4F	卧室灯光	继电器		{'开':'{OD1=1,D1=?}','关':'{CD1=1,D1=?}'}	是	编辑	删除

图 4.13　查看已经添加的执行器信息

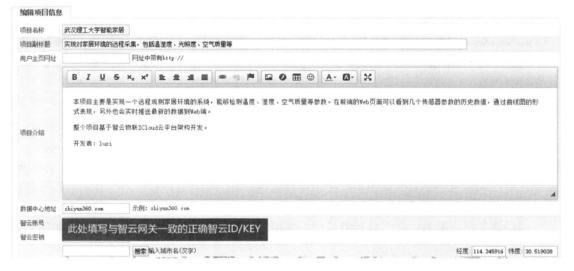

图 4.14　编辑项目信息界面

3）查看项目

单击图 4.12 中的"查看项目"，即可进入用户项目所在的首页。

3．项目发布

用户的项目配置好后，就完成了项目的发布，可以在项目后台设置各种设备的公开权限，普通用户在项目页面无法浏览禁止公开的设备。

项目展示如下所示（http://www.zhiyun360.com/Home/Sensor?ID=46）：

（1）查看传感器数据：单击"数据采集"按钮后，界面的左侧会显示传感器的图片、触感器的名称、实时接收到的数值、在线状态；界面的右侧会显示传感器在某段时间的数据曲线，可选择"实时""最近 1 天""最近 5 天""最近 2 周""最近 1 月""最近 3 月"，如图 4.15 所示。

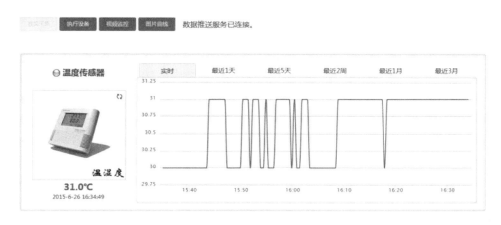

图 4.15　查看传感器数据

（2）实时控制执行器：单击"执行设备"按钮，界面的左侧会显示执行器的图片、执行器的名称、在线状态；界面的右侧会显示该执行器可进行的操作，单击对应的按钮，可对设备进行远程控制，同时可在"反馈信息"栏中查看控制命令及反馈结果，如图 4.16 所示。

图 4.16　实时控制执行器

第 3 篇

智慧城市系统工程

本篇围绕智慧城市系统工程展开物联网工程规划设计的介绍，共 3 章，分别为：

第 5 章为智慧城市系统工程规划设计，共 4 个模块：智慧城市系统工程项目分析、项目开发计划、项目需求分析与设计，以及系统概要设计。

第 6 章为智慧城市系统工程功能模块设计，共 4 个模块：工地系统功能模块设计、抄表系统功能模块设计、洪涝系统功能模块设计，以及路灯系统功能模块设计。

第 7 章为智慧城市系统工程测试与总结，共 4 个模块：系统集成与部署、系统综合测试、系统运行与维护，以及项目总结、汇报和在线发布。

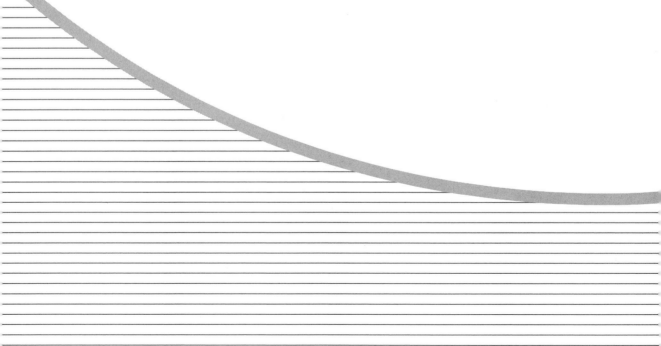

智慧城市系统工程规划设计

本章介绍智慧城市系统工程规划设计，主要内容包括智慧城市系统工程项目分析、项目开发计划、项目需求分析与设计，以及系统概要设计。

5.1 智慧城市系统工程项目分析

5.1.1 智慧城市概述

随着信息技术的发展和城市化的进程，城市发展面临着前所未有的挑战。城市人口迅速扩张、环境日益恶化、自然资源日益匮乏、交通拥堵、人口老龄化趋势严重等问题严重制约着城市的发展，运用新技术破解城市难题已经成为现代城市发展的主题。互联网、大数据、云计算和 GIS 等新技术的兴起使得城市发展的进程加快，智慧城市在此条件下应运而生。智慧城市建设已经是当代城市发展的总体趋势，目前多个国都已积极投入智慧城市的建设中。智慧城市建设的目标是通过运用新技术来满足不同社会群体的差异化需求，提升城市服务质量。

1．智慧城市发展状况

我国智慧城市发展划分为三个阶段，即萌芽阶段、探索试点阶段、建设新型智慧城市阶段。

1）萌芽阶段

2010 年以前，我国强调"数字城市"的概念，数字城市是应用计算机、互联网、3S、多媒体等技术将城市地理信息和城市其他信息相结合，数字化并存储于计算机网络上所形成的城市虚拟空间。数字城市建设通过空间数据基础设施的标准化、各类城市信息的数字化整合多方资源，从技术和体制两方面为实现数据共享和互操作提供了基础，实现了城市 3S 技术的一体化集成和各行业、各领域信息化的深入应用，在此基础上将包括自然资源、社会资源、基础设施、人文、经济等有关的城市信息，以数字形式获取并加载上去，从而为政府和社会各方面提供广泛的服务。

2）探索试点阶段

2010 年，IBM 提出"智慧的城市"，同年物联网、移动互联技术应用加速，智慧城市的概念已经得到国内的认可，并引发了国内智慧城市建设的浪潮。2011 年开始，我国从中央各主管部委到行业、省市，多点、多层次的智慧城市规划纷纷出台。这些规划从宏观政策引导、应用行业指南、扶持资金支持等多个层面形成了对智慧城市发展的强大政策推动力，为我国智慧城市发展创造了良好的环境。进入 2012 年下半年，在住房和城乡建设部的推动下，智慧城市试点示范工作正式启动。2013 年住房和城乡建设部公布第一批试点城市名单。我国正式从数字城市转入智慧城市阶段，国民对智慧城市的接受程度大幅提升。相比数字城市，智慧城市在数据处理、应用、决策支持、互联互通等方面都取得明显的进步。通过试点，智慧城市解决方案在数据采集和传输的技术及资源基础上，依托物联网、云计算、大数据、空间地理信息集成等新一代信息技术，实现数据的互联互通和共享，实现城市规划、建设、管理和服务的智慧化。在这一轮智慧城市的建设热潮中，我国智慧城市各个领域的智慧化建设取得积极进展和成效。

3）建设新型智慧城市阶段

2015 年，中共中央网络安全和信息化委员会办公室、国家互联网信息办公室提出了"新型智慧城市"概念，并在深圳、福州和嘉兴三地进行先行试点。2016 年，在中共中央办公厅、国务院办公厅印发的《国民经济和社会发展第十三个五年规划纲要》中明确提出：以基础设施智能化、公共服务便利化、社会治理精细化为重点，充分运用现代信息技术和大数据，建设一批新型示范性智慧城市。2016 年，国务院正式发布《"十三五"国家信息化规划》，明确了新型智慧城市建设的行动目标：到 2018 年，分级分类建设 100 个新型示范性智慧城市；到 2020 年，新型智慧城市建设取得卓著成效。

虽然我国对于智慧城市的研究相比欧美国家起步较晚，但是随着我国政府的大力推进，我国关于智慧城市的研究也取得了较大的成就。

2. 我国智慧城市建设的有关政策

2012 年，住房和城乡建设部办公厅发布了关于开展国家智慧城市试点工作的通知，提出智慧城市建设是贯彻党中央、国务院关于创新驱动发展、推动新型城镇化、全面建成小康社会的重要举措。

2014 年，国家发展和改革委员会等部门发布了《关于印发促进智慧城市健康发展的指导意见的通知》，该通知指出智慧城市是运用物联网、云计算、大数据、空间地理信息集成等新一代信息技术，促进城市规划、建设、管理和服务智慧化的新理念和新模式。建设智慧城市，对加快工业化、信息化、城镇化、农业现代化融合，提升城市可持续发展能力具有重要意义。该通知提出要积极运用新一代信息技术新业态建设智慧城市。

（1）加快重点领域物联网的应用。支持物联网在高能耗行业的应用，促进生产制造、经营管理和能源利用智能化，鼓励物联网在农产品生产流通等领域应用，加快物联网在城市管理、交通运输、节能减排、食品药品安全、社会保障、医疗卫生、民生服务、公共安全、产品质量等领域的推广应用，提高城市管理精细化水平，逐步形成全面感知、广泛互联的城市智能管理和服务体系。

（2）促进云计算和大数据的健康发展。鼓励电子政务系统向云计算模式迁移，在教育、医疗卫生、劳动就业、社会保障等重点民生领域，推广低成本、高质量、广覆盖的云服务，支持各类企业充分利用公共云计算服务资源。加强基于云计算的大数据开发与利用，在电子商务、工业设计、科学研究、交通运输等领域，创新大数据模式，服务城市经济社会发展。

（3）推动信息技术集成的应用。面向公众实际需要，重点在交通运输联程联运、城市共同配送、灾害防范与应急处置、家居智能管理、居家看护与健康管理、集中养老与远程医疗、智能建筑与智慧社区、室内外统一位置服务、旅游娱乐消费等领域，加强移动互联网、遥感遥测、北斗导航、地理信息等技术的集成应用，创新服务模式，为城市居民提供方便、实用的新型服务。

2016 年，国务院关于印发"十三五"国家信息化规划的通知新型智慧城市建设行动。提出了行动目标：到 2018 年，分级分类建设 100 个新型示范性智慧城市；到 2020 年，新型智慧城市建设取得显著成效，形成融合创新的信息经济、精准精细的城市治理、安全可靠的运行体系，并达到以下建设成果：

（1）分级分类推进新型智慧城市建设。根据城市功能和地理区位、经济水平和生活水平，加强分类指导，差别化施策，统筹各类试点示范。

（2）打造智慧高效的城市治理。推进智慧城市时空信息云平台建设试点，运用时空信息大数据开展智慧化服务，提升城市规划建设和精细化管理服务水平。

（3）推动城际互联互通和信息共享。深化网络基础设施共建共享，把互联网、云计算等作为城市基础设施加以支持和布局，促进基础设施互联互通。

（4）建立安全可靠的运行体系。加强智慧城市网络安全规划、建设、运维管理，研究制订城市网络安全评价指标体系。

3．智慧城市应用前景

有两种驱动力推动智慧城市的逐步形成，一是以物联网、云计算、移动互联网为代表的新一代信息技术，二是知识社会环境下逐步孕育的开放城市创新生态。建设智慧城市在实现城市可持续发展、引领信息技术应用、提升城市综合竞争力等方面具有重要意义。

（1）实现城市可持续发展需要。随着城市人口不断膨胀，"城市病"成为困扰城市建设与管理的首要难题，资源短缺、环境污染、交通拥堵、安全隐患等问题日益突出。由于智慧城市综合采用了包括射频传感技术、物联网技术、云计算技术等新一代信息技术，因此能够有效地化解城市目前存在的各种问题。这些技术的应用能够使城市变得更易于被感知，更易于充分整合城市资源，在此基础上实现对城市的精细化和智能化管理，从而减少资源消耗、降低环境污染、解决交通拥堵、消除安全隐患，最终实现城市的可持续发展。

（2）信息技术发展需要。当前，全球信息技术呈加速发展趋势，信息技术在国民经济中的地位日益突出，信息资源也日益成为重要的生产要素。为避免在新一轮信息技术产业竞争中陷于被动，提出了发展智慧城市的战略布局，以期更好地把握新一轮信息技术变革所带来的巨大机遇，进而促进经济社会发展。

（3）提高综合竞争力。一方面，智慧城市的建设将极大地带动包括物联网、云计算、三网融合、下一代互联网以及新一代信息技术在内的战略性新兴产业的发展；另一方面，智慧城市的建设对医疗、交通、物流、金融、通信、教育、能源、环保等领域的发展也具有明显的带动作用，对我国扩大内需、调整结构、转变经济发展方式的促进作用同样显而易见。

5.1.2　智慧城市的关键技术

智慧城市的关键技术主要包括无线通信技术、嵌入式系统、云平台应用技术、Android 应用技术和 HTML 技术，详见 2.1.2 节。

5.2　项目开发计划

智慧城市系统工程的项目开发计划主要包括项目里程碑计划和项目沟通计划，以及确定人力资源和技能的需求。智慧城市系统工程的项目开发计划和智慧家居系统工程的项目开发计划类似，详见 2.2 节。

5.3　项目需求分析与设计

5.3.1　智慧城市项目概述

《关于印发促进智慧城市健康发展的指导意见的通知》指出，智慧城市是运用物联网、云计算、大数据、空间地理信息集成等新一代信息技术，促进城市规划、建设、管理和服务智慧化的新理念和新模式。建设智慧城市，对加快工业化、信息化、城镇化、农业现代化，提升城市可持续发展能力，具有重要意义。近年来，我国智慧城市建设取得了巨大的进展，但也暴露出缺乏顶层设计和统筹规划、体制机制创新滞后、网络安全隐患和风险突出等问题，一些地方出现思路不清、盲目建设的苗头，亟待加强引导。

智慧城市通过物联网基础设施、云计算基础设施、地理空间基础设施等，实现全面透彻的感知、宽带泛在的互联、智能融合，采用视觉采集和识别、各类传感器、无线定位系统、RFID、条码识别、视觉标签等技术，构建智能视觉物联网，对城市综合体的要素进行智能感知、自动数据采集，涵盖城市综合体当中的、办公、居住、旅店、展览、餐饮、会议、文娱和交通、灯光照明、信息通信和显示等方方面面，将采集的数据可视化和规范化，让城市管理者能进行可视化城市综合体管理。

5.3.2　智慧城市功能需求

智慧城市的功能主要在以下几个方面：

（1）公共服务便捷化。在教育文化、医疗卫生、劳动就业、社会保障、住房保障、环境保护、交通出行、防灾减灾、检验检测等公共服务领域，基本建成覆盖城乡居民的信息服务体系，公众获取基本公共服务更加方便、及时、高效。

（2）城市管理精细化。市政管理、人口管理、交通管理、公共安全、应急管理、市场监管、检验检疫、食品药品安全、饮用水安全等社会管理领域的信息化体系基本形成，统筹数字化城市管理信息系统、城市地理空间信息及建筑物数据库等资源，大幅提升城市规划和城市基础设施管理的数字化、精准化水平，以及政府行政效能和城市管理水平。

（3）生活环境宜居化。显著提高居民生活数字化水平，水、大气、噪声、土壤和自然植被等环境智能监测体系，以及污染物排放、能源消耗等在线防控体系基本建成，促进城市居住环境得以改善。

（4）基础设施智能化。宽带、融合、安全、泛在的下一代信息基础设施基本建成，电力、燃气、交通、水务、物流等公用基础设施的智能化水平大幅提升，运行管理实现精准化、协同化、一体化。工业化与信息化深度融合，加快信息服务业发展。

（5）网络安全长效化。城市网络安全保障体系和管理制度基本建立，基础网络和要害信息系统安全可控，重要信息资源安全得到切实保障，居民、企业和政府的信息得到有效保护。

5.4　系统概要设计

5.4.1　系统概述

随着城市规模的高速发展、工业化的不断推进，人们对城市生存环境日益重视，环境监测已成为城市管理者合理利用环境资源、保护生态环境的工作重点。将传统的环境监测技术与信息技术有机结合，是当前城市环境监测研究的重要任务之一。由于城市环保问题涉及多个方面，突发污染事件对环境监测手段的建设周期、实时性都提出很高的要求。通常城市环境需求主要有以下几点：

（1）实时数据需求。城市环境是在不断改变的，同一城市的不同时刻的环境数据可能是不一样的。要想了解某一时刻的城市环境数据，就需要实时监控环境，这是智慧城市系统工程中重要的需求之一。

（2）历史数据需求。城市环境是按照某种规律周期性变化的，通过当前数据是无法得到环境变化的规律的。通常，环境的变化规律是通过对大量数据进行分析，然后通过建立数学模型来得到的，所以历史数据的查询与分析也是智慧城市系统工程中不可缺少的需求。

（3）城市资讯需求。城市资讯是了解一个城市的快速方式，了解城市的实时资讯有助于生活的便捷化。例如，当某一路段十分拥堵时，可将该资讯上传到网络上，此时了解城市的实时资讯就可以及时更改路线，避开拥堵路段。城市资讯需求也是智慧城市系统工程中的重要需求之一。

（4）灾害预警需求。一旦发生自然灾害，轻则损失财产，重则失去宝贵的生命。提前预警灾害、减小财产损失、保护生命安全是智慧城市系统工程中最重要的一个需求。

5.4.2　总体架构设计

智慧城市系统是基于物联网四层架构设计的，其总体架构如图 5.1 所示。

感知层：主要包括采集类、控制类、安防类传感器，这些传感器由 ZXBeeLiteB 无线节点（经典型无线节点）中的 CC2530 控制。

网络层：感知层中的 ZXBeeLiteB 无线节点同 Android 网关之间的通信是通过 ZigBee 网络实现的，网关同智云平台服务器（智云服务器）、上层应用设备之间通过局域网进行数据传输。

平台层：平台层提供物联网设备之间基于互联网的存储、访问和控制。

应用层：应用层主要是物联网系统的人机交互接口，通过 PC 端和 Android 端提供界面友好、操作交互性强的应用。

5.4.3 功能模块划分

根据服务类型，可将智慧城市系统分为以下几个功能模块：

（1）工地系统。工地系统可以提供环境数据采集的服务，可以为用户提供准确的环境数据及其展示服务，满足用户的实时环境的感知需求。

（2）抄表系统。抄表系统通过物联网技术，将用户水、电信息打包上传到应用层，每一块水表和电表都有 RFID 卡（可以存储用户信息），相关部门可以实时监控每一块水表和电表的在线运行情况。

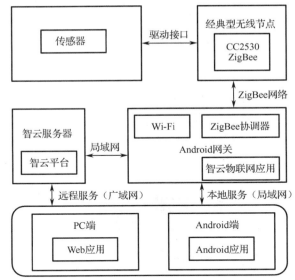

图 5.1　智慧城市系统的总体架构

（3）洪涝系统。洪涝系统可以提供城市市政中常规排水的安全检测及预警服务，服务内容涵盖市政道路、自然湖泊等。

（4）路灯系统。路灯系统可以提供城市的实时资讯，为用户提供了解城市实时咨询的通道。

智慧城市系统功能模块框图如图 5.2 所示。

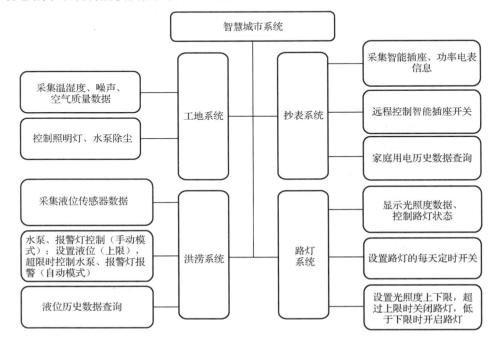

图 5.2　智慧城市系统功能模块框图

5.4.4　硬件选型概述

由于智慧家居系统的复杂性和特殊性，对于其硬件平台的设计需要遵循统一规划、高可用性、高扩展性、高安全性、高可维护性和合适性价比等原则。根据智慧家居系统功能模块的分类，可确定硬件设备的种类如下：

根据智慧城市系统子系统的分类可确定传感器种类如下：

工地系统：空气质量传感器、噪声传感器、信号灯控制器、信号灯。

抄表系统：智能插座、功率电表。

洪涝系统：液位传感器、水泵、信号灯控制器、信号灯。

路灯系统：光照度传感器、信号灯控制器、信号灯、人体红外传感器、接近开关。

智慧城市系统中的无线节点采用 ZXBeeLiteB 无线节点和 ZXBeePlus 无线节点（增强型无线节点），ZXBeeLiteB 无线节点和智能网关（Android 网关）的选型详见 2.4.4 节，ZXBeePlus 无线节点的选型如下所述。

ZXBeePlus 无线节点如图 5.3 所示。

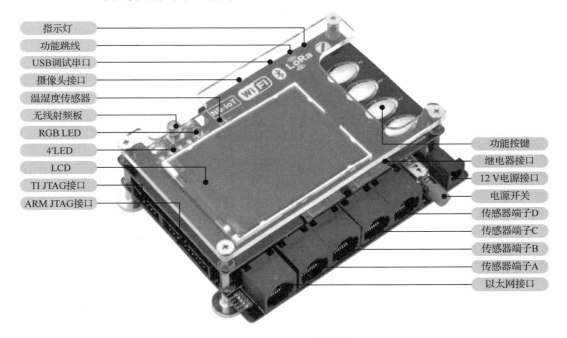

图 5.3　ZXBeePlus 无线节点

5.4.5　无线网络设计

智慧城市系统的无线网络设计与智慧家居系统类似，详见 2.4.6 节。

第**6**章

智慧城市系统工程功能模块设计

本章介绍智慧城市系统工程功能模块设计，主要内容包括工地系统功能模块设计、抄表系统功能模块设计、洪涝系统功能模块设计和路灯系统功能模块设计。

6.1 工地系统功能模块设计

6.1.1 硬件系统设计与分析

1．硬件功能需求分析

工地系统的功能设计如图 6.1 所示。

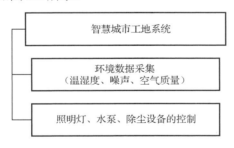

图 6.1 工地系统的设计功能

2．通信流程分析

从数据传输的过程来看，工地系统的通信涉及传感器节点、网关和客户端（包括 Android 端与 Web 端）。工地系统的通信流程如图 6.2 所示，具体描述如下：

（1）搭载了传感器的 ZXBeeLiteB 无线节点和 ZXBeePlus 无线节点，加入由网关协调器组建的 ZigBee 网络，并通过 ZigBee 网络进行通信。

（2）ZXBeeLiteB 无线节点和 ZXBeePlus 无线节点中的传感器采集到数据后，通过 ZigBee 网络将采集到的数据发送到网关的协调器，协调器通过串口将数据发送给网关智云服务，通过实时数据推送服务将数据推送给客户端和云平台。

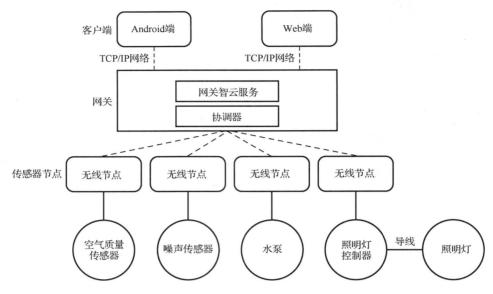

图 6.2　工地系统的通信流程

6.1.2　设备节点选型分析

1．空气质量传感器

工地系统中的空气质量传感器通过 RJ45 端口连接到 ZXBeeLiteB 无线节点的 A 端子，关于空气质量传感器的简介请参考 3.4.2 节。

2．噪声传感器

工地系统中使用的噪声传感器如图 6.3 所示。噪声传感器的通信接口是 RS-485 串口，在实际应用中，噪声传感器通过 RJ45 端口连接到 ZXBeeLiteB 无线节点的 A 端子。

3．水泵

地系统中使用的水泵如图 6.4 所示。水泵是由水泵控制器来控制的，在实际使用中，水泵通过 RJ45 端口连接到 ZXBeePlus 无线节点的 C 端子，由继电器 KS2 来控制，默认的状态为关闭，当向继电器 KS2 写高电平时，可打开水泵。

图 6.3　噪声传感器

图 6.4　水泵

4．信号灯控制器

工地系统中的信号灯控制器通过 RJ45 端口连接到 ZXBeeLiteB 无线节点的 A 端子，关于信号灯控制器的简介请参考 3.3.2 节。

6.1.3 设备节点驱动程序的设计

1．空气质量传感器驱动程序的设计

工地系统中空气质量传感器驱动程序和智慧家居环境监测系统中的空气质量传感器驱动程序类似，其设计详见 3.4.3 节。

2．噪声传感器驱动程序的设计

噪声传感器的驱动函数如表 6.1 所示。

表 6.1 噪声传感器的接口函数

函 数 名 称	函 数 说 明
void Noise_init(void)	功能：初始化噪声传感器
void Noise_update(void)	功能：更新噪声传感器采集的数据
float get_Noise_val(void)	功能：获取噪声传感器采集的数据。返回值：噪声值
static void uart_485_write(uint8 *pbuf, uint16 len)	功能：通过 RS-485 串口发送数据（命令）。参数：*pbuf 表示发送数据的指针；len 表示发送数据的长度
static void uart_callback_func(uint8 port, uint8 event)	功能：RS-485 串口回调函数。参数：port 表示端口号；event 表示事件编号
static void node_uart_callback (uint8 port ,uint8 event)	功能：设备节点 RS-485 串口回调函数。参数：port 表示端口号；event 表示事件编号
static void node_uart_init(void)	功能：初始化 RS-485 串口
static uint16 calc_crc(uint8 *pbuf, uint8 len)	功能：CRC 校验。参数：*pbuf 表示校验指针；len 表示校验数组长度

噪声传感器的驱动函数代码如下：

```
/*****************************************************************************
* 全局变量
*****************************************************************************/
static uint8 f_szGetNoise[8]={0x01,0x03,0x00,0x00,0x00,0x01,0x84,0x0A};//读取数据命令，采用 RS-485
                                                                      串口通信
static float Noise_VAL = 0.0;                                         //缓存噪声值
*****************************************************************************
* 函数名称：Noise_init()
* 函数功能：初始化噪声传感器
*****************************************************************************/
void Noise_init(void)
{
    //初始化传感器
    node_uart_init();
```

```
        Noise_update();
}
/*******************************************************************************
* 函数名称: Noise_update()
* 函数功能: 更新噪声传感器采集的数据，并保存到全局静态变量(Noise_VAL)中
*******************************************************************************/
void Noise_update(void)
{
        uart_485_write(f_szGetNoise, sizeof(f_szGetNoise));
}
/*******************************************************************************
* 函数名称: get_Noise_val()
* 函数功能: 获取噪声传感器采集的数据
* 返 回 值: 噪声值
*******************************************************************************/
float get_Noise_val(void)
{
        return (Noise_VAL*0.1);
}
/*******************************************************************************
* 函数名称: uart_485_write()
* 函数功能: 通过 RS-485 串口发送数据（命令）
* 函数参数: *pbuf 表示发送数据的指针；len 表示发送数据的长度
*******************************************************************************/
static void uart_485_write(uint8 *pbuf, uint16 len)
{
        HalUARTWrite(HAL_UART_PORT_0, pbuf, len);
}
/*******************************************************************************
* 函数名称: uart_callback_func()
* 函数功能: RS-485 串口回调函数
* 函数参数: port 表示端口号；event 表示事件编号
*******************************************************************************/
static void uart_callback_func(uint8 port, uint8 event)
{
        if (event & HAL_UART_TX_EMPTY){
                uint16 szDelay[] = {2000,1000,500,100,10,10000,4000};
                MicroWait(szDelay[HAL_UART_BR_9600]);//波特率越小时延越大，时延太大将影响数据的接收
        }
        node_uart_callback(port, event);
}
/*******************************************************************************
* 函数名称: node_uart_callback()
* 函数功能: 设备节点 RS-485 串口回调函数
* 函数参数: port 表示端口号；event 表示事件编号
*******************************************************************************/
static void node_uart_callback ( uint8 port ,uint8 event)
```

```
{
#define RBUFSIZE 128
    (void)event;                                        //此处暂不定义参数
    uint8   ch;
    static uint8 szBuf[RBUFSIZE];
    static uint8   len = 0;

    //接收通过串口传来的数据
    while (Hal_UART_RxBufLen(port)){                    //获取数据
        HalUARTRead (port, &ch, 1);                     //提取数据赋予 ch
        if (len > 0){                                   //如果长度大于 0
            szBuf[len++] = ch;                          //将 ch 值赋予 szBuf 并将地址加 1
            if (len == 7){                              //如果长度为 7, 数据接收完毕
                uint16 crc;
                crc = calc_crc(szBuf, 5);               //循环冗余检验, 检验最后 2 个字节
                if (crc == ((szBuf[6]<<8) | szBuf[5])){ //如果正确
                    Noise_VAL = (szBuf[3]<<8) | szBuf[4]; //提取传感器采集噪声值
                }
                len = 0;                                //数据提取成功, 将 len 清 0
            }
        }else{
            if (len == 0 && ch == 0x01){                //当检测到数据 0x01 且 len 为 0
                szBuf[len++] = ch;                      //将 ch 值赋予 szBuf 并将地址加 1
            }else{
                len = 0;                                //否则数据错误, 将 len 清 0
            }
        }
    }
}
/*******************************************************************************
* 函数名称: node_uart_init()
* 函数功能: RS-485 串口初始化
*******************************************************************************/
static void node_uart_init(void)
{
    halUARTCfg_t _UartConfigure;
    //UART 配置信息
    _UartConfigure.configured              = TRUE;
    _UartConfigure.baudRate                = HAL_UART_BR_9600;
    _UartConfigure.flowControl             = FALSE;
    _UartConfigure.rx.maxBufSize           = 128;
    _UartConfigure.tx.maxBufSize           = 128;
    _UartConfigure.flowControlThreshold    = (128 / 2);
    _UartConfigure.idleTimeout             = 6;
    _UartConfigure.intEnable               = TRUE;
    _UartConfigure.callBackFunc            = uart_callback_func;
```

```
    //启动 UART 功能
    HalUARTOpen (HAL_UART_PORT_0, &_UartConfigure);
    U0BAUD = 59;
    U0GCR = 7;                                              //设置波特率为 4800 bps
}
/***********************************************************************
 * 函数名称：calc_crc()
 * 函数功能：CRC 校验
 * 函数参数：*pbuf 表示校验指针；len 表示校验数组长度
 ***********************************************************************/
static uint16 calc_crc(uint8 *pbuf, uint8 len)
{
    uint16 crc = 0xffff;
    uint8 k, i;

    for (k = 0; k < len; k++)
    {
        crc = crc ^ pbuf[k];
        for(i = 0; i < 8; i++)
        {
            uint8 tmp;
            tmp = crc&1;
            crc = crc>>1;
            crc &= 0x7fff;
            if (tmp == 1)
            {
                crc ^= 0xa001;
            }
            crc &= 0xffff;
        }
    }
    return crc;
}
```

3．水泵控制器驱动程序的设计

水泵控制器的驱动函数如表 6.2 所示。

表 6.2　水泵控制器的驱动函数

函 数 名 称	函 数 说 明
void relay_init(void)	功能：初始化水泵控制器，即继电器
void relay_control(unsigned char cmd)	功能：控制继电器。参数：cmd 表示控制命令
unsigned int relay_get(void)	功能：获得继电器状态。返回值：继电器状态
void relay_on(unsigned int s)	功能：打开继电器。参数：s 表示控制命令
void relay_off(unsigned int s)	功能：关闭继电器。参数：s 表示控制命令

水泵控制器驱动函数的代码如下：

```
static unsigned char relay_status = 0;
/**************************************************************************
* 函数名称：relay_init()
* 函数功能：初始化继电器
**************************************************************************/
void relay_init(void)
{
    GPIO_InitTypeDef GPIO_InitStructure;                    //定义一个 GPIO_InitTypeDef 类型的结构体
    RCC_AHB1PeriphClockCmd(RCC_AHB1Periph_GPIOC, ENABLE); //开启继电器相关 GPIO 外设时钟

    GPIO_InitStructure.GPIO_Pin = GPIO_Pin_12 | GPIO_Pin_13;   //选择要控制的 GPIO 引脚
    GPIO_InitStructure.GPIO_OType = GPIO_OType_PP;             //设置引脚的输出类型为推挽模式
    GPIO_InitStructure.GPIO_Mode = GPIO_Mode_OUT;             //设置引脚模式为输出模式
    GPIO_InitStructure.GPIO_PuPd = GPIO_PuPd_DOWN;            //设置引脚为下拉模式
    GPIO_InitStructure.GPIO_Speed = GPIO_Speed_2MHz;         //设置引脚速率为 2 MHz
    GPIO_Init(GPIOC, &GPIO_InitStructure);                    //初始化 GPIO 配置
    GPIO_ResetBits(GPIOC,GPIO_Pin_12 | GPIO_Pin_13);
}
/**************************************************************************
* 函数名称：void relay_control(unsigned char cmd)
* 函数功能：控制继电器
* 函数参数：控制命令
**************************************************************************/
void relay_control(unsigned char cmd)
{
    if(cmd & 0x01)
        GPIO_SetBits(GPIOC,GPIO_Pin_12);
    else
        GPIO_ResetBits(GPIOC,GPIO_Pin_12);
    if(cmd & 0x02)
        GPIO_SetBits(GPIOC,GPIO_Pin_13);
    else
        GPIO_ResetBits(GPIOC,GPIO_Pin_13);
}
unsigned int relay_get(void)
{
    return relay_status;
}
void relay_on(unsigned int s)
{
    relay_status |= s;
    if (s & 0x01)
    {
        GPIOC->BSRRL = GPIO_Pin_12;
    }
```

```
        if (s & 0x02)
        {
            GPIOC->BSRRL = GPIO_Pin_13;
        }
}
void relay_off(unsigned int s)
{
    relay_status &= ~s;
    if (s & 0x01)
    {
        GPIOC->BSRRH = GPIO_Pin_12;
    }
    if (s & 0x02)
    {
        GPIOC->BSRRH = GPIO_Pin_13;
    }
}
```

4. 信号灯控制器驱动程序的设计

工地系统中的信号灯控制器驱动程序和智慧家居安防系统中的信号灯控制器驱动程序类似，其设计详见 3.3.3 节。

6.1.4 设备节点驱动程序的调试

1. 空气质量传感器驱动程序的调试

工地系统中空气质量传感器驱动程序的调试和智慧家居环境监测系统中空气质量传感器驱动程序的调试类似，请参考 3.4.4 节。

2. 噪声传感器驱动程序的调试

1）通过 RS-485 串口发送命令来读取噪声传感器的数据

（1）在 sensor.c 文件的 sensorInit()函数中，通过 Noise_init()函数对 RS-485 串口进行配置，相关配置函数和代码如图 6.5 到图 6.7 所示。

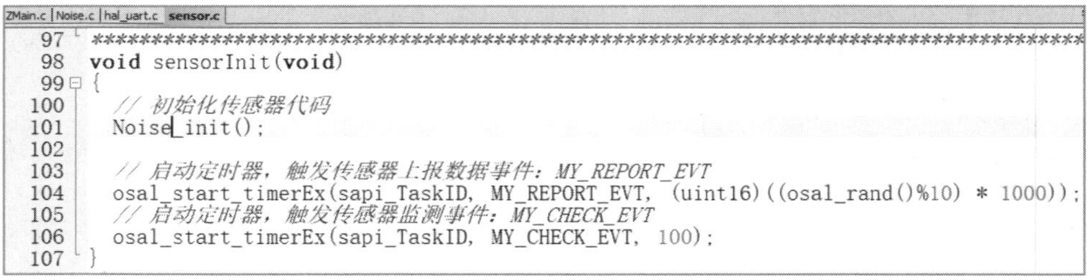

```
ZMain.c | Noise.c | hal_uart.c | sensor.c
97    *********************************************************************************
98    void sensorInit(void)
99  □ {
100      // 初始化传感器代码
101      Noise_init();
102
103      // 启动定时器，触发传感器上报数据事件: MY_REPORT_EVT
104      osal_start_timerEx(sapi_TaskID, MY_REPORT_EVT, (uint16)((osal_rand()%10) * 1000));
105      // 启动定时器，触发传感器监测事件: MY_CHECK_EVT
106      osal_start_timerEx(sapi_TaskID, MY_CHECK_EVT, 100);
107  └ }
```

图 6.5　RS-485 串口的配置函数和代码（1）

```
ZMain.c  Noise.c  hal_uart.c  sensor.c  f8wConfig.cfg  AppCommon.c  zxbee-inf.c
44    *********************************************************************
45    void Noise_init(void)
46  □ {
47        // 初始化传感器代码
48        node_uart_init();
49
50        Noise_update();
51    }
```

图 6.6　RS-485 串口的配置函数和代码（2）

```
ZMain.c  Noise.c  hal_uart.c  sensor.c  f8wConfig.cfg  AppCommon.c  zxbee-inf.c          node_uart_call
159      static void node_uart_init(void)
160  □ {
161        halUARTCfg_t _UartConfigure;
162
163        // UART 配置信息
164        _UartConfigure.configured          = TRUE;
165        _UartConfigure.baudRate            = HAL_UART_BR_9600;
166        _UartConfigure.flowControl         = FALSE;
167        _UartConfigure.rx.maxBufSize       = 128;
168        _UartConfigure.tx.maxBufSize       = 128;
169        _UartConfigure.flowControlThreshold = (128 / 2);
170        _UartConfigure.idleTimeout         = 6;
171        _UartConfigure.intEnable           = TRUE;
172        _UartConfigure.callBackFunc        = uart_callback_func;
173
174        // 启动 UART 功能
175        HalUARTOpen (HAL_UART_PORT_0, &_UartConfigure);
176        U0BAUD = 59;
177        U0GCR = 7;
178    }
```

图 6.7　RS-485 串口的配置函数和代码（3）

（2）在 sensor.c 文件的 MyEventProcess()函数中，先通过判断被触发的事件来调用 sensorUpdate()函数或 sensorCheck()函数，如图 6.8 所示；再调用 updateA0()函数来更新噪声传感器采集的数据，如图 6.9 所示。

```
ZMain.c  Noise.c  hal_uart.c  sensor.c                                            f0 ▾
270      void MyEventProcess( uint16 event )
271  □ {
272        if (event & MY_REPORT_EVT) {
273            sensorUpdate();
274            //启动定时器，触发事件: MY_REPORT_EVT
275            osal_start_timerEx(sapi_TaskID, MY_REPORT_EVT, V0*1000);
276        }
277        if (event & MY_CHECK_EVT) {
278            sensorCheck();
279            // 启动定时器，触发事件: MY_CHECK_EVT
280            osal_start_timerEx(sapi_TaskID, MY_CHECK_EVT, 1000);
281        }
282    }
```

图 6.8　通过判断被触发的事件来调用 sensorUpdate()函数或 sensorCheck()函数

```
ZMain.c  Noise.c  hal_uart.c  sensor.c  f8wConfig.cfg  AppCommon.c  zxbee-inf.c
56      void updateV0(char *val)
57  □ {
58        //将字符串变量val解析转换为整型变量赋值
59        V0 = atoi(val);
60    }
```

图 6.9　调用 updateA0()函数来更新噪声传感器采集的数据

（3）调用 get_Noise_val()函数来计算实际的噪声值，如图 6.10 所示。

```
ZMain.c  Noise.c  hal_uart.c | sensor.c | f8wConfig.cfg | AppCommon.c | zxbee-inf.c                     node_uart_callback(uint8, uint8
74   float get_Noise_val(void)
75  {
76      return (Noise_VAL*0.1);
77  }
```

图 6.10　调用 get_Noise_val()函数来计算实际的噪声值

（4）调用 node_uart_callback()函数，通过 RS-485 串口来读取噪声值，即 Noise_VAL 的值，并将读取到的数据保存到 szBuf[]中。通过 RS-485 串口来读取噪声值的代码如图 6.11 所示。

```
ZMain.c  Noise.c  hal_uart.c | sensor.c
119  ****************************************************
120  static void node_uart_callback ( uint8 port, uint8 event )
121  {
122  #define RBUFSIZE 128
123    (void)event;
124    uint8  ch;
125    static uint8 szBuf[RBUFSIZE];
126    static uint8  len = 0;
127
128    // 接收通过串口传来的数据
129    while (Hal_UART_RxBufLen(port)){
130      HalUARTRead (port, &ch, 1);
131      if (len > 0){
132        szBuf[len++] = ch;
133        if (len == 7){
134          uint16 crc;
135          crc = calc_crc(szBuf, 5);
136          if (crc == ((szBuf[6]<<8) | szBuf[5])){
137            Noise_VAL = (szBuf[3]<<8) | szBuf[4];
138          }
139          len = 0;
140        }
141      }else{
142        if (len == 0 && ch == 0x01){
143          szBuf[len++] = ch;
144        }else{
145          len = 0;
146        }
147      }
148    }
149  }
```

图 6.11　通过 RS-485 串口来读取噪声值的代码

2）通过 RS-485 串口读取噪声传感器数据的调试

运行系统程序并进入调试界面，在 node_uart_callback()函数中设置断点，如图 6.12 所示，并将 szBuf[]、Noise_VAL 加入 Watch 1 窗口。

```
ZMain.c  Noise.c  hal_uart.c | sensor.c                         node_uart_callback(uint8, uint   Watch 1
120  static void node_uart_callback ( uint8 port, uint8          Expression        Value
121  {                                                            szBuf             " "
122  #define RBUFSIZE 128                                         Noise_V...        0.0
123    (void)event;                                              <Click to
124    uint8  ch;
125    static uint8 szBuf[RBUFSIZE];
126    static uint8  len = 0;
127
128    // 接收通过串口传来的数据
129    while (Hal_UART_RxBufLen(port)){
130      HalUARTRead (port, &ch, 1);
131      if (len > 0){
132        szBuf[len++] = ch;
133        if (len == 7){
134          uint16 crc;
135          crc = calc_crc(szBuf, 5);
136          if (crc == ((szBuf[6]<<8) | szBuf[5])){
137            Noise_VAL = (szBuf[3]<<8) | szBuf[4];
```

图 6.12　在 node_uart_callback()函数中设置断点

当程序运行到第 1 个断点处时，可获取 szBuf[]数组中的数据，如图 6.13 所示。

图 6.13　获取 szBuf[]数组中的数据

继续运行程序，当程序运行到第 2 个断点处时，可获得 Noise_VAL 的值，如图 6.14 所示。

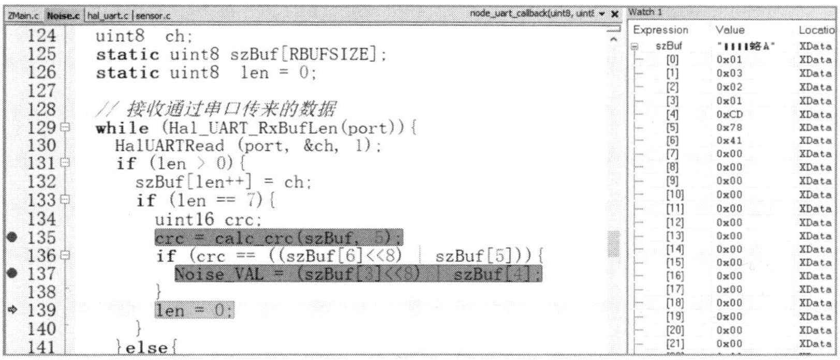

图 6.14　获得 Noise_VAL 的值

3．水泵控制器驱动程序的调试

1）通过按键去控制水泵的开关

（1）在 sensor.c 文件里找到 sensor_control()函数，通过判断 cmd 来调用 relay_on()函数，如图 6.15 所示。

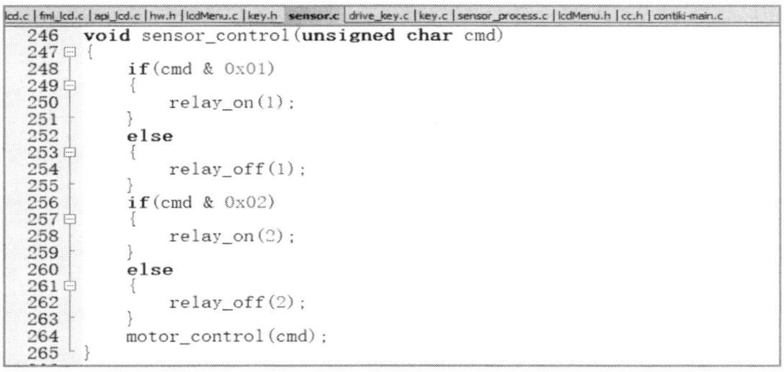

图 6.15　通过判断 cmd 来调用 relay_on()函数

在 option_4_Handle()函数中，通过 sensor_control()函数来控制水泵的开关，如图 6.16 所示。

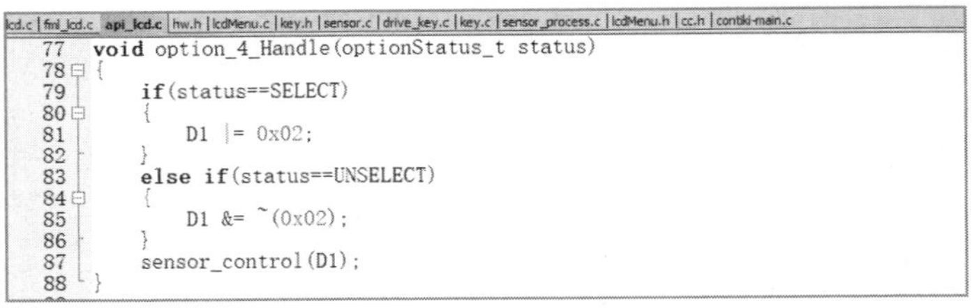

```
void option_4_Handle(optionStatus_t status)
{
    if(status==SELECT)
    {
        D1 |= 0x02;
    }
    else if(status==UNSELECT)
    {
        D1 &= ~(0x02);
    }
    sensor_control(D1);
}
```

图 6.16　调用 sensor_control()函数来控制水泵的开关

在 key.c 文件中 PROCESS_THREAD(KeyProcess, ev, data)线程中获取按键的键值，如图 6.17 所示。

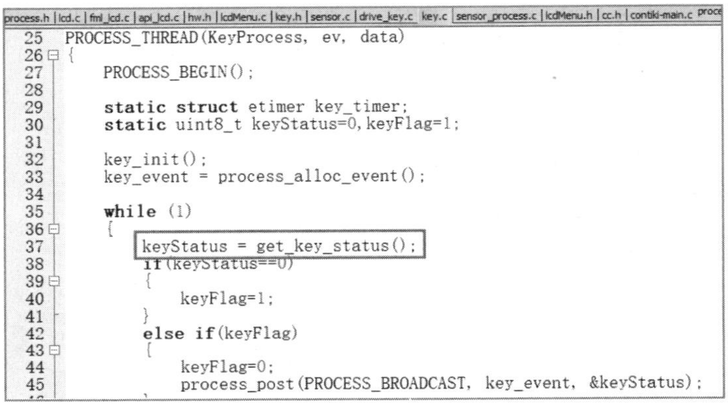

```
PROCESS_THREAD(KeyProcess, ev, data)
{
    PROCESS_BEGIN();

    static struct etimer key_timer;
    static uint8_t keyStatus=0,keyFlag=1;

    key_init();
    key_event = process_alloc_event();

    while (1)
    {
        keyStatus = get_key_status();
        if(keyStatus==0)
        {
            keyFlag=1;
        }
        else if(keyFlag)
        {
            keyFlag=0;
            process_post(PROCESS_BROADCAST, key_event, &keyStatus);
```

图 6.17　在 PROCESS_THREAD(KeyProcess, ev, data)线程中获取按键的键值

在 PROCESS_THREAD(LcdProcess, ev, data)线程中，根据按键事件调用 lcdKeyHandle()函数来处理按钮的键值，如图 6.18 所示；在 lcdKeyHandle()函数中，调用 menuKeyHandle()函数来获取按键的键值，如图 6.19 所示。

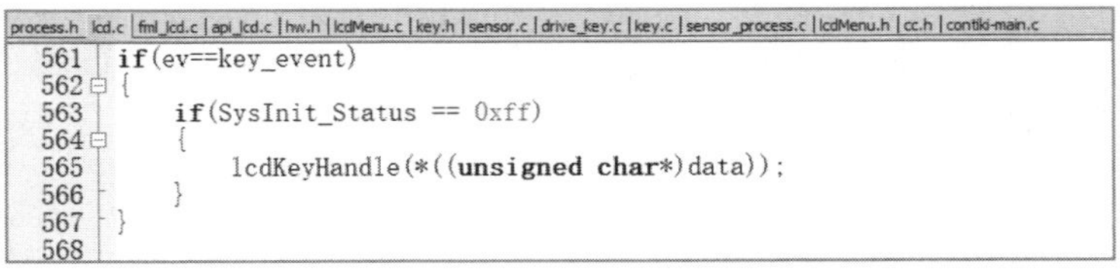

```
if(ev==key_event)
{
    if(SysInit_Status == 0xff)
    {
        lcdKeyHandle(*((unsigned char*)data));
    }
}
```

图 6.18　调用 lcdKeyHandle()函数来处理按钮的键值

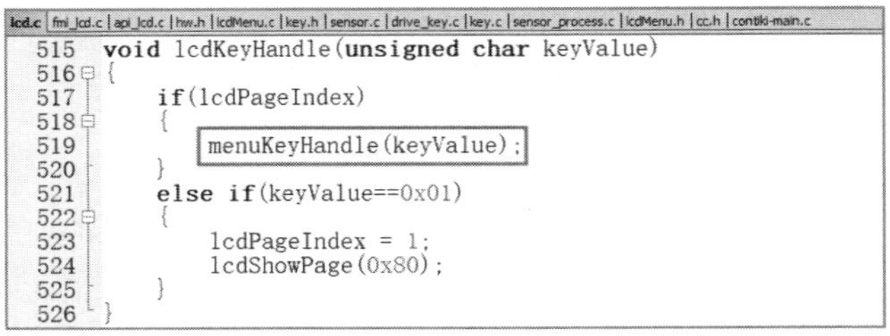

```
void lcdKeyHandle(unsigned char keyValue)
{
    if(lcdPageIndex)
    {
        menuKeyHandle(keyValue);
    }
    else if(keyValue==0x01)
    {
        lcdPageIndex = 1;
        lcdShowPage(0x80);
    }
}
```

图 6.19　调用 menuKeyHandle()函数来获取按键的键值

四个按键对应四种功能，即确定、退出、向上、向下，每种按键对应的函数如图 6.20 所示。

```
lcd.c  fml_lcd.c  api_lcd.c  hw.h  lcdMenu.c  key.h  sensor.c  drive_key.c  key.c  sensor_process.c  lcdMenu.h  cc.h  contiki-main.c
318    void menuKeyHandle(unsigned char keyStatus)
319    {
320        switch(keyStatus)
321        {
322            case 0x01:
323                menuConfirmHandle();
324                break;
325            case 0x02:
326                menuExitHandle();
327                break;
328            case 0x04:
329                menuKeyUpHandle();
330                break;
331            case 0x08:
332                menuKeyDownHandle();
333                break;
334        }
335    }
```

图 6.20　四种按键对应的函数

在 menuConfirmHandle()函数中，判断选项状态是否等于 SELECT，如果相等则调用 optionCallFunc_set()函数中的 menu.optionHandle[optionIndex-1]()函数。menuConfirmHandle() 函数的处理过程如图 6.21 所示。

```
lcd.c  fml_lcd.c  api_lcd.c  hw.h  lcdMenu.c  key.h  sensor.c  drive_key.c  key.c  sensor_process.c  lcdMenu.h  cc.h  contiki-main.c                          menuKeyUpHandle() ▼
286    void menuConfirmHandle(void)
287    {
288        menu.optionState[menu.index-1] = (menu.optionState[menu.index-1]==SELECT)?UNSELECT
289        if(menu.optionHandle[menu.index-1] != NULL)
290            menu.optionHandle[menu.index-1](menu.optionState[menu.index-1]);
291    }
```

图 6.21　menuConfirmHandle()函数的处理过程

2）水泵控制调试

（1）在 menuKeyHandle()函数中设置断点，如图 6.22 所示。

```
process.c  process.h  lcd.c  fml_lcd.c  api_lcd.c  lcdMenu.c  hw.h  key.h  sensor.c  drive_key.c  key.c  sensor_process.c  lcdMenu.h  cc.h  contiki-main.c      menuKeyHandle(unsigned char) ▼ ✕
318    void menuKeyHandle(unsigned char keyStatus)
319    {
320        switch(keyStatus)
321        {
322            case 0x01:
323                menuConfirmHandle();
324                break;
325            case 0x02:
326                menuExitHandle();
327                break;
328            case 0x04:
●   329                menuKeyUpHandle();
330                break;
331            case 0x08:
●   332                menuKeyDownHandle();
333                break;
334        }
335    }
336
337
```

图 6.22　在 menuKeyHandle()函数中设置断点

当程序运行到第 1 个断点处时，按下 K1 按键，系统可进入系统设置界面，如图 6.23 所示。

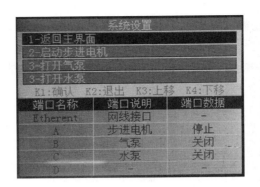

图 6.23　系统设置界面

按下 K3 按键，程序会跳转到第 2 个断点，此时 menu.index 加 1，如图 6.24 所示。

```
drive_key.c | key.c | sensor_process.c | lcdMenu.h | cc.h | contiki-main.c | helloworld.c | autoapps.c | api_lcd.c | lcdMenu.c
318    void menuKeyHandle(unsigned char keyStatus)
319    {
320        switch(keyStatus)
321        {
322            case 0x01:
323                menuConfirmHandle();
324                break;
325            case 0x02:
326                menuExitHandle();
327                break;
328            case 0x04:
329                menuKeyUpHandle();
330                break;
331            case 0x08:
332                menuKeyDownHandle();
333                break;
334        }
335    }
```

图 6.24　程序跳转到第 2 个断点

此时，系统将进入系统界面的第 4 个条目，即"3-打开水泵"，如图 6.25 所示。

图 6.25　系统界面的第 4 个条目

在 menuConfirmHandle()函数处设置断点，如图 6.26 所示，按下按键 K1，程序会跳转至断点处，然后在 menu.optionHandle[menu.index-1](menu.optionState[menu.index-1])处设置断点，如图 6.27 所示，将 menu.optionState[menu.index-1]添加到 Watch 1 窗口，当程序运行到断点处时，可以看到 menu.optionState[menu.index-1]值为 SELECT。

```
318   void menuKeyHandle(unsigned char keyStatus)
319 ┌ {
320       switch(keyStatus)
321       {
322           case 0x01:
● 323               menuConfirmHandle();
324               break;
325           case 0x02:
326               menuExitHandle();
327               break;
328           case 0x04:
● 329               menuKeyUpHandle();
330               break;
331           case 0x08:
● 332               menuKeyDownHandle();
333               break;
334       }
335 └ }
```

图 6.26　在 menuConfirmHandle()函数处设置断点

```
fml_lcd.c | api_lcd.c | hw.h | key.h | sensor.c | lcdMenu.c | drive_key.c | key.c | sensor_process.c | lcdMenu.h | cc.h | contiki-main.c       f0 ▾ × ┃ Watch 1
286   void menuConfirmHandle(void)                                                                                        ┃ Expression              Value
287 ┌ {                                                                                                                    ┃ Cmd                     Error
288       menu.optionState[menu.index-1] = (menu.optionState[menu.index-                                                  ┃ menu.optionState[       SELECT
289       if(menu.optionHandle[menu.index-1] != NULL)                                                                      ┃ <click to edit>
● 290           menu.optionHandle[menu.index-1](menu.optionState[menu.ind                                                  ┃
291 └ }
```

图 6.27　在 menu.optionHandle[menu.index-1](menu.optionState[menu.index-1])处设置断点

在 api_lcd.c 文件的 option_4_Handle()函数的"D1 |= 0x02;"处设置断点，如图 6.28 所示。当程序运行到断点处时，会先将 D1 的值设置为 2，再调用 sensor_control()函数来打开水泵。

```
key.h | sensor.c | drive_key.c | key.c | sensor_process.c | lcdMenu.h | cc.h | contiki-main.c | helloworld.c | autoapps.c | api_lcd.c | lcdMenu.c
77    void option_4_Handle(optionStatus_t status)
78 ┌ {
79        if(status==SELECT)
80 ┌     {
● 81           D1 |= 0x02;
82 └     }
83        else if(status==UNSELECT)
84 ┌     {
85           D1 &= ~(0x02);
86 └     }
87        sensor_control(D1);
88 └ }
89
```

图 6.28　在 option_4_Handle()函数的"D1 |= 0x02;"处设置断点

4．信号灯控制器驱动程序的调试

工地系统中信号灯控制器驱动程序的调试和智慧家居安防系统中信号灯控制器驱动程序的调试类似，请参考 3.3.4 节。

6.1.5　数据通信协议与无线通信程序

1．数据通信协议

工地系统主要使用的设备节点是空气质量传感器、噪声传感器、信号灯控制器和水泵，其 ZXBee 数据通信协议请参考表 1.1。

2．无线通信程序的设计

工地系统无线通信程序的设计与门禁系统类似，详见 3.1.5 节。这里以空气质量传感器为例对无线通信程序的代码进行分析，其他设备节点的无线通信程序代码请参考本书配套资源中的工程代码。空气质量传感器无线通信程序的设计框架如下：

（1）通过 sensorInit()函数初始化 RS-485 串口。代码如下：

```
void sensorInit(void)
{
    //初始化传感器
    node_uart_init();
    //启动定时器，触发传感器上报数据事件 MY_REPORT_EVT
    osal_start_timerEx(sapi_TaskID, MY_REPORT_EVT, (uint16)((osal_rand()%10) * 1000));
    //启动定时器，触发传感器检测事件 MY_CHECK_EVT
    osal_start_timerEx(sapi_TaskID, MY_CHECK_EVT, 100);
}
```

（2）传感器入网成功后调用 sensorLinkOn()函数，向 RS-485 串口发送读取数据的命令。代码如下：

```
void sensorLinkOn(void)
{
    sensorUpdate();
    uart_485_write(read_data, 5);
}
```

（3）通过 sensorUpdate()函数将待发送的数据打包后后发送出去。代码如下：

```
void sensorUpdate(void)
{
    char pData[16];
    char *p = pData;
    ZXBeeBegin();                            //数据帧格式包头
    //根据 D0 位的状态判定需要主动上报的数值
    if ((D0 & 0x01) == 0x01){                //若允许上报，则在 pData 数据包中添加数据
        updateA0();
        sprintf(p, "%d", A0);
        ZXBeeAdd("A0", p);
    }
    if ((D0 & 0x02) == 0x02){                //若允许上报，则在 pData 数据包中添加数据
        updateA0();
        sprintf(p, "%d", A1);
        ZXBeeAdd("A1", p);
    }
    if ((D0 & 0x04) == 0x04){                //若允许上报，则在 pData 数据包中添加数据
        updateA0();
        sprintf(p, "%.1f", A2);
        ZXBeeAdd("A2", p);
    }
    if ((D0 & 0x08) == 0x08){                //若允许上报，则在 pData 数据包中添加数据
        updateA0();
        sprintf(p, "%.1f", A3);
```

```
            ZXBeeAdd("A3", p);
        }
        if ((D0 & 0x10) == 0x10){          //若允许上报，则在 pData 数据包中添加数据
            updateA0();
            sprintf(p, "%d", A4);
            ZXBeeAdd("A4", p);
        }
        sprintf(p, "%u", D1);              //上报控制编码
        ZXBeeAdd("D1", p);
        p = ZXBeeEnd();                    //数据帧格式包尾
        if (p != NULL) {
            ZXBeeInfSend(p, strlen(p));    //将待上报的数据打包后通过 ZXBeeInfSend()发送到协调器
        }
    }
```

（4）通过 sensorCheck()函数检测空气质量传感器，发送读取数据命令来读取空气质量传感器采集的数据。代码如下：

```
void sensorCheck(void)
{
    updateA0();
}
```

（5）通过 sensorControl()函数控制命空气质量传感器。代码如下：

```
void sensorControl(uint8 cmd)
{
    //根据 cmd 参数执行对应的控制程序
    if(cmd & 0x01){
        uart_485_write((unsigned char*)pm25_open, 6);
    }else{
        uart_485_write((unsigned char*)pm25_stop, 6);
    }
}
```

（6）ZXBeeUserProcess()函数用于处理设备节点接收到的有效数据，接收到上层传回的数据包后进行解包处理并做出响应。代码如下：

```
int ZXBeeUserProcess(char *ptag, char *pval)
{
    int val;
    int ret = 0;
    char pData[16];
    char *p = pData;
    //将字符串变量 pval 解析转换为整型变量
    val = atoi(pval);
    //控制命令解析
    ......
    if (0 == strcmp("A0", ptag)){
```

```
                if (0 == strcmp("?", pval)){
                    ret = sprintf(p, "%d", A0);
                    ZXBeeAdd("A0", p);
                }
            }
            if (0 == strcmp("A1", ptag)){
                if (0 == strcmp("?", pval)){
                    ret = sprintf(p, "%d", A1);
                    ZXBeeAdd("A1", p);
                }
            }
            if (0 == strcmp("A2", ptag)){
                if (0 == strcmp("?", pval)){
                    ret = sprintf(p, "%.1f", A2);
                    ZXBeeAdd("A2", p);
                }
            }
            if (0 == strcmp("A3", ptag)){
                if (0 == strcmp("?", pval)){
                    ret = sprintf(p, "%.f", A3);
                    ZXBeeAdd("A3", p);
                }
            }
            if (0 == strcmp("A4", ptag)){
                if (0 == strcmp("?", pval)){
                    ret = sprintf(p, "%d", A4);
                    ZXBeeAdd("A4", p);
                }
            }
            if (0 == strcmp("V0", ptag)){
                if (0 == strcmp("?", pval)){
                    ret = sprintf(p, "%u", V0);          //主动上报时间间隔
                    ZXBeeAdd("V0", p);
                }else{
                    updateV0(pval);
                }
            }
        return ret;
    }
```

（7）定时上报设备节点状态。代码如下：

```
void MyEventProcess( uint16 event )
{
    if (event & MY_REPORT_EVT) {
        sensorUpdate();
        //启动定时器，触发事件 MY_REPORT_EVT
        osal_start_timerEx(sapi_TaskID, MY_REPORT_EVT, V0*1000);
```

```
    }
    if (event & MY_CHECK_EVT) {
        sensorCheck();
        //启动定时器，触发事件 MY_CHECK_EVT
        osal_start_timerEx(sapi_TaskID, MY_CHECK_EVT, 1000);
    }
}
```

上述代码中的 event 为系统参数，此处不用处理。在程序中判断是否执行 sensorCheck() 函数的条件是 event 与 MY_CHECK_EVT 相与为真。当条件判断语句为真时执行 sensorCheck() 函数，执行完成后更新用户事件。用户事件更新函数 osal_start_timerEx() 中的参数 MY_CHECK_EVT 要与用户定义的事件中的参数一致。上述代码中设置的定时时间为 1 s。

3．无线通信程序的调试

1）空气质量传感器无线通信程序的调试

空气质量传感器无线通信程序的调试包括空气质量传感器实时查询功能的调试和空气质量传感器数据上报功能的调试。工地系统中空气质量传感器无线通信程序的调试和智慧家居环境监测系统中的空气质量传感器类似，详见 3.4.5 节。

2）噪声传感器实时查询功能的调试

整个查询过程是：上层应用发送查询命令，设备节点（噪声传感器）接收到查询命令后将更新后的传感器数据（噪声值）发送到上层应用。

（1）在 sensor.c 文件中 ZXBeeUserProcess() 函数的 "ZXBeeAdd("A0", p);" 处设置断点，如图 6.29 所示。

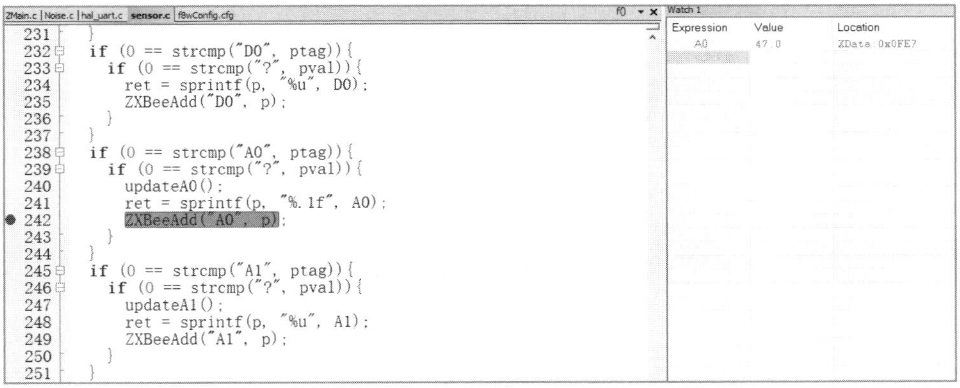

图 6.29　在 "ZXBeeAdd("A0", p);" 处设置断点

打开 ZCloudTools，在"调试指令"文本输入框中输入并发送 "{A0=?}"。当程序运行到图 6.29 中的断点处时，表示接收到了发送的查询命令。噪声传感器实时查询功能调试的函数调用层级关系是：SAPI_ProcessEvent() → SAPI_ReceiveDataIndication() → _zb_ReceiveDataIndication() → zb_ReceiveDataIndication()→ZXBeeInfRecv()→ZXBeeDecodePackage()→ZXBeeUserProcess()。

发送查询命令后，系统先执行 sensorCheck() 函数来更新噪声传感器采集的数据，即噪声值，再调用 ZXBeeInfSend()函数来将更新后的数据发送到上层应用，如图 6.30 所示。

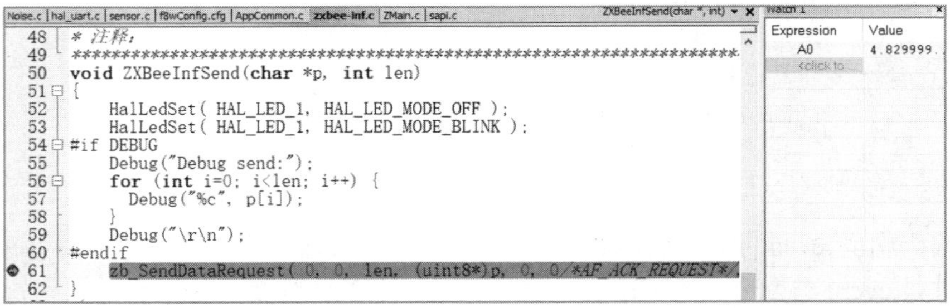

图 6.30　调用 ZXBeeInfSend()函数将更新后的数据发送到上层应用

3）噪声传感器数据上报功能的调试

（1）在 sensorUpdate()函数中上设置断点，如图 6.31 所示，主动上报时间间隔由 V0 的值设置。

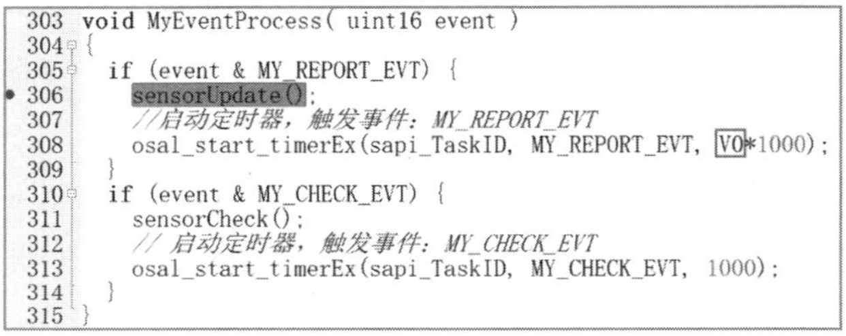

图 6.31　在 sensorUpdate()函数中上设置断点

（2）在 sensorUpdate()函数中设置断点，如图 6.32 所示。

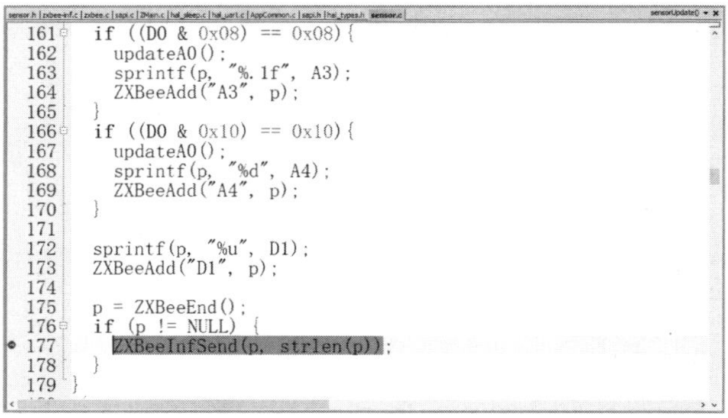

图 6.32　在 sensorUpdate()函数中设置断点

打开 ZCloudTools，当程序运行到断点处时，可以在 ZCloudTools 中查看获取的噪声值，如图 6.33 所示。

4）信号灯控制器下行控制命令的调试

工地系统中的信号灯控制器下行控制命令调试和智慧家居安防系统中的信号灯控制器下行控制命令的调试类似，详见 3.3.5 节。

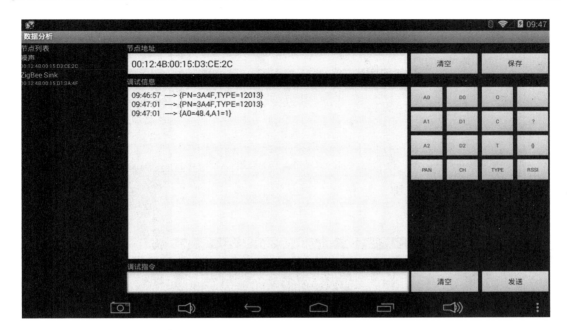

图 6.33 在 ZCloudTools 中查看获取的噪声值

5）水泵下行控制命令的调试

（1）在 sensor.c 文件的 z_process_command_call()函数中，在"sensorControl(D1)；"处设置断点，如图 6.34 所示。

```
process.c | process.h | lcd.c | fml_lcd.c | api_lcd.c | hw.h | lcdMenu.c | key.h | sensor.c | drive_key.c | key.c | sensor_process.c | lcdMenu.h | cc.h | contiki-main.c    z_process_command_call(char *, char *, char *) ▼ ×
402        if (pval[0] == '?')
403        {
404            ret = sprintf(obuf, "D1=%d", D1);
405        }
406    }
407    if (memcmp(ptag, "CD1", 3) == 0)              //若检测到CD1指令
408    {
409        int v = atoi(pval);                       //获取CD1数据
410        D1 &= ~v;                                 //更新D1数据
411        sensor_control(D1);                       //更新电磁阀直流电机状态
412    }
413    if (memcmp(ptag, "OD1", 3) == 0)              //若检测到OD1指令
414    {
415        int v = atoi(pval);                       //获取OD1数据
416        D1 |= v;                                  //更新D1数据
417 ●  sensor_control(D1);                           //更新电磁阀直流电机状态
418    }
419    if (memcmp(ptag, "V0", 2) == 0)
420    {
421        if (pval[0] == '?')
422        {
423            ret = sprintf(obuf, "V0=%d", V0);
424        }
425        else
```

图 6.34 在"sensorControl(D1)；"处设置断点

（2）打开 ZCloudTools，选择"数据分析"中的"农业套件（步进电机、气泵、水泵）"，在"调试指令"文本输入框中输入并发送"{OD1=2}"，如图 6.35 所示。当程序运行到图 6.34 中的断点处时，表示接收到了控制命令，系统会调用 relay_on()函数来打开水泵。水泵下行控制命令调试的函数调用层级关系是 PROCESS_THREAD(zigbee_process, ev, data)→_zxbee_onrecv_fun()→ZXBeeUserProcess()。

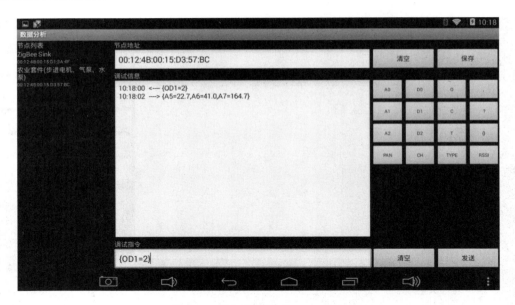

图 6.35　输入并发送"{OD1=2}"

6.1.6　系统集成与测试

1．系统硬件部署

　　准备 1 个 S4418/6818 网关、1 个空气质量传感器、1 个噪声传感器、1 个信号灯控制器、2 个信号灯、1 个水泵控制器、3 个 ZXBeeLiteB 无线节点、1 个 ZXBeePlus 无线节点。工地系统的硬件连线如图 6.36 所示。

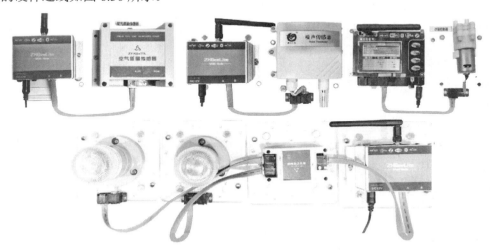

图 6.36　工地系统的硬件连线

2．模块组网测试

　　工地系统组网成功后的网络拓扑图如图 6.37 所示。

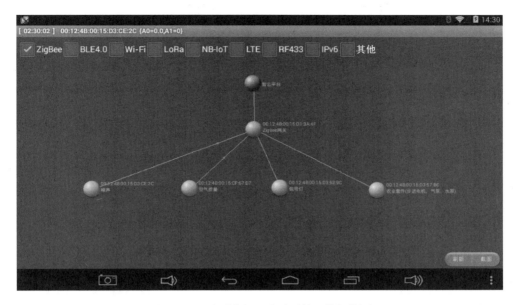

图 6.37　工地系统组网成功后的网络拓扑图

1）空气质量传感器数据的查询

打开 ZCloudTools，选择"数据分析"中的"空气质量"，在"调试指令"文本输入框中输入并发送"{A0=?}"，在"调试信息"栏会显示返回的数据，即 A0=410。空气质量传感器数据的查询如图 6.38 所示。

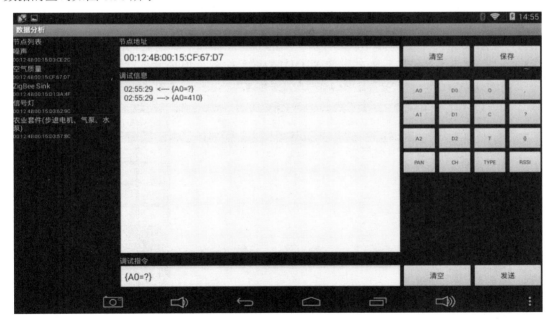

图 6.38　空气质量传感器数据的查询

2）噪声传感器数据的查询

打开 ZCloudTools，选择"数据分析"中的"噪声"，在"调试指令"文本输入框中输入并发送"{A0=?}"，在"调试信息"栏会显示返回的数据，即 A0=59.8。噪声传感器数据的查询如图 6.39 所示。

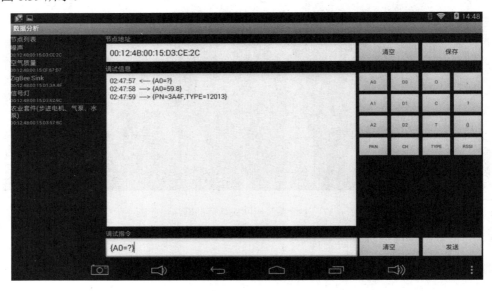

图 6.39　噪声传感器数据的查询

3）水泵状态的查询

打开 ZCloudTools，选择"数据分析"中的"农业套件（步进电机、气泵、水泵）"，在"调试指令"文本输入框中输入并发送"{OD1=2}"，如图 6.40 所示，此时可以打开水泵。

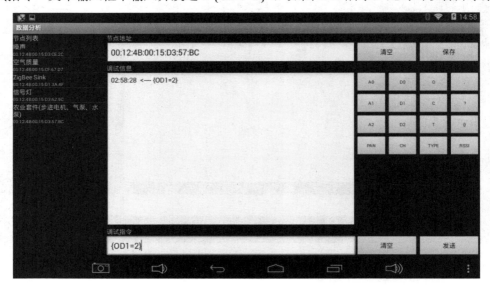

图 6.40　输入并发送"{OD1=2}"

在"调试指令"文本输入框中输入并发送"{CD1=2}"可关闭水泵。在 ZXBeePlus 无线节点显示的"系统设置"界面中,可以查看到水泵处于关闭状态,如图 6.41 所示。

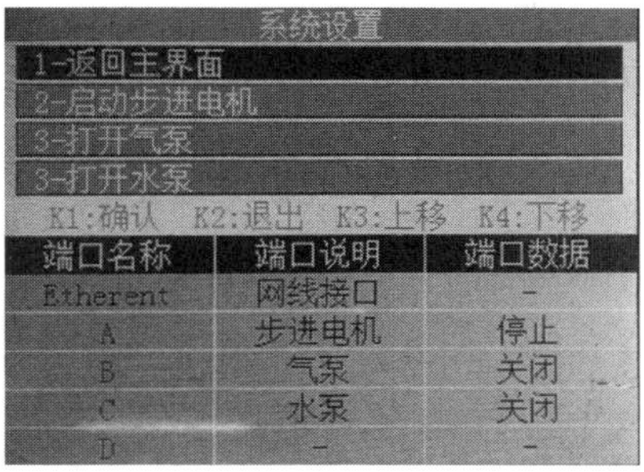

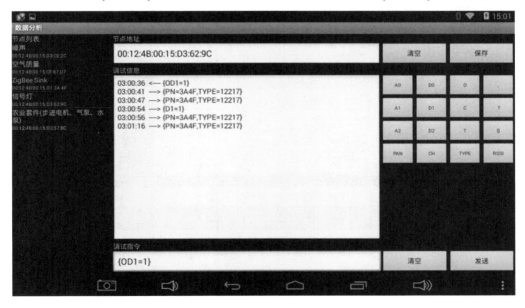

图 6.41　在"系统设置"界面中显示水泵处于关闭状态

4）信号灯状态的查询

打开 ZCloudTools,选择"数据分析"中的"信号灯",在"调试指令"文本输入框中输入并发送"{OD1=1}",如图 6.42 所示,可以点亮红灯;如果输入并发送"{CD1=1}"则熄灭红灯,如图 6.43 所示;在"调试指令"文本输入框中输入并发送"{OD1=2}",如图 6.44 所示,可以点亮黄灯;如果输入并发送"{CD1=2}"则熄灭黄灯;在"调试指令"文本输入框中输入并发送"{OD1=4}",可以点亮绿灯;如果输入并发送"{CD1=4}"则熄灭绿灯。

图 6.42　输入并发送"{OD1=1}"

3. 模块测试

模块测试主要包括功能测试和性能测试。工地系统的功能测试用例和性能测试用例分别如表 6.3 和表 6.4 所示。

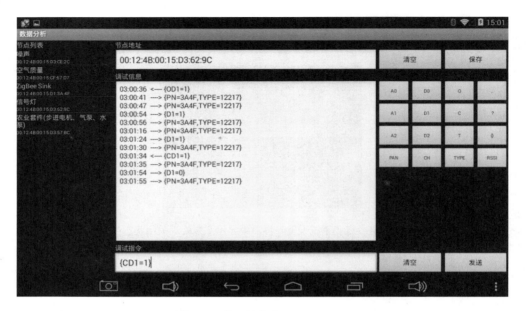

图 6.43　输入并发送"{CD1=1}"

图 6.44　输入并发送"{OD1=2}"

表 6.3　工地系统的功能测试用例

功能测试用例		
功能测试用例描述	在网关显示空气质量数据	
用例目的	测试 ZigBee 网络是否正常，测试控制命令是否能控制设备节点	
前提条件	运行系统程序，为设备节点通电，空气质量传感器的功能正常	
输入/动作：通过"{A0=?}"查询空气质量传感器采集的数据	期望的输出/响应	实际情况
	正常更新显示当前空气质量数据	正常更新显示当前空气质量数据

表 6.4　工地系统的性能测试用例

性能测试用例 1		
性能测试用例 1 描述	测试空气质量传感器主动上报时间间隔	
用例目的	测试空气质量传感器主动上报时间间隔的最小值	
前提条件	运行系统程序，为设备节点通电，空气质量传感器的功能正常	
执行操作：等待数据更新	期望的性能（平均值）	实际性能（平均值）
	5 s	30 s
性能测试用例 2		
性能测试用例 2 描述	测试噪声数据检测的时间间隔	
用例目的	测试噪声数据检测时间间隔的最小值	
前提条件	运行系统程序，为设备节点通电，噪声传感器的功能正常	
执行操作：检测灵敏度	期望的性能（平均值）	实际性能（平均值）
	1 s	2 s

6.2　抄表系统功能模块设计

6.2.1　硬件系统设计与分析

1. 硬件功能需求分析

抄表系统的功能设计如图 6.45 所示。

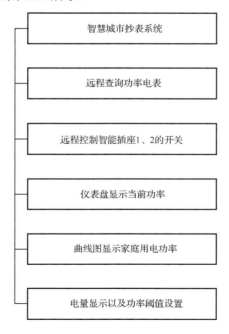

图 6.45　抄表系统的功能设计

2．通信流程分析

抄表系统的通信流程如图 6.46 所示，和工地系统的通信流程类似，详见 6.1.1 节。

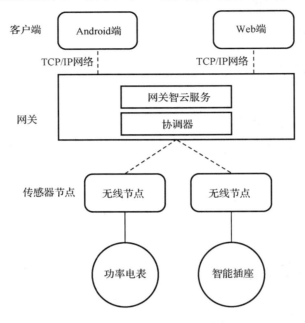

图 6.46　抄表系统的通信流程

6.2.2　设备节点选型分析

1．功率电表

抄表系统使用的功率电表如图 6.47 所示。功率电表通过 BS-485 串口连接到 ZXBeeLiteB 无线节点的 A 端子，采用 RS-485 串口通信协议，串口通信参数配置为：波特率为 9600 bps、8 位数据位、偶校验位、无硬件数据流控制、1 位停止位。ZXBeeLiteB 无线节点通过 RS-485 串口向功率电表发送读取数据的命令，功率电表接收到命令后返回电压值、电流值及功率值。

2．智能插座

抄表系统使用的智能插座如图 6.48 所示。在实际使用过程中，智能插座由内部的继电器控制，默认状态为关闭状态。

图 6.47　功率电表

图 6.48　智能插座

6.2.3　设备节点驱动程序设计

1．功率电表驱动程序的设计

功率电表的驱动函数如表 6.5 所示。

表 6.5　功率电表的驱动函数

函 数 名 称	函 数 说 明
void sensorInit(void)	功能：初始化功率电表
void updateA0(void)	功能：更新 A0 的值
void MyUartInit(void)	功能：初始化 RS-485 串口
void MyUartCallBack (uint8 port, uint8 event)	功能：RS-485 串口回调函数。参数：port 表示数据接收端口；event 表示接收事件
static void node_uart_init(void)	功能：初始化设备节点的 RS-485 串口

功率电表驱动函数的代码如下：

```
/********************************************************************
* 全局变量
********************************************************************/
static uint8 D0 = 0xFF;                                  //默认打开主动上报功能
static uint8 D1 = 0;                                     //继电器初始状态为全关
static float A0 = 0.0;                                   //A0 电量值
static float A1 = 0.0;                                   //A1 电压值
static float A2 = 0.0;                                   //A2 电流值
static float A3 = 0.0;                                   //A3 功率值
static uint16 V0 = 30;                                   //V0 表示主动上报时间间隔，默认为 30 s
static char read_data[8] = {0x01,0x03,0x00,0x48,0x00,0x05,0x05,0xDF};  //获取电表数据
/********************************************************************
* 函数声明
********************************************************************/
void MyUartInit(void);
void MyUartCallBack ( uint8 port, uint8 event );
/********************************************************************
* 函数名称：updateV0()
* 函数功能：更新 V0 的值
* 函数参数：*val 表示待更新的变量
********************************************************************/
void updateV0(char *val)
{
    //将字符串变量 val 解析转换为整型变量
    V0 = atoi(val);                                     //获取数据主动上报时间间隔
}
/********************************************************************
* 函数名称：updateA0()
* 函数功能：更新 A0 的值
```

```
********************************************************************************/
void updateA0(void)
{
    HalUARTWrite(HAL_UART_PORT_0, read_data, 8);
}
/********************************************************************************
* 函数名称：sensorInit()
* 函数功能：初始化功率电表
********************************************************************************/
void sensorInit(void)
{
    MyUartInit();
    //启动定时器，触发传感器上报数据事件 MY_REPORT_EVT
    osal_start_timerEx(sapi_TaskID, MY_REPORT_EVT, (uint16)((osal_rand()%10) * 1000));
    //启动定时器，触发传感器检测事件 MY_CHECK_EVT
    osal_start_timerEx(sapi_TaskID, MY_CHECK_EVT, 100);
}
```

2. 智能插座驱动程序的设计

智能插座的驱动函数如表 6.6 所示。

表 6.6　智能插座的驱动函数

函 数 名 称	函 数 说 明
void sensorInit(void)	功能：初始化继电器
void sensorControl(uint8 cmd)	功能：控制继电器。参数：cmd 表示控制命令

智能插座驱动函数的代码如下：

```
#define RELAY_SEL       P0SEL
#define RELAY_DIR       P0DIR
//4 路继电器
#define RELAY01_SBIT    P0_4
#define RELAY01_BV      BV(4)
/********************************************************************************
* 函数名称：sensorInit()
* 函数功能：初始化智能插座
********************************************************************************/
void sensorInit(void)
{
    //初始化继电器
    RELAY_SEL &= ~(0xf << 4);
    RELAY_DIR |= (0xf << 4);
    RELAY01_SBIT = 0;
    //启动定时器，触发传感器上报数据事件 MY_REPORT_EVT
    osal_start_timerEx(sapi_TaskID, MY_REPORT_EVT, (uint16)((osal_rand()%10) * 1000));
    //启动定时器，触发传感器检测事件 MY_CHECK_EVT
```

```
        osal_start_timerEx(sapi_TaskID, MY_CHECK_EVT, 100);
}
/************************************************************************
*  函数名称：sensorControl()
*  函数功能：控制继电器
*  函数参数：cmd 表示控制命令
*************************************************************************/
void sensorControl(uint8 cmd)
{
    //根据 cmd 参数调用对应的控制程序
    if(cmd & 0x01){
        RELAY01_SBIT = 1;                           //开启继电器
    } else{
        RELAY01_SBIT = 0;                           //关闭继电器
    }
}
```

6.2.4 设备节点驱动程序的调试

1. 功率电表驱动程序的调试

1）通过 RS-485 串口向功率电表发送读取数据的命令

（1）在 sensor.c 文件的 sensorInit()函数中调用 MyUartInit()函数对 RS-485 串口进行配置，RS-485 串口的配置代码如图 6.49 和图 6.50 所示。

```
97   void sensorInit(void)
98 □ {
99       MyUartInit();
100
101      // 启动定时器，触发传感器上报数据事件：MY_REPORT_EVT
102      osal_start_timerEx(sapi_TaskID, MY_REPORT_EVT, (uint16)((osal_rand()%10) * 1000));
103      // 启动定时器，触发传感器监测事件：MY_CHECK_EVT
104      osal_start_timerEx(sapi_TaskID, MY_CHECK_EVT, 100);
105  }
```

图 6.49　RS-485 串口的配置代码（1）

```
316   void MyUartInit(void)
317 □ {
318      halUARTCfg_t uartConfig;
319
320      //串口配置
321      uartConfig.configured           = TRUE;
322      uartConfig.baudRate             = HAL_UART_BR_9600;
323      uartConfig.flowControl          = FALSE;
324      uartConfig.rx.maxBufSize        = 128;
325      uartConfig.tx.maxBufSize        = 128;
326      uartConfig.flowControlThreshold = (128 / 2);
327      uartConfig.idleTimeout          = 6;
328      uartConfig.intEnable            = TRUE;
329      uartConfig.callBackFunc         = MyUartCallBack;
330
331      //打开串口
332      HalUARTOpen (HAL_UART_PORT_0, &uartConfig);
333  }
```

图 6.50　RS-485 串口的配置代码（2）

（2）在 sensor.c 文件的 **MyEventProcess()**函数中轮询 **MY_CHECK_EVT** 事件，当该事件被触发时通过 RS-485 串口向功率电表发送读取数据的命令，其代码如图 6.51、图 6.52 和图 6.53 所示。

```
284  void MyEventProcess( uint16 event )
285  {
286    if (event & MY_REPORT_EVT) {
287      sensorUpdate();
288      //启动定时器，触发事件: MY_REPORT_EVT
289      osal_start_timerEx(sapi_TaskID, MY_REPORT_EVT, V0*1000);
290    }
291    if (event & MY_CHECK_EVT) {
292      sensorCheck();
293      // 启动定时器，触发事件: MY_CHECK_EVT
294      osal_start_timerEx(sapi_TaskID, MY_CHECK_EVT, 1000);
295    }
296  }
```

图 6.51　通过 RS-485 串口向功率电表发送读取数据命令的代码（1）

```
72  void updateA0(void)
73  {
74    // 读取数值，并更新A0
75    HalUARTWrite(HAL_UART_PORT_0, read_data, 8);
76  }
```

图 6.52　通过 RS-485 串口向功率电表发送读取数据命令的代码（2）

```
sensor.c | hal_uart.c | ZMain.c | mac_mcu.c | AppCommon.c | sapi.c | OSAL.c
40  static uint8 D0 = 0xFF;
41  static uint8 D1 = 0;
42  static float A0 = 0.0;
43  static float A1 = 0.0;
44  static float A2 = 0.0;
45  static float A3 = 0.0;
46  static uint16 V0 = 30;
47  static char read_data[8] = {0x01,0x03,0x00,0x48,0x00,0x05,0x05,0xDF};
```

图 6.53　通过 RS-485 串口向功率电表发送读取数据命令的代码（3）

（3）通过 **MyUartCallBack()**函数读取功率电表的数据，将读取到的数据保存在 u8Buff[] 数组中。其中 u8Buff[]数组的 u8Buff[9]、u8Buff[8]、u8Buff[7]和 u8Buff[6]用于计算 A0 的值；u8Buff[0]和 u8Buff[1]用于计算 A1 的值；u8Buff[2]和 u8Buff[3]用于计算 A2 的值；u8Buff[4] 和 u8Buff[5]用于计算 A2 的值。u8Buff[]数组如图 6.54 所示。

```
sensor.c | hal_uart.c                                              A1 ▼ X
352  HalUARTRead (port, &ch, 1);
353  if((ch == 0x01) &&(flag == 0)){
354    flag = 1;
355  }
356  else if((ch == 0x03) &&(flag == 1)){
357    flag = 2;
358  }
359  else if((ch == 0x0A) &&(flag == 2)){
360    flag = 3;
361  }
362  if((flag == 3)){
363    u8Buff[rlen++] = ch;
364    if(rlen >= 12)
365    {
366      flag = 0;
367      A0 = ((u8Buff[9]*256+u8Buff[8])*65536+(u8Buff[7]*256+u8Buff[6]))/3200.0f;
368      A1 = (u8Buff[1]*256+u8Buff[0])/100.0f;
369      A2 = (u8Buff[3]*256+u8Buff[2])/1000.0f;
370      A3 = (u8Buff[5]*256+u8Buff[4])/10.0f;
371      rlen = 0;
372    }
```

图 6.54　u8Buff[]数组

2）通过 RS-485 串口向功率电表发送读取数据命令的调试

通过 RS-485 串口向功率电表发送读取数据命令的调试和空气质量传感器驱动程序的调试类似，请参考 3.4.4 节。

2．智能插座驱动程序的调试

智能插座是通过内部的继电器来控制的，智能插座驱动程序的调试和继电器驱动程序的调试相同，请参考 3.2.4 节。

6.2.5　数据通信协议与无线通信程序

1．数据通信协议

抄表系统主要使用的设备节点是功率电表和智能插座，其 ZXBee 数据通信协议请参考表 1.1。

2．无线通信程序的设计

抄表系统的无线通信程序设计与门禁系统类似，详见 3.1.5 节。这里以功率电表为例对无线通信程序的代码进行分析，其他设备节点的无线通信程序代码请参考本书配套资源中的工程代码。功率电表无线通信程序的设计框架如下：

（1）通过 sensorInit()函数初始化 RS-485 串口。代码如下：

```
void sensorInit(void)
{
  MyUartInit();
  //启动定时器，触发传感器上报数据事件 MY_REPORT_EVT
  osal_start_timerEx(sapi_TaskID, MY_REPORT_EVT, (uint16)((osal_rand()%10) * 1000));
  //启动定时器，触发传感器检测事件 MY_CHECK_EVT
  osal_start_timerEx(sapi_TaskID, MY_CHECK_EVT, 100);
}
```

（2）功率电表入网成功后调用 sensorLinkOn()函数。代码如下：

```
void sensorLinkOn(void)
{
    sensorUpdate();
}
```

（3）在 sensorUpdate()函数中将数据打包后通过 ZXBeeInfSend 函数发送到协调器。代码如下：

```
void sensorUpdate(void)
{
    char pData[16];
    char *p = pData;
    ZXBeeBegin();                              //数据帧格式包头
    //根据 D0 位的状态判定需要主动上报的数值
    if ((D0 & 0x01) == 0x01){                  //若允许上报电量，则在 pData 数据包中添加电量数据
```

```
            updateA0();
            sprintf(p, "%.1f", A0);
            ZXBeeAdd("A0", p);
        }
        if ((D0 & 0x02) == 0x02){              //若允许上报电压，则在 pData 数据包中添加电压数据
            updateA0();
            sprintf(p, "%.1f", A1);
            ZXBeeAdd("A1", p);
        }
        if ((D0 & 0x04) == 0x04){              //若允许上报电流，则在 pData 数据包中添加电流数据
            updateA0();
            sprintf(p, "%.1f", A2);
            ZXBeeAdd("A2", p);
        }
        if ((D0 & 0x08) == 0x08){              //若允许上报功率，则在 pData 数据包中添加功率数据
            updateA0();
                sprintf(p, "%.1f", A3);
        ZXBeeAdd("A3", p);
        }
        sprintf(p, "%u", D1);                  //上报控制编码
        ZXBeeAdd("D1", p);
        p = ZXBeeEnd();                        //数据帧格式包尾
        if (p != NULL) {
            ZXBeeInfSend(p, strlen(p));        //将待上报的数据打包后通过 ZXBeeInfSend()发送到协调器
        }
    }
```

（4）通过 sensorCheck()函数对功率电表进行检测，在该函数中调用 updateA0()函数更新功率电表的数据。代码如下：

```
void sensorCheck(void)
{
    updateA0();
}
```

（5）通过 sensorControl()函数来控制功率电表（即继电器）的开关。代码如下：

```
void sensorControl(uint8 cmd)
{
    //根据 cmd 参数调用对应的控制程序
    if(cmd & 0x01){
        RELAY1 = ON;                          //开启继电器 1
    }else{
        RELAY1 = OFF;                         //关闭继电器 1
    }
    if(cmd & 0x02){
        RELAY2 = ON;                          //开启继电器 2
    }else{
```

```
                RELAY2 = OFF;                                    //关闭继电器 2
        }
}
```

（6）ZXBeeUserProcess()函数用于对设备节点接收到的有效数据进行处理，设备节点接收到上层发送的数据包后，先对数据包进行解析，然后做出回应。代码如下：

```
int ZXBeeUserProcess(char *ptag, char *pval)
{
        int val;
        int ret = 0;
        char pData[16];
        char *p = pData;

        //将字符串变量 pval 解析转换为整型变量
        val = atoi(pval);
        //控制命令解析
        if (0 == strcmp("CD1", ptag)){                  //对 D1 的位进行操作，CD1 表示对位进行清 0 操作
            D1 &= ~val;
            sensorControl(D1);                          //处理执行命令
        }
        if (0 == strcmp("OD1", ptag)){                  //对 D1 的位进行操作，OD1 表示对位进行置 1 操作
            D1 |= val;
            sensorControl(D1);                          //处理执行命令
        }
        if (0 == strcmp("D1", ptag)){                   //查询执行器命令编码
            if (0 == strcmp("?", pval)){
                ret = sprintf(p, "%u", D1);
                ZXBeeAdd("D1", p);
            }
        }
        if (0 == strcmp("A0", ptag)){
            if (0 == strcmp("?", pval)){
                updateA0();
                ret = sprintf(p, "%.1f", A0);
                ZXBeeAdd("A0", p);
            }
        }
        if (0 == strcmp("A1", ptag)){
            if (0 == strcmp("?", pval)){
                updateA0();
                ret = sprintf(p, "%.1f", A1);
                ZXBeeAdd("A1", p);
            }
        }
        if (0 == strcmp("A2", ptag)){
            if (0 == strcmp("?", pval)){
```

```
            updateA0();
            ret = sprintf(p, "%.1f", A2);
            ZXBeeAdd("A2", p);
        }
    }
    if (0 == strcmp("A3", ptag)){
        if (0 == strcmp("?", pval)){
            updateA0();
            ret = sprintf(p, "%.1f", A3);
            ZXBeeAdd("A3", p);
        }
    }
    if (0 == strcmp("V0", ptag)){
        if (0 == strcmp("?", pval)){
            ret = sprintf(p, "%u", V0);          //主动上报时间间隔
            ZXBeeAdd("V0", p);
        }else{
            updateV0(pval);
        }
    }
    return ret;
}
```

（7）定时上报设备节点状态。代码如下：

```
void MyEventProcess( uint16 event )
{
    if (event & MY_REPORT_EVT) {
        sensorUpdate();
        //启动定时器，触发事件 MY_REPORT_EVT
        osal_start_timerEx(sapi_TaskID, MY_REPORT_EVT, V0*1000);
    }
    if (event & MY_CHECK_EVT) {
        sensorCheck();
        //启动定时器，触发事件 MY_CHECK_EVT
        osal_start_timerEx(sapi_TaskID, MY_CHECK_EVT, 1000);
    }
}
```

上述代码中的 event 为系统参数，此处不用处理。在程序中判断是否执行 sensorCheck() 函数的条件是 event 与 MY_CHECK_EVT 相与为真。当条件判断语句为真时执行 sensorCheck() 函数，执行完成后更新用户事件。用户事件更新函数 osal_start_timerEx()中的参数 MY_CHECK_EVT 要与用户定义的事件中的参数一致。上述代码中设置的定时时间为 1 s。

3．无线通信程序的调试

1）功率电表数据上报函数的调试

（1）在 MyEventProcess()函数轮询 MY_REPORT_EVT 事件，当该事件被触发时调用 sensorUpdate()函数来更新功率电表的数据，如图 6.55 所示。

```
294   void MyEventProcess( uint16 event )
295 ┌ {
296 ┌   if (event & MY_REPORT_EVT) {
297        sensorUpdate();
298        //启动定时器, 触发事件: MY_REPORT_EVT
299        osal_start_timerEx(sapi_TaskID, MY_REPORT_EVT, V0*1000);
300      }
301 ┌   if (event & MY_CHECK_EVT) {
302        sensorCheck();
303        // 启动定时器, 触发事件: MY_CHECK_EVT
304        osal_start_timerEx(sapi_TaskID, MY_CHECK_EVT, 1000);
305      }
306   }
307
```

图 6.55　调用 sensorUpdate()函数来更新功率电表的数据

（2）通过 ZXBeeInfSend()函数将更新的数据打包后发送到协调器，如图 6.56 所示。功率电表的数据主动上报时间间隔由 V0 的值决定。在 ZXBeeInfSend()函数处设置断点，当程序运行到断点处时，可以在 ZCloudTools 查看到功率电表的数据，如图 6.57 所示。

```
152   }
153   if ((D0 & 0x08) == 0x08) {          // 若湿度上报允许, 则
154     updateA0();
155     sprintf(p, "%.1f", A3);
156     ZXBeeAdd("A3", p);
157   }
158
159   sprintf(p, "%u", D1);               // 上报控制编码
160   ZXBeeAdd("D1", p);
161
162   p = ZXBeeEnd();                     // 智云数据帧格式包尾
163   if (p != NULL) {
164     ZXBeeInfSend(p, strlen(p));      // 将需要上传的数据进t
165   }
166 }
```

图 6.56　通过 ZXBeeInfSend()函数将更新的数据打包后发送到协调器

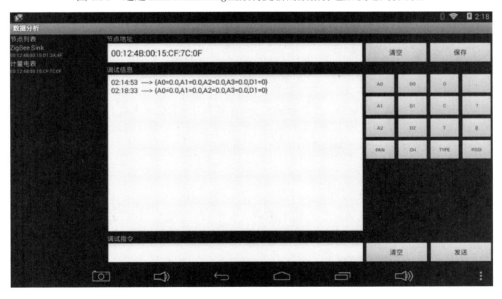

图 6.57　在 ZCloudTools 查看到功率电表的数据

2）智能插座控制命令下行函数的调试

（1）在 sensor.c 文件中的 ZXBeeUserProcess()函数的 "D1 |= val;" 处设置断点，如图 6.58 所示。

```
sensor.c  ZMain.c  ioCC2530.h                                    ZXBeeUserProcess(char *, char *) ▼ ×   Disassembly                    ×
                                                                                                         Go to                    ▼
200         ret = sprintf(p, "%u", D0);                                                                  Disassembly               ▲
201         ZXBeeAdd("D0", p);                                                                           04A96B  F9
202       }                                                                                              04A96C  12 23 73
203     }                                                                                                  if (0 == strcmp(
204     if (0 == strcmp("CD1", ptag)){                                   // 对D1的位进行                  04A96F  AC 0A
205       D1 &= ~val;                                                                                    04A971  AD 0B
206       sensorControl(D1);                                             // 处理执行命令                 04A973  7A E2
207     }                                                                                                04A975  7B 81
208     if (0 == strcmp("OD1", ptag)){                                   // 对D1的位进行                  04A977  12 26 C7
209       D1 |= val;                                                                                     04A97A  8A 0C
210       sensorControl(D1);                                             // 处理执行命令                 04A97C  8B 0D
211     }                                                                                                04A97E  E5 0C
212     if (0 == strcmp("D1", ptag)){                                    // 查询执行器命                  04A980  45 0D
213       if (0 == strcmp("?", pval)){                                                                   04A982  70 10
214         ret = sprintf(p, "%u", D1);                                                                    D1 |= val;
215         ZXBeeAdd("D1", p);                                                                           04A984  EE
216       }                                                                                              04A985  F8
217     }                                                                                                04A986  90 0C 27
218     if (0 == strcmp("V0", ptag)){                                                                    04A989  E0
219       if (0 == strcmp("?", pval)){                                   // 上报时间间隔                  04A98A  48
220         ret = sprintf(p, "%u", V0);                                                                  04A98B  F0
221         ZXBeeAdd("V0", p);                                                                             sensorControl(
                                                                                                         04A98C  90 0C 27
                                                                                                         04A98F  E0
                                                                                                         04A990  F9
                                                                                                         04A991  12 23 73
                                                                                                           if (0 == strcmp
                                                                                                         04A994  AC 0A    ▼
```

图 6.58 在"D1 |= val;"处设置断点

（2）打开 ZCloudTools，选择"数据分析"中的信号灯，在"调试指令"文本输入框中输入并发送"{OD1=1}"，当程序运行到图 6.58 中的断点处时，表示接收到了控制命令。智能插座控制命令下行函数调试的函数调用层级关系是 SAPI_ProcessEvent()→SAPI_ReceiveDataIndication()→_zb_ReceiveDataIndication()→zb_ReceiveDataIndication()→ZXBeeInfRecv()→ZXBeeDecodePackage()→ZXBeeUserProcess()。

（3）通过 sensorControl()函数打开智能插座，如图 6.59 所示。

```
163   void sensorControl(uint8 cmd)                                                              sensorControl:
164   {                                                                                          04A857  E9
165     // 根据cmd参数处理对应的控制程序                                                          04A858  A2 E0
166     if(cmd & 0x01){                                                                          04A85A  50 04
167       RELAY01_SBIT = 1;                                              // 开启继电器1             RELAY01_SBIT
168     }                                                                                        04A85C  D2 84
169     else{                                                                                    04A85E  80 02
170       RELAY01_SBIT = 0;                                             // 关闭继电器1             RELAY01_SBIT
171     }                                                                                        04A860  C2 84
172   }                                                                                          04A862  02 10 B3
                                                                                                 int ZXBeeUserProce
```

图 6.59 通过 sensorControl()函数打开智能插座

6.2.6 系统集成与测试

1. 系统硬件部署

准备 1 个 S4418/6818 网关、1 个功率电表、1 个智能插座、1 个 ZXBeeLiteB 无线节点。将功率电表通过 RS-485 串口连接到 ZXBeeLiteB 无线节点的 A 端子，如图 6.60 所示。

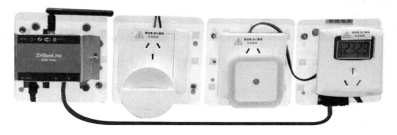

图 6.60 功率电表与 ZXBeeLiteB 无线节点的连线

2．模块组网测试

抄表系统组网成功后的网络拓扑图如图 6.61 所示。

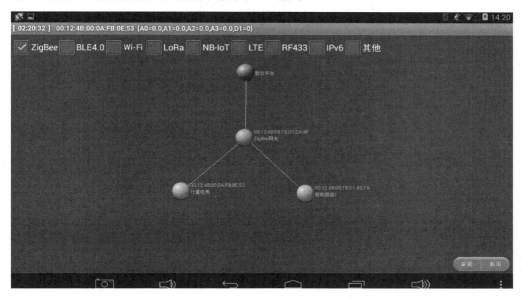

图 6.61　抄表系统组网成功后的网络拓扑图

1）功率电表数据的查询

打开 ZCloudTools，选择"数据分析"中的"计量电表"，在"调试指令"文本输入框中输入并发送"{A0=?,A1=?,A2=?,A3=?}"，在"调试信息"栏中会显示功率电表的数据。功率电表数据的查询如图 6.62 所示。

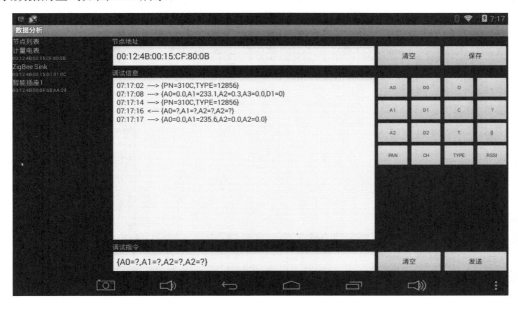

图 6.62　功率电表数据的查询

2）智能插座状态的查询

打开 ZCloudTools，选择"数据分析"中的"智能插座 1"，在"调试指令"文本输入框中输入并发送"{OD1=1}"可打开智能插座并在"调试信息"栏中显示智能插座处于打开状态，即 D1=1，如图 6.63 所示；输入并发送"{CD1=0}"可关闭智能插座，并在"调试信息"栏中显示智能插座处于关闭状态，即 D1=0，如图 6.64 所示。

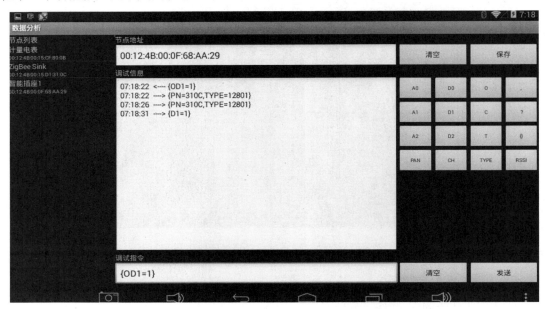

图 6.63　智能插座状态的查询（智能插座处于打开状态）

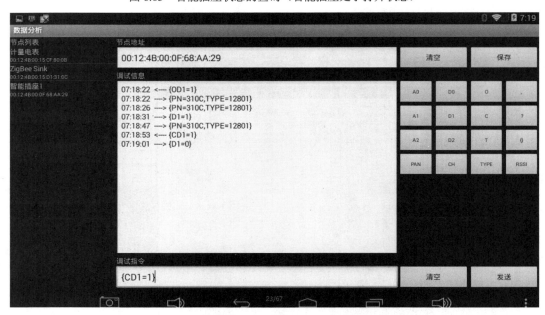

图 6.64　智能插座状态的查询（智能插座处于关闭状态）

3．模块测试

模块测试主要包括功能测试和性能测试。工地系统的功能测试用例和性能测试用例分别如表 6.7 和表 6.8 所示。

表 6.7　工地系统的功能测试用例

功能测试用例 1		
功能测试用例 1 描述	测试智能插座的开关控制功能	
用例目的	测试 ZigBee 网络是否正常，测试控制命令是否能控制设备节点	
前提条件	运行系统程序，为设备节点通电，智能插座的功能正常	
输入/动作：发送 "{OD1=1}"	期望的输出/响应	实际情况
	智能插座亮灯	智能插座亮灯
功能测试用例 2		
功能测试用例 2 描述	测试功率电表是否能正常返回数据	
用例目的	测试 ZigBee 网络是否正常，测试控制命令是否能正常执行	
前提条件	运行系统程序，为设备节点通电，功率电表的功能正常	
输入/动作：发送 "{ A0=?}"	期望的输出/响应	实际情况
	返回功率电表的数据	返回功率电表的数据

表 6.8　工地系统的性能测试用例

性能测试用例 1		
性能测试用例 1 描述	测试智能插座的连续开关	
用例目的	测试智能插座是否支持连续开关	
前提条件	运行系统程序，为设备节点通电，智能插座的功能正常	
执行操作：连续开关智能插座	期望的性能（平均值）	实际性能（平均值）
	执行每次操作	执行每次操作
性能测试用例 2		
性能测试用例 2 描述	测试功率电表数据更新的时间间隔	
用例目的	测试主动上报时间间隔	
前提条件	运行系统程序，为设备节点通电，功率电表的功能正常	
执行操作：等待数据更新	期望的性能（平均值）	实际性能（平均值）
	1 s	30 s

6.3　洪涝系统功能模块设计

6.3.1　硬件系统设计与分析

1．硬件功能需求分析

洪涝系统的功能设计如图 6.65 所示。

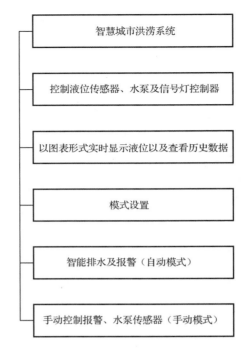

图 6.65　洪涝系统设计功能及目标

2．通信流程分析

洪涝系统的通信流程如图 6.66 所示，和工地系统的通信流程类似，详见 6.1.1 节。

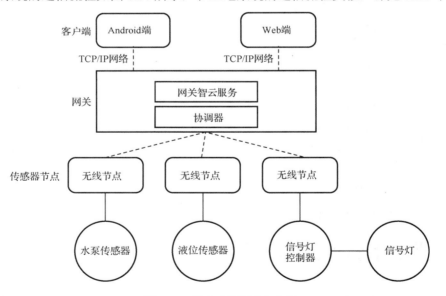

图 6.66　洪涝系统的通信流程

6.3.2　设备节点选型分析

1．水泵

洪涝系统中使用的水泵和工地系统中使用的水泵相同，详见 6.1.2 节。

2．液位传感器

洪涝系统中使用的液位传感器如图 6.67 所示。液位传感器通过 RJ45 端口连接到 ZXBeeLiteB 无线节点的 B 端子。在实际的应用中，液位传感器输出的是模拟的电压，通过 ZXBeeLiteB 无线节点对液位传感器输出的模拟量进行数字化即可得到高精度的液位数据。

图 6.67　液位传感器

液位的计算方法为：将液位传感器输出的模拟量转换为十六进制的数字量，将十六进制的数字量转换为十进制的数字量后乘以 0.122，再减去 6 即可得到液位数据。

3．信号灯控制器

洪涝系统中使用的信号灯控制器和智慧家居安防系统中使用的信号灯控制器相同，详见 3.3.2 节。

6.3.3　设备节点驱动程序设计

1．水泵驱动程序的设计

洪涝系统中的水泵和智慧城市工地系统中的水泵相同，其驱动程序的设计详见 6.1.3 节。

2．液位传感器驱动程序的设计

液位传感器的驱动函数如表 6.9 所示。

表 6.9　液位传感器的驱动函数

函 数 名 称	函 数 说 明
void sensorInit(void)	功能：初始化液位传感器
void updateA2(void)	功能：更新 A2 的值
float get_water(void)	功能：获取液位传感器的数据
void MyUartInit(void)	功能：初始化 RS-485 串口
void MyUartCallBack (uint8 port, uint8 event)	功能：串口回调函数。参数：port 表示数据接收端口；event 表示接收事件

液位传感器驱动函数的代码如下：

```
static float A2 = 0;                                                    //A2 表示液位值
/*********************************************************************************
* 函数名称：updateA2()
* 函数功能：更新 A2 的值
*********************************************************************************/
void updateA2(void)
{
    A2 = get_water();
}
/*********************************************************************************
* 函数名称：get_water()
* 函数功能：获取液位传感器的数据
* 返 回 值：液位传感器的数据
*********************************************************************************/
float get_water(void)
{
    uint16 adcValue=0;
    adcValue = HalAdcRead(5,HAL_ADC_RESOLUTION_12);
    adcValue = (uint16)((float)adcValue / 10.0 * 16.8);
    return adcValue*0.122;
}
/*********************************************************************************
* 函数名称：sensorInit()
* 函数功能：初始化液位传感器
*********************************************************************************/
void sensorInit(void)
{
    MyUartInit();
    //启动定时器，触发传感器上报数据事件 MY_REPORT_EVT
    osal_start_timerEx(sapi_TaskID, MY_REPORT_EVT, (uint16)((osal_rand()%10) * 1000));
    //启动定时器，触发传感器检测事件 MY_CHECK_EVT
    osal_start_timerEx(sapi_TaskID, MY_CHECK_EVT, 100);
}
/*********************************************************************************
* 函数名称：MyUartInit()
* 函数功能：初始化 RS-485 串口
*********************************************************************************/
void MyUartInit(void)
{
    halUARTCfg_t uartConfig;
    //串口配置
    uartConfig.configured           = TRUE;
    uartConfig.baudRate             = HAL_UART_BR_9600;
    uartConfig.flowControl          = FALSE;
    uartConfig.rx.maxBufSize        = 128;
```

```
        uartConfig.tx.maxBufSize              = 128;
        uartConfig.flowControlThreshold = (128 / 2);
        uartConfig.idleTimeout                = 6;
        uartConfig.intEnable                  = TRUE;
        uartConfig.callBackFunc               = MyUartCallBack;
        //打开串口
        HalUARTOpen (HAL_UART_PORT_0, &uartConfig);
}
/*******************************************************************************
* 函数名称：MyUartCallBack()
* 函数功能：串口回调函数
* 函数参数：port 表示数据接收端口；event 表示接收事件
*******************************************************************************/
void MyUartCallBack ( uint8 port, uint8 event )
{
    (void)event;
    uint8   ch = 0;
    static uint8 flag = 0;
    static uint8   rlen = 0;
    static uint8 u8Buff[20];
    while (Hal_UART_RxBufLen(port)){
        HalUARTRead (port, &ch, 1);
        if(ch == 0x01 && flag == 0) {
            flag = 1;
        } else if(ch == 0x03 && flag == 1) {
            flag = 2;
        }
        else if(ch == 0x04 && flag == 2) {
            flag = 3;
        }else if(flag == 3) {
            u8Buff[rlen++] = ch;
            if(rlen >= 4) {
                A0 = (u8Buff[0]*256 + u8Buff[1]) * 0.01;
                A1 = (u8Buff[2]*256 + u8Buff[3]) * 0.01;
                rlen = 0;
                flag = 0;
            }
        } else{
            rlen = 0;
            flag = 0;
        }
    }
}
```

3．信号灯控制器驱动程序的设计

洪涝系统中的信号灯控制器驱动程序和智慧家居安防系统中的信号灯控制器驱动程序类

似，其设计详见 3.3.3 节。

6.3.4　设备节点驱动程序的调试

1. 液位传感器驱动程序的调试

1）获取液位传感器的数据

（1）在 MyEventProcess()函数轮询 MY_CHECK_EVT 事件，当该事件被触发时，调用 updateA2()函数来获取液位传感器的数据，如图 6.68 所示。

```
313  void MyEventProcess( uint16 event )
314  {
315    if (event & MY_REPORT_EVT) {
316      sensorUpdate();
317      //启动定时器，触发事件: MY_REPORT_EVT
318      osal_start_timerEx(sapi_TaskID, MY_REPORT_EVT, V0*1000);
319    }
320    if (event & MY_CHECK_EVT) {
321      sensorCheck();
322      updateA0();
323      updateA2();
324      // 启动定时器，触发事件: MY_CHECK_EVT
325      osal_start_timerEx(sapi_TaskID, MY_CHECK_EVT, 1000);
326    }
327  }
```

图 6.68　获取液位传感器数据的函数和代码（1）

（2）在 updateA2()函数，通过 get_water()函数来调用 HalAdcRead()函数，从而获取 ADC 引脚输出的数据，通过换算即可得到液位数据，如图 6.69 所示。

```
sensor.c  ZMain.c  hal_adc.h  hal_adc.c
101  /************************************
102  * 名称: updateA2()
103  * 功能: 更新A2的值
104  *************************************
105  void updateA2(void)
106  {
107    A2 = get_water();
108  }
109
110  /************************************
111  * 名称: get_water()
112  * 功能: 获取液位传感器的值
113  * 参数: 无
114  * 返回: 传感器的值
115  *************************************
116  float get_water(void)
117  {
118    uint16 adcValue=0;
119    adcValue = HalAdcRead(5,HAL_ADC_RESOLUTION_12);
120    adcValue = (uint16)((float)adcValue / 10.0 * 16.8);
121    return adcValue*0.122;
122  }
```

图 6.69　获取液位传感器数据的函数和代码（2）

2）获取液位传感器数据的调试

在 get_water()函数中处设置断点，如图 6.70 所示，将变量 adcValue 添加到 Watch 1 窗口中。将液位传感器放入水中，当程序运行到断点处时，可以在 Watch 1 窗口中查看 adcValue 的值。

2. 水泵驱动程序的调试

洪涝系统中使用的水泵和工地系统中使用的水泵相同，其驱动程序的调试详见 6.1.4 节。

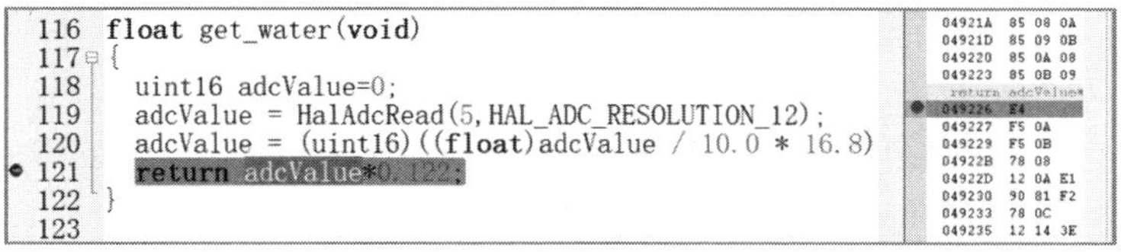

```
116  float get_water(void)
117⊟ {
118     uint16 adcValue=0;
119     adcValue = HalAdcRead(5,HAL_ADC_RESOLUTION_12);
120     adcValue = (uint16)((float)adcValue / 10.0 * 16.8)
121     return adcValue*0.122;
122 }
123
```

```
04921A  85 08 0A
04921D  85 09 0B
049220  85 0A 08
049223  85 0B 09
        return adcValue*
●049226  E4
049227  F5 0A
049229  F5 0B
04922B  78 08
04922D  12 0A E1
049230  90 81 F2
049233  78 0C
049235  12 14 3E
```

图 6.70 在 get_water()函数中处设置断点

6.3.5 数据通信协议与无线通信程序

1．数据通信协议

洪涝系统主要使用的设备节点是水泵、液位传感器和信号灯控制器，其 ZXBee 数据通信协议请参考表 1.1。

2．无线通信程序的设计

洪涝系统的无线通信程序设计与门禁系统类似，详见 3.1.5 节。这里以水泵为例对无线通信程序的代码进行分析，其他设备节点的无线通信程序代码请参考本书配套资源中的工程代码。水泵无线通信程序的设计框架如下：

（1）通过 sensorInit()函数初始化继电器。代码如下：

```
void sensor_init(void)
{
    relay_init();                                    //初始化继电器
}
```

（2）sensor_type()函数查询传感器的类型。代码如下：

```
char *sensor_type(void)
{
    return SENSOR_TYPE;                              //返回传感器类型
}
```

（3）通过 sensor_control()函数控制继电器的开关。代码如下：

```
void sensor_control(unsigned char cmd)
{
    if(cmd & 0x01)
    {
        relay_on(1);
    }else{
        relay_off(1);
    }
    if(cmd & 0x02)
    {
        relay_on(2);
    }else{
        relay_off(2);
```

```
        }
        motor_control(cmd);
    }
```

（4）通过 sensor_poll()函数主动上报传感器的数据。代码如下：

```
void sensor_poll(unsigned int t)
{
    char buf[16] = {0};
    updateA5();
    updateA6();
    updateA7();
    if (V0 != 0)
    {
        if (t % V0 == 0)
        {
            zxbeeBegin();
            if (D0 & 0x20)
            {
                sprintf(buf, "%.1f", A5);
                zxbeeAdd("A5", buf);
            }
            if (D0 & 0x40)
            {
                sprintf(buf, "%.1f", A6);
                zxbeeAdd("A6", buf);
            }
            if (D0 & 0x80)
            {
                sprintf(buf, "%.1f", A7);
                zxbeeAdd("A7", buf);
            }
            char *p = zxbeeEnd();
            if (p != NULL)
            {
                rfUartSendData(p);                  //发送无线数据
            }
        }
    }
}
```

（5）通过 sensor_check()函数周期性地检查水泵。代码如下：

```
unsigned short sensor_check()
{
    return 100;                                //返回值决定下次调用时间，此处为 100 ms
}
```

（6）通过 z_process_command_call()函数处理上层应用发送的命令，CD1 是关闭水泵的指令，OD1 是打开水泵的命令。代码如下：

```
int z_process_command_call(char* ptag, char* pval, char* obuf)
{
    int ret = -1;
    if (memcmp(ptag, "D0", 2) == 0)
    {
        if (pval[0] == '?')
        {
            ret = sprintf(obuf, "D0=%d", D0);
        }
    }
    if (memcmp(ptag, "CD0", 3) == 0)
    {
        int v = atoi(pval);
        if (v > 0)
        {
            D0 &= ~v;
        }
    }
    if (memcmp(ptag, "OD0", 3) == 0)
    {
        int v = atoi(pval);
        if (v > 0)
        {
            D0 |= v;
        }
    }
    if (memcmp(ptag, "D1", 2) == 0)
    {
        if (pval[0] == '?')
        {
            ret = sprintf(obuf, "D1=%d", D1);
        }
    }
    if (memcmp(ptag, "CD1", 3) == 0)                //若检测到 CD1 指令
    {
        int v = atoi(pval);                          //获取 CD1 数据
        D1 &= ~v;                                    //更新 D1 数据
        sensor_control(D1);                          /更新电磁阀直流电机状态
    }
    if (memcmp(ptag, "OD1", 3) == 0)                //若检测到 OD1 指令
    {
        int v = atoi(pval);                          //获取 OD1 数据
        D1 |= v;                                     //更新 D1 数据
        sensor_control(D1);                          //更新水泵
    }
```

```
        if (memcmp(ptag, "V0", 2) == 0)
        {
            if (pval[0] == '?')
            {
                ret = sprintf(obuf, "V0=%d", V0);
            }
            else
            {
                V0 = atoi(pval);
            }
        }
        ......
        return ret;
    }
```

3．无线通信程序的调试

1）液位传感器上报函数调试

（1）在 MyEventProcess()函数中轮询 MY_REPORT_EVT 事件，当该事件被触发时调用 sensorUpdate()函数，在该函数处设置断点，如图 6.71 所示。

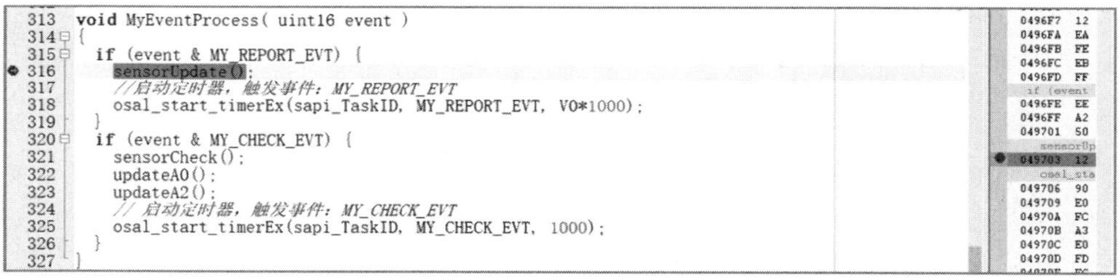

图 6.71　在 sensorUpdate()函数处设置断点

（2）当程序运行到图 6.71 中的断点处时，会调用 ZXBeeInfSend()函数，在该函数处设置断点，如图 6.72 所示。

图 6.72　在 ZXBeeInfSend()函数处设置断点

当程序运行到图 6.72 中的断点处时，系统会将液位传感器的数据打包后发送到协调器。此时打开 ZCloudTools，选择"数据分析"中的"土壤水分温湿度&液位"，可以在"调试信息"栏中查看液位传感器的数据，如图 6.73 所示。

图 6.73   在 ZCloudTools 中查看液位传感器的数据

2）水泵下行控制命令的调试

洪涝系统中使用的水泵和工地系统中使用的水泵相同，水泵下行控制命令的调试详见 6.1.5 节。

3）信号灯控制器下行控制命令的调试

洪涝系统中使用的信号灯控制器和智慧家居安防系统中使用的信号灯控制器相同，信号灯控制器下行控制命令的调试详见 3.3.5 节。

6.3.6   系统集成与测试

1. 系统硬件部署

准备 1 个 S4418/6818 网关、1 个水泵、1 个液位传感器、1 个信号灯控制器、2 个信号灯、2 个 ZXBeeLiteB 无线节点、1 个 ZXBeePlus 无线节点 1 个。

将水泵通过 RJ45 端口连接到 ZXBeePlus 节点的 C 端子；液位传感器通过 RJ45 端口连接到 ZXBeeLiteB 无线节点的 B 端子；将信号灯控制器通过 RJ45 端口连接到 ZXBeeLiteB 无线节点的 A 端子。洪涝系统的硬件连线如图 6.74 所示。

2. 模块组网测试

洪涝系统组网成功后的网络拓扑图如图 6.75 所示。

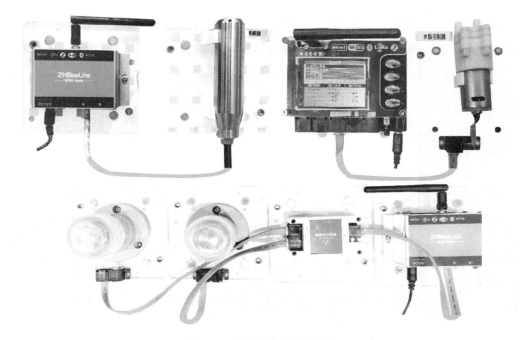

图 6.74　洪涝系统的硬件连线

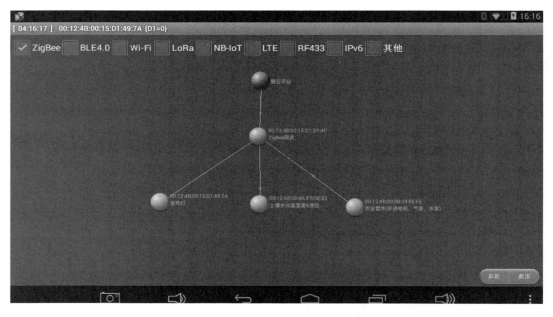

图 6.75　洪涝系统组网成功后的网络拓扑图

1）液位传感器数据的查询

打开 ZCloudTools，选择"数据分析"中的"土壤水分温湿度&液位"，在"调试指令"文本输入框中输入并发送"{A0=?}"，可在"调试信息"栏中看到液位传感器的数据，即 A0=24.8，如图 6.76 所示。

图 6.76　液位传感器数据的查询

2）信号灯状态的查询

洪涝系统中信号灯状态的查询和抄表系统中信号灯状态的查询类似，详见 6.1.6 节。

3）水泵状态的查询

洪涝系统中水泵状态的查询和抄表系统中水泵状态的查询类似，详见 6.1.6 节。

3．模块测试

模块测试主要包括功能测试和性能测试。洪涝系统的功能测试用例和性能测试用例分别如表 6.10 和表 6.11 所示。

表 6.10　洪涝系统的功能测试用例

功能测试用例 1		
功能测试用例 1 描述	测试洪涝系统是否能正常工作	
用例目的	测试 ZigBee 网络是否正常，测试控制命令是否能控制设备节点	
前提条件	运行系统程序，为设备节点通电，设备节点功能正常	
输入/动作：发送"{OD1=2}"	期望的输出/响应	实际情况
	打开水泵	打开水泵
功能测试用例 2		
功能测试用例 2 描述	测试液位传感器是否能正常工作	
用例目的	测试 ZigBee 网络是否正常，测试控制命令是否能控制设备节点	
前提条件	运行系统程序，为设备节点通电，液位传感器功能正常	
输入/动作：发送"{A0=?}"	期望的输出/响应	实际情况
	显示当前液位数据	显示当前液位数据

表 6.11 洪涝系统的性能测试用例

性能测试用例 1		
性能测试用例 1 描述	测试信号灯的连续开关	
用例目的	测试是否可对系统中的信号灯进行连续开关操作	
前提条件	运行系统程序，为设备节点通电，信号灯工作正常	
执行操作：在网关连续发送控制信号灯开关的命令	期望的性能（平均值）	实际性能（平均值）
	全部执行	执行一次
性能测试用例 2		
性能测试用例 2 描述	测试水泵的连续开关	
用例目的	测试是否可对系统中的水泵进行连续开关操作	
前提条件	运行系统程序，为设备节点通电，水泵的功能正常	
执行操作：在网关连续发送控制水泵开关的命令	期望的性能（平均值）	实际性能（平均值）
	执行一次动作	执行每次动作

6.4 路灯系统功能模块设计

6.4.1 硬件系统设计与分析

1．硬件功能需求分析

路灯系统的功能设计如图 6.77 所示。

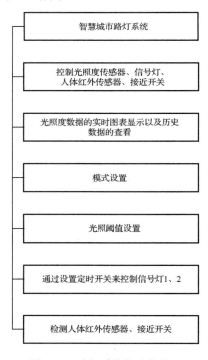

图 6.77 路灯系统的功能设计

2．通信流程分析

路灯系统的通信流程如图 6.78 所示，和工地系统的通信流程类似，详见 6.1.1 节。

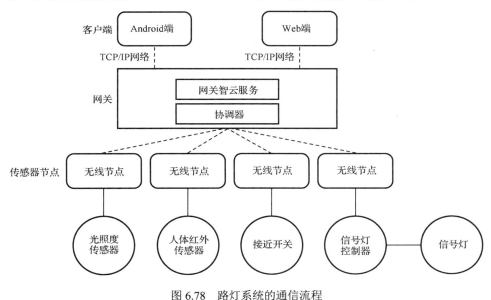

图 6.78　路灯系统的通信流程

6.4.2　设备节点选型分析

1．光照度传感器

路灯系统中的空气质量传感器通过 RJ45 端口连接到 ZXBeeLiteB 无线节点的 A 端子，关于空气质量传感器的简介请参考 3.4.2 节。

2．信号灯控制器

路灯系统中的信号灯控制器通过 RJ45 端口连接到 ZXBeeLiteB 无线节点的 A 端子，关于信号灯控制器的简介请参考 3.3.2 节。

3．人体红外传感器

路灯系统中的人体红外传感器通过 RJ45 端口连接到 ZXBeeLiteB 无线节点的 B 端子，关于人体红外传感器的简介请参考 3.3.2 节。

4．接近开关

路灯系统中使用的接近开关如图 6.79 所示。在实际使用中，接近开关通过网线连接到 ZXBeePlus 无线节点的 D 端子。

图 6.79　接近开关

6.4.3　设备节点驱动程序设计

1．光照度传感器驱动程序的设计

路灯系统中的光照度传感器驱动程序和智慧家居环境监测系统中的光照度传感器驱动程序类似，其设计详见 3.4.3 节。

2．信号灯控制器驱动程序的设计

路灯系统中的信号灯控制器驱动程序和智慧家居安防系统中的信号灯控制器驱动程序类似，其设计详见 3.3.3 节。

3．人体红外传感器驱动程序的设计

路灯系统中人体红外传感器驱动程序和智慧家居安防系统中的人体红外传感器驱动程序类似，其设计详见 3.3.3 节。

4．接近开关驱动程序的设计

接近开关的驱动函数如表 6.12 所示。

表 6.12　接近开关的驱动函数

函 数 名 称	函 数 说 明
void　proximitySwitchInit()	功能：初始化接近开关
GPIO_ReadInputDataBit()	功能：读取接近开关的引脚状态

接近开关驱动函数的代码如下：

```
/**********************************************************************
* 函数名称：proximitySwitchInit
* 函数功能：初始化接近开关
**********************************************************************/
void   proximitySwitchInit()
{
    GPIO_InitTypeDef   GPIO_InitStructure;                      //初始化结构体

    RCC_AHB1PeriphClockCmd(RCC_AHB1Periph_GPIOC, ENABLE);       //初始化时钟
    GPIO_InitStructure.GPIO_Pin = GPIO_Pin_4;                   //选择端口
    GPIO_InitStructure.GPIO_Mode = GPIO_Mode_IN;               //设置为输入模式
    GPIO_InitStructure.GPIO_OType = GPIO_OType_OD;             //设置为开漏模式
    GPIO_InitStructure.GPIO_Speed = GPIO_Speed_2MHz;           //配置速度
    GPIO_InitStructure.GPIO_PuPd = GPIO_PuPd_UP;              //配置为上拉模式
    GPIO_Init(GPIOC, &GPIO_InitStructure);                     //初始化结构体配置
}
uint8_t GPIO_ReadInputDataBit(GPIO_TypeDef* GPIOx, uint16_t GPIO_Pin)
{
    uint8_t bitstatus = 0x00;
```

```
assert_param(IS_GPIO_ALL_PERIPH(GPIOx));
assert_param(IS_GET_GPIO_PIN(GPIO_Pin));

if ((GPIOx->IDR & GPIO_Pin) != (uint32_t)Bit_RESET)
{
    bitstatus = (uint8_t)Bit_SET;
}
else
{
    bitstatus = (uint8_t)Bit_RESET;
}
return bitstatus;
}
```

6.4.4 设备节点驱动程序的调试

1．光照度传感器驱动程序的调试

路灯系统中光照度传感器驱动程序的调试和智慧家居环境监测系统中光照度传感器驱动程序的调试相同，详见 3.4.4 节。

2．信号灯驱动程序的调试

路灯系统中信号灯控制器驱动程序的调试和智慧家居安防系统中信号灯控制器驱动程序的调试相同，详见 3.3.4 节。

3．人体红外传感器驱动程序的调试

路灯系统中人体红外传感器驱动程序的调试和智慧家居安防系统中人体红外传感器驱动程序的调试相同，详见 3.3.4 节。

4．接近开关驱动程序的调试

1）通过接近开关探测金属

（1）在 sensor.c 文件的 sensor_init()函数中，通过调用 proximitySwitchInit()函数来对接近开关进行初始化，如图 6.80 所示。

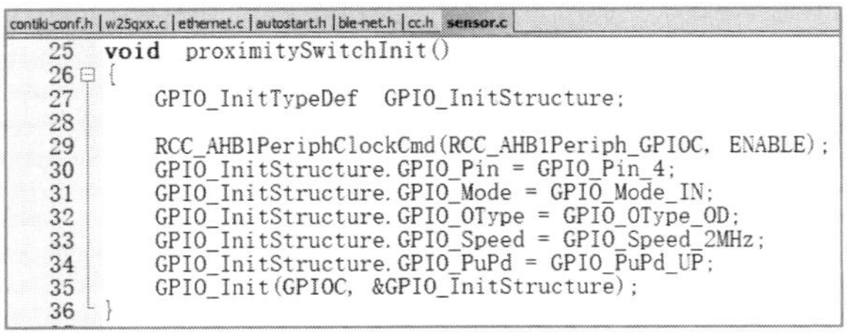

```
contiki-conf.h | w25qxx.c | ethernet.c | autostart.h | ble-net.h | cc.h | sensor.c
25    void  proximitySwitchInit()
26  □ {
27        GPIO_InitTypeDef  GPIO_InitStructure;
28
29        RCC_AHB1PeriphClockCmd(RCC_AHB1Periph_GPIOC, ENABLE);
30        GPIO_InitStructure.GPIO_Pin = GPIO_Pin_4;
31        GPIO_InitStructure.GPIO_Mode = GPIO_Mode_IN;
32        GPIO_InitStructure.GPIO_OType = GPIO_OType_OD;
33        GPIO_InitStructure.GPIO_Speed = GPIO_Speed_2MHz;
34        GPIO_InitStructure.GPIO_PuPd = GPIO_PuPd_UP;
35        GPIO_Init(GPIOC, &GPIO_InitStructure);
36  └ }
```

图 6.80　调用 proximitySwitchInit()函数来初始化接近开关

（2）在 updateA0()函数中，通过调用 GPIO_ReadInputDataBit()函数来读取接近开关的引

脚状态，如图 6.81 所示。

```
contiki-conf.h  w25qxx.c  ethernet.c  autostart.h  ble-net.h  cc.h  sensor.c
101    void updateA0(void)
102  □ {
103        A0 = !GPIO_ReadInputDataBit(GPIOC,GPIO_Pin_4);
104    }
```

图 6.81　调用 GPIO_ReadInputDataBit()函数来读取接近开关的引脚状态

2）通过接近开关探测金属的调试

（1）在 update()函数中设置断点，如图 6.82 所示。当程序运行到断点处时，会进入 GPIO_ReadInputDataBit()函数。

```
contiki-conf.h  w25qxx.c  ethernet.c  autostart.h  ble-net.h  cc.h  sensor.c  stm32f4xx_gpio.c
101    void updateA0(void)
102  □ {
103        A0 = !GPIO_ReadInputDataBit(GPIOC,GPIO_Pin_4);
104    }
```

图 6.82　在 update()函数中设置断点

（2）在 GPIO_ReadInputDataBit()函数中设置断点，如图 6.83 所示。将 bitstatus 添加到 Watch 1 窗口，当程序运行到第 1 个断点处时，bitstatus 的值为 0。

```
contiki-conf.h  w25qxx.c  ethernet.c  autostart.h  ble-net.h  cc.h  sensor.c  stm32f4xx_gpio.c  stm32f4xx_gpio.h          Watch 1
323    uint8_t GPIO_ReadInputDataBit(GPIO_TypeDef* GPIOx, uint16_t GPIO_Pin)    Expression  Value      Location
324  □ {                                                                         bitstatus   '\0' (0x00) R0
325      uint8_t bitstatus = 0x00;                                               <click to>
326
327      /* Check the parameters */
328      assert_param(IS_GPIO_ALL_PERIPH(GPIOx));
329      assert_param(IS_GET_GPIO_PIN(GPIO_Pin));
330
331      if ((GPIOx->IDR & GPIO_Pin) != (uint32_t)Bit_RESET)
332  □   {
333        bitstatus = (uint8_t)Bit_SET;
334      }
335      else
336  □   {
337        bitstatus = (uint8_t)Bit_RESET;
338      }
339      return bitstatus;
340    }
```

图 6.83　在 GPIO_ReadInputDataBit()函数中设置断点

（3）取消图 6.83 中的第 1 个断点，将金属靠近接近开关的检测区域，当程序跳转到图 6.83 中的第 2 个断点处时，bitstatus 的值为 1，表示检测到了金属。

6.4.5　数据通信协议与无线通信程序

1．数据通信协议

路灯系统主要使用的设备节点是光照度传感器、信号灯控制器、人体红外传感器和接近开关，其 ZXBee 数据通信协议请参考表 1.1。

2．无线通信程序的设计

路灯系统的无线通信程序设计与智慧家居门禁系统类似，详见 3.1.5 节。这里以信号灯（由信号灯控制器控制）为例对无线通信程序的代码进行分析，其他设备节点的无线通信程序代码请参考本书配套资源中的工程代码。信号灯控制器无线通信程序的设计框架如下：

（1）通过 sensorInit()函数初始化 RS-485 串口。代码如下：

```
void sensorInit(void)
{
    MyUartInit();
    //启动定时器，触发传感器上报数据事件 MY_REPORT_EVT
    osal_start_timerEx(sapi_TaskID, MY_REPORT_EVT, (uint16)((osal_rand()%10) * 1000));
    //启动定时器，触发传感器检测事件 MY_CHECK_EVT
    osal_start_timerEx(sapi_TaskID, MY_CHECK_EVT, 100);
}
```

（2）信号灯控制器入网成功后调用 sensorLinkOn()函数。代码如下：

```
void sensorLinkOn(void)
{
    sensorUpdate();
}
```

（3）通过 sensorUpdate()函数将待发送的数据（主要是信号灯的状态）打包后发送到协调器。代码如下：

```
void sensorUpdate(void)
{
    char pData[16];
    char *p = pData;
    ZXBeeBegin();                    //数据帧格式包头
    sprintf(p, "%u", D1);            //上报控制编码
    ZXBeeAdd("D1", p);
    p = ZXBeeEnd();                  //数据帧格式包尾
    if (p != NULL) {
        ZXBeeInfSend(p, strlen(p));  //将待上报的数据打包后通过 ZXBeeInfSend()发送到协调器
    }
}
```

（4）通过 sensorCheck()函数检测信号灯控制器。代码如下：

```
void sensorCheck(void)
{
    update_relay();
}
```

（5）通过 sensorControl()函数处理控制命令，从而控制继电器（这里使用继电器作为信号灯控制器）的开关。代码如下：

```
void sensorControl(uint8 cmd)
{
    //根据 cmd 参数调用对应的控制程序
    if(cmd & 0x01){
        RELAY1 = ON;                                    //开启继电器 1
    }else{
```

```
        RELAY1 = OFF;                                        //关闭继电器 1
    }
    if(cmd & 0x02){
        RELAY2 = ON;                                         //开启继电器 2
    }else{
        RELAY2 = OFF;                                        //关闭继电器 2
    }
}
```

（6）ZXBeeUserProcess()用于处理设备节点接收到的有效数据，解析上层应用发送的数据包，并做出响应。代码如下：

```
int ZXBeeUserProcess(char *ptag, char *pval)
{
    int val;
    int ret = 0;
    char pData[16];
    char *p = pData;
    //将字符串变量 pval 解析转换为整型变量
    val = atoi(pval);
    //控制命令解析
    ......
    if (0 == strcmp("CD1", ptag)) {
        D1 &= ~val;
    }
    if (0 == strcmp("OD1", ptag)) {
        D1 |= val;
    }
    if (0 == strcmp("D1", ptag)){                            //查询执行器命令编码
        if (0 == strcmp("?", pval)){
            ret = sprintf(p, "%u", D1);
            ZXBeeAdd("D1", p);
        }
    }
    if (0 == strcmp("V0", ptag)){
        if (0 == strcmp("?", pval)){
            ret = sprintf(p, "%u", V0);                      //主动上报时间间隔
            ZXBeeAdd("V0", p);
        }else{
            updateV0(pval);
        }
    }
    if (0 == strcmp("V1", ptag)){
        if (0 == strcmp("?", pval)){
            ret = sprintf(p, "%u", V1);
            ZXBeeAdd("V1", p);
        }else{
```

```
            updateV1(pval);
        }
    }
    return ret;
}
```

（7）定时上报设备节点的状态。代码如下：

```
void MyEventProcess( uint16 event )
{
    if (event & MY_REPORT_EVT) {
        sensorUpdate();
        //启动定时器，触发事件 MY_REPORT_EVT
        osal_start_timerEx(sapi_TaskID, MY_REPORT_EVT, V0*1000);
    }
    if (event & MY_CHECK_EVT) {
        sensorCheck();
        //启动定时器，触发事件 MY_CHECK_EVT
        osal_start_timerEx(sapi_TaskID, MY_CHECK_EVT, 1000);
    }
}
```

上述代码中的 event 为系统参数，此处不用处理。在程序中判断是否执行 sensorCheck()
函数的条件是 event 与 MY_CHECK_EVT 相与为真。当条件判断语句为真时执行 sensorCheck()
函数，执行完成后更新用户事件。用户事件更新函数 osal_start_timerEx() 中的参数
MY_CHECK_EVT 要与用户定义的事件中的参数一致。上述代码中设置的定时时间为 1 s。

3．无线通信程序的调试

1）光照度传感器数据上报的调试

路灯系统中的光照度传感器数据上报调试和智慧家居环境监测系统中的光照度传感器数
据上报调试类似，详见 3.3.5 节。

2）信号灯控制器下行控制命令的调试

路灯系统中的信号灯控制器下行控制命令调试和智慧家居安防系统中的信号灯控制器下
行控制命令调试相同，详见 3.3.5 节。

6.4.6　系统集成与测试

1．系统硬件部署

准备 1 个 S4418/6818 网关、1 个光照度传感器、1 个信号灯控制器、2 个信号灯、1 个人
体红外传感器、1 个接近开关、3 个 ZXBeeLiteB 无线节点、1 个 ZXBeePlus 无线节点。光照
度传感器通过 RJ45 端口连接到 ZXBeeLiteB 无线节点的 A 端子；信号灯控制器通过 RJ45 端
口连接到第 1 个 ZXBeeLiteB 无线节点的 A 端子；人体红外传感器通过 RJ45 端口连接到第
2 个 ZXBeeLiteB 无线节点的 B 端子，接近开关通过 RJ45 端口连接到第 3 个 ZXBeePlus 节点

的 D 端子。路灯系统的硬件连线如图 6.84 所示。

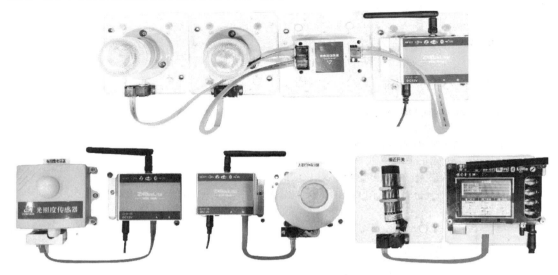

图 6.84　路灯系统的硬件连线

2．模块组网测试

路灯系统组网成功后的网络拓扑图如图 6.85 所示。

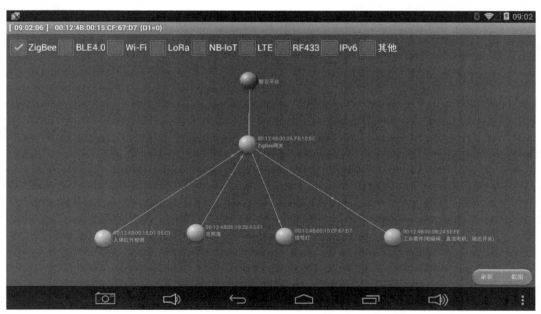

图 6.85　路灯系统组网成功后的网络拓扑图

1）光照度传感器数据的查询

路灯系统中的光照度数据查询和智慧家居环境监测系统中的光照度数据查询相同，详见 3.4.6 节。

2）信号灯状态的查询

路灯系统中的信号灯状态查询和智慧家居安防系统中的信号灯状态查询相同，详见 3.3.6 节。

3）人体红外传感器数据的查询

路灯系统中的人体红外传感器数据查询和智慧家居安防系统中的人体红外传感器数据查询相同，详见 3.3.6 节。

4）接近开关状态的查询

打开 ZCloudTools，选择"数据分析"中的"工业套件（电磁阀、直流电机、接近开关）"，将金属靠近接近开关的检测区，在"调试指令"文本输入框中输入并发送"{A0=?}"，可在"调试信息"栏中看到接近开关的状态，即 A0=1，表示接近开关检测到了金属。接近开关状态的查询如图 6.86 所示。

图 6.86　接近开关状态的查询

3．模块测试

模块测试主要包括功能测试和性能测试。路灯系统的功能测试用例和性能测试用例分别如表 6.13 和表 6.14 所示。

表 6.13　路灯系统的功能测试用例

功能测试用例 1		
功能测试用例 1 描述	测试是否可以在网关处显示光照度数据	
用例目的	测试 ZigBee 网络是否正常，测试控制命令是否能控制设备节点	
前提条件	运行系统程序，为设备节点通电，光照度传感器功能正常	
输入/动作：发送"{A0=?}"查询光照度传感器的数据	期望的输出/响应	实际情况
	更新显示当前光照度数据	正常更新显示当前光照度数据

续表

功能测试用例 2		
功能测试用例 2 描述	测试信号灯的开关	
用例目的	测试 ZigBee 网络是否正常，测试控制命令是否能控制设备节点	
前提条件	运行系统程序，为设备节点通电，继电器功能正常	
输入/动作：发送"{OD1=1}"来控制信号灯的开关	期望的输出/响应	实际情况
	打开信号灯	打开信号灯

表 6.14　路灯系统的性能测试用例

性能测试用例 1		
性能测试用例 1 描述	测试信号灯的连续开关	
用例目的	测试是否可对系统中的信号灯进行连续开关操作	
前提条件	运行系统程序，为设备节点通电，信号灯工作正常	
执行操作：在网关连续发送控制信号灯开关的控制命令	期望的性能（平均值）	实际性能（平均值）
	全部执行	执行一次
性能测试用例 2		
性能测试用例 2 描述	测试光照度传感器数据的更新时间间隔	
用例目的	测试光照度传感器数据主动上报时间间隔	
前提条件	运行系统程序，为设备节点通电，光照度传感器功能正常	
执行操作：等待数据更新	期望的性能（平均值）	实际性能（平均值）
	1 s	30 s

第 **7** 章
智慧城市系统工程测试与总结

本章介绍智慧城市系统工程的测试与总结，主要内容包括系统集成与部署、系统综合测试、系统运行与维护，以及项目总结、汇报和在线发布。

7.1 系统集成与部署

在完成智慧城市系统各个功能模块的开发后，还需要进行整个系统的集成与部署。系统集成与部署的步骤详见 4.1 节。

7.1.1 系统设备节点清单

智慧城市系统的设备节点如表 7.1 所示。

表 7.1 智慧城市系统的设备节点

序号	设备节点	设备节点图片	数量	序号	设备节点	设备节点图片	数量
1	智能网关：Mini4418		1	4	空气质量传感器：ZY-KQxTTL		1
2	ZXBeeLiteB 无线节点		7	5	光照度传感器：ZY-GZx485		1
3	ZXBeePlus 无线节点		2	6	功率电表：ZY-DBx485		1

续表

序号	设备节点	设备节点图片	数量	序号	设备节点	设备节点图片	数量
7	智能插座：ZY-CPxIO		1	11	信号灯控制器：ZY-XHKZx485		1
8	人体红外传感器：ZY-RTHWxIO		1	12	信号灯：ZY-3SXHDxIO		2
9	液位传感器：ZY-SWSWxIO		1	13	噪声传感器：ZY001x485		1
10	水泵：ZY-SBxIO		1	14	接近开关：ZY-JJKGxIO		1

7.1.2　系统设备节点镜像文件

确定好智慧城市系统的设备节点后，还需要下载对应的镜像文件。智慧城市系统使用的是 ZXBeeLiteB 无线节点和 ZXBeePlus 无线节点，可使用 Flash Programmer 和 J Flash ARM 仿真器下载镜像文件。智慧城市系统设备节点的镜像文件如表 7.2 所示。

表 7.2　智慧城市系统设备节点的镜像文件

序号	节点类列	设备节点	镜像文件	序号	节点类列	设备节点	镜像文件
1	ZXBeeLiteB 无线节点	空气质传感器：ZY-KQxTTL	KQZL001xTTL.hex	6	ZXBeePlus 无线节点	水泵：ZY-SBxIO	NYTJ001.hex
2	ZXBeeLiteB 无线节点	光照度传感器：ZY-GZx485	GZ001xIIC.hex	7	ZXBeeLiteB 无线节点	信号灯控制器：XHD001x485	XHD001x485.hex
3	ZXBeeLiteB 无线节点	功率电表：ZY-DBx485	JLDB001x485.hex	8	ZXBeeLiteB 无线节点	噪声传感器：ZY-ZSx485	ZY001x485.hex
4	ZXBeeLiteB 无线节点	智能插座：ZY-CPxIO	ZNCZ001xIO.hex	9	ZXBeeLiteB 无线节点	人体红外传感器：ZY-RTHWxIO	ZY-RTHWxIO.hex
5	ZXBeeLiteB 无线节点	液位传感器：ZY-SWSWxIO	TRYW001x485.hex	10	ZXBeePlus 无线节点	接近开关：ZY-JJKGxIO	GYTJ001.hex

7.1.3　智能城市系统的软/硬件部署

智慧城市系统的项目总体硬件部署图如如图 7.1 所示，图中灰色部分是智慧城市系统中未使用的设备节点，Plus 指 ZXBeePlus 无线节点，Lite 指 ZXBeeLiteB 无线节点。

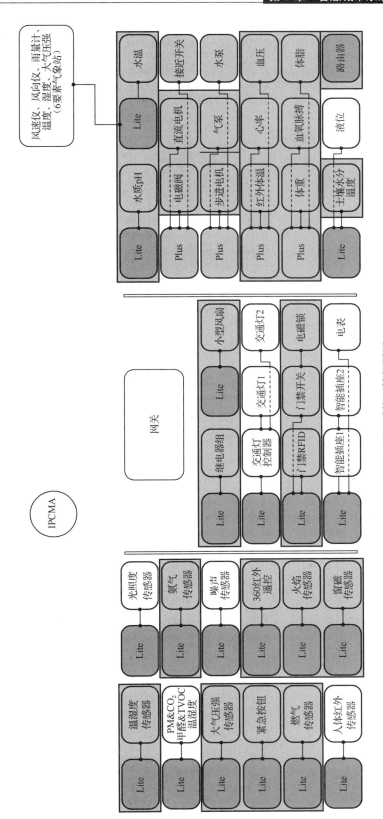

图7.1　项目总体硬件部署图

智慧城市各子系统的硬件连线示意如表 7.3 所示。

表 7.3　智慧城市各个子系统的硬件连线

系 统 名 称	连线示意图
工地系统	
抄表系统	
洪涝系统	
路灯系统	

图 7.2 所示为智慧城市系统的软件部署，通过超链接可集成各个子系统。

```
 index.html
31    <div class="main">
32        <div class="info flex">
33            <a href="src/ZC-CityCS-web/index.html" target="_blank"><img src="img/changjing.png"
    alt=""></a>
34            <img src="img/huanjing.png" alt=""> <img src="img/chuchen.png" alt="">
35        </div>
36    </div>
37    <div class="main">
38        <div class="info flex">
39            <a href="src/ZC-CityMT-web/index.html" target="_blank"><img src="img/changjing.png"
    alt=""></a>
40            <img src="img/zidongduandian.png" alt=""> <img src="img/yongdianchaxun.png" alt="">
41        </div>
42    </div>
43    <div class="main">
44        <div class="info flex">
45            <a href="src/ZC-CityWL-web/index.html" target="_blank"><img src="img/changjing.png"
    alt=""></a>
46            <img src="img/shuiwei.png" alt=""> <img src="img/zidongpaishui.png" alt="">
47        </div>
html  >  body  >  div.main
```

图 7.2　智慧城市系统的软件部署

7.1.4　ZigBee 网络设置与部署

ZigBee 网络的设置与部署如表 7.4 所示。

表 7.4　ZigBee 网络的设置与部署

序　　号	设 备 节 点	节 点 类 型	PANID	Channel
1	噪声传感器	终端节点	7724	11
2	光照度传感器	终端节点	7724	11
3	空气质量传感器	终端节点	7724	11
4	功率电表	终端节点	7724	11
5	智能插座	终端节点	7224	11
6	液位传感器	终端节点	7724	11
7	接近开关	终端节点	7724	11
8	水泵	终端节点	7724	11
9	信号灯控制器	终端节点	7724	11
10	人体红外传感器	终端节点	7724	11

智慧城市系统的网络拓扑图如图 7.3 所示。

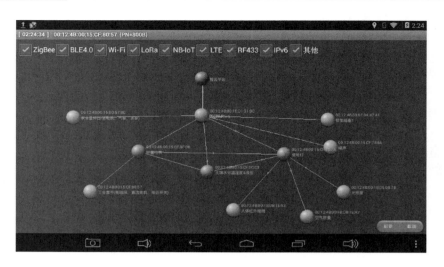

图 7.3　智慧城市系统的网络拓扑图

7.2　系统综合测试

系统综合测试是指对整个系统的测试，将硬件、软件、操作人员看作一个整体，检验它是否有不符合系统说明书的地方。这种测试可以发现系统分析和设计中的错误。例如，安全测试可以测试安全措施是否完善，能不能保证系统不受非法侵入；再如，压力测试可以测试系统在正常数据量以及超负荷量等情况下是否还能正常地工作。

7.2.1　系统测试用例

智慧城市系统的功能测试用例和性能测试用例分别如表 7.5 和表 7.6 所示。

表 7.5　智慧城市系统的功能测试用例

功能测试用例 1		
功能测试用例 1 描述	通过指令控制信号灯亮灭	
用例目的	测试 ZigBee 网络是否正常，协议控制命令处理是否正常	
前提条件	运行系统程序，为设备节点通电，信号灯控制器功能正常	
输入/动作：发送"{OD1=1}"	期望的输出/响应	实际情况
	红灯亮	红灯亮
功能测试用例 2		
功能测试用例 2 描述	通过指令查看温湿度传感器值	
用例目的	测试 ZigBee 网络是否正常，协议控制命令处理是否正常	
前提条件	运行系统程序，为设备节点通电，温湿度传感器功能正常	
输入/动作：发送"{A0=?}"	期望的输出/响应	实际情况
	更新温湿度值	更新温湿度值

表 7.6　智慧城市系统的性能测试用例

性能测试用例 1		
性能 A 描述	ZXBeeLiteB 无线节点 ZigBee 组网测试	
用例目的	测试节点入网掉线后重组网时间	
前提条件	运行系统程序，为设备节点通电，传感器功能正常	
执行操作：ZXBeeLiteB 无线节点断电后重新入网	期望的性能（平均值）	实际性能（平均值）
	≤10 s	≤20 s
性能测试用例 2		
性能 A 描述	组网成功好，上层应用控制信号灯响应时间	
用例目的	测试通信传输响应时间	
前提条件	运行系统程序，为设备节点通电，信号灯控制器功能正常	
执行操作：从上层应用发送指令打开继电器	期望的性能（平均值）	实际性能（平均值）
	≤1 s	≥3 s

7.2.2　系统综合组网测试

打开 ZCloudWebTools，选择"网络拓扑"，在"应用 ID"和"密码"文本输入框中输入相关信息后单击"连接"按钮就可以观察到智慧城市系统的网络拓扑图，如图 7.4 所示；选择"实时数据"后单击"连接"按钮，可以根据实时数据及控制命令来控制和查询设备节点的状态，如图 7.5 所示，如通过控制命令"{OD1=1}"来电路信号灯的红灯。

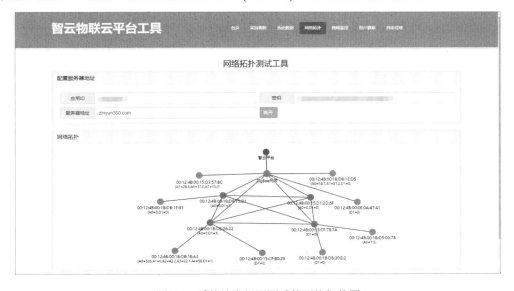

图 7.4　系统综合组网测试的网络拓扑图

图 7.5　实时数据测试工具接收到的数据

7.3　系统运行与维护

系统测试完成后即可交付使用，为确保系统的安全可靠运行，切实提高运行效率和服务质量，还需要制定运行与维护制度。智慧城市系统的运行与维护和智慧家居系统类似，详见 4.3 节。

7.4　项目总结、汇报和在线发布

7.4.1　项目总结

1. 项目总体概述

（1）项目概述。智慧城市系统利用各种信息技术来提升资源的使用效率、优化城市的管理和服务、改善市民的生活质量。

本系统主要通过计算机或手机来控制整个系统的运行。在硬件方面，需要由专业人士进行安装和调试；在软件方面，需要采用计算机相关技术来实现。用户只需要通过简单的操作界面即可方便地使用本系统。

根据系统的设计，智慧城市系统分为工地系统、抄表系统、洪涝系统和路灯系统。

（2）项目时间。智慧城市系统的整个开发周期计划为 25 个工作日。

（3）项目开发与实施内容。智慧城市系统的项目开发与实施内容和智慧家居类似，详见 4.4.2 节。

2．项目进度情况

整个项目开发与实施分为 5 个阶段，与智慧家居项目类似，详见 4.4.2 节。

3．项目过程中遇到的常见问题

项目问题 1：在进行项目测试整合的过程中，在系统的某些子界面上，存在设备节点（如燃气传感器、火焰传感器等）未检测到异常，但相应的图片却处于开启状态（开启状态通常表示检测到异常）。

问题总结：首先通过 ZCloudWebTools 查看设备节点的状态，以便检查是硬件问题还是软件问题，同时向开发人员反馈该问题。

项目问题 2：在项目测试整合的过程中，未在系统界面填写 MAC 地址，单击"确认"按钮，会提示输入 ID、KEY 和 MAC 地址来连接云平台服务器，同时"连接/断开"按钮上显示的是"连接"。

项目总结 2：开发人员应充分考虑功能模块之间的联动性。

项目问题 3：在云平台服务器和 MAC 地址设置成功后，设备节点过一段时间才会显示为在线。

问题总结 3：底层的设备节点在上传数据时有时间设置，超出设置的时间后设备节点不会再上传数据。在连接云平台服务器之后应用层应主动查询设备节点的状态。

项目问题 4：在测试阶段，更改代码之后，测试功能无法实现。

问题总结 4：建议刷新界面后再进行功能测试。

项目问题 5：进行项目整合测试时，网络拓扑图上存在一些无法连网的设备节点，系统组网不完整。解决方案是先启动协调器，再启动设备节点。

问题总结 5：在 ZigBee 网络中，协调器连接网络后，路由节点与终端节点才能连网。

4．项目建议

根据项目的实施情况，提出以下建议：

在项目实施前，应重点做好用户需求分析调研，编写的需求说明文档应有明确的需求目标。需求说明文档的内容应包括：功能需求、总体框架、开发框架、云平台服务器接口函数、智慧城市 ZXBee 数据通信协议、硬件安装连线图、网络连通性测试手册、功能及性能测试手册等。

在项目实施中，项目负责人应当与开发人员充分沟通可能出现的问题，并做出相应的解决方案，这样可以加快项目开发进度，避免后期因交流不充分而造成项目返工。

在项目交付后，项目负责人应做好项目的问题以及优化问题的总结，以便后期进一步优化，也可为新项目的开展打下基石。

7.4.2　项目汇报

项目汇报通常是通过 PPT 的形式进行的，智慧城市项目汇报如图 7.6 所示。

图 7.6　智慧城市项目汇报

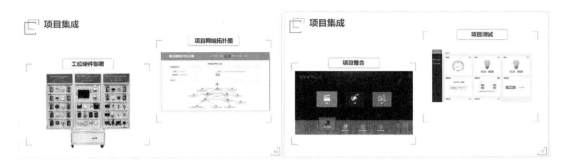

图 7.6　智慧城市项目汇报（续）

　　智慧城市系统工程的项目在线发布和智慧家居系统工程的项目在线发布方法一致，详见 4.4.4 节。

参考文献

[1] 黄传河，等．物联网工程设计与实施[M]．北京：机械工业出版社，2015．

[2] 王志玉．基于微信控制的智能家居系统[D]．哈尔滨：黑龙江大学，2019．

[3] 陆凌牛．HTML5 与 CSS3 权威指南[M]．北京：机械工业出版社，2011．

[4] 刘云山．物联网导论[M]．北京：科学出版社，2010．

[5] 廖建尚．物联网平台开发及应用——基于 CC2530 和 ZigBee[M]．北京：电子工业出版社，2016．

[6] 樊明如．基于 ZigBee 的无人值守的酒店门锁系统研究[D]．淮南：安徽理工大学，2014．

[7] 廖建尚．物联网短距离无线通信技术应用与开发[M]．北京：电子工业出版社，2019．

[8] 石焘．HTML5 下监控视频安全播放系统的研究与实现[D]．西安：西安理工大学，2019．

[9] 黄远洋．基于 HTML5 和 CSS3 的响应式 Web 的设计与实现[D]．保定：华北电力大学，2018．

[10] 镇咸舜．蓝牙低功耗技术的研究与实现[D]．上海：华东师范大学，2013．

[11] 徐昊．BLE 将大行其道[J]．计算机世界，2013（41）．

[12] 林海龙．基于 Wi-Fi 的位置指纹室内定位算法研究[D]．上海：华东师范大学，2016．

[13] 吴奇．基于 Wi-Fi 的手机签到考勤系统开发[D]．北京：中国地质大学（北京），2018．

[14] 崔小冬．基于 Wi-Fi 的无线校园网建设研究[D]．南京：南京理工大学，2010．

[15] 沈寿林．基于 ZigBee 的无线抄表系统设计与实现[D]．南京：南京邮电大学，2016．

[16] 张猛，房俊龙，韩雨．基于 ZigBee 和 Internet 的温室群环境远程监控系统设计[J]．农业工程学报，2013（A01）：171-176．

[17] 金海红．基于 Zigbee 的无线传感器网络节点的设计及其通信的研究[D]．合肥：合肥工业大学，2007．

[18] 彭瑜．低功耗、低成本、高可靠性、低复杂度的无线电通信协议——ZigBee[J]．自动化仪表，2005（05）：1-4．

[19] 王福刚，杨文君，葛良全．嵌入式系统的发展与展望[J]．计算机测量与控制，2014,22(12):3843-3847+3863．

[20] 郝玉胜．μC/OS-Ⅱ嵌入式操作系统内核移植研究及其实现[D]．兰州交通大学，2014．

[21] 工业和信息化部．信息化和工业化深度融合专项行动计划（2013—2018）．工信部信〔2013〕317 号．

[22] 国家发展和改革委员会等 10 个部门．物联网发展专项行动计划．发改高技〔2013〕1718 号．

[23] 工业和信息化部．物联网"十二五"发展规划．

[24] 刘艳来．物联网技术发展现状及策略分析[J]．中国集体经济，2013,(09):154-156．

[25] 国务院．国务院关于印发"十三五"国家信息化规划的通知．国发〔2016〕73 号．

[26] 住房和城乡建设部办公厅．关于开展国家智慧城市试点工作的通知．建办科〔2012〕42 号．

[27] 国家发展和改革委员会. 关于印发促进智慧城市健康发展的指导意见的通知. 发改高技〔2014〕1770 号.

[28] 孙优宁. 公众视角下智慧城市建设水平评价研究[D]. 北京：北京建筑大学，2019.

[29] 唐睿卿. 我国智慧城市建设评价研究[D]. 上海：华东理工大学，2019.

[30] ZigBee Alliance. ZigBee Specification[EB/OL]. [2020-6-23]https://zigbeealliance.org/wp-content/uploads/2019/12/docs-05-3474-21-0csg-zigbee-specification.pdf.

[31] Texas Instrument. Z-Stack Compile Options[EB/OL]. [2020-6-23]https://wenku. baidu.com/view/c67db86648d7c1c708a1451c.html.

[32] Texas Instrument. Z-StackDeveloper's Guide[EB/OL]. [2020-6-30]https://wenku. baidu.com/view/54fc09d2d1f34693daef3e8f.html.

[33] Texas Instrument. CC2540/41 System-on-Chip Solution for 2.4- GHz Bluetooth® low energy Applications[EB/OL]. [2020-6-28] https://www.ti.com/lit/ug/swru191f/swru191f.pdf?ts=1592913388519.

[34] 测试开发探秘 如何做项目总结与汇报[EB/OL]. （2018-11-27）[2020-6-30] https://testerhome.com/articles/17041.

[35] 物联网的三层架构 [EB/OL] . （ 2018-11-09 ） [2020-6-30]https://blog.csdn.net/pc9319/article/details/83895241.

[36] 什么是项目里程碑,项目里程碑为什么如此重要？ [EB/OL]. （2019-09-19）[2020-6-30] https://www.sohu.com/a/341944478_100251158.

[37] 陈明燕. 基于 ZigBee 温室环境监测系统的研究[D]. 西安：西安科技大学，2012.

[38] 物联网云平台简要介绍[EB/OL]. （2018-08-10）[2020-6-30] https://baijiahao. baidu.com/s?id=1608333625538427581&wfr=spider&for=pc.